職人解析

經典熱銷麵包

楊嘉期 Jimmy — 著

5種工法全攻略，職人帶您解鎖

經典風味、名店熱銷款的配方技法！

認識嘉期老師超過 5 年了，記得第一次見到嘉期老師是上他的牛角麵包課。那時候老師剛開始教學麵包課，很認真的想把每一個步驟教給我們，就在當時對他有非常深刻的印象。直到我創業開了烘焙教室，第一個想到的麵包老師就是嘉期，也因為和嘉期合作多年，對於麵包世界有更多的認識。嘉期在每一堂的課程中，設計不同的麵團和內餡，也在操作過程中邊解說，讓大家更了解每種內餡有適合搭配的麵包體，例如：斷口性，化口性……等。

恭喜嘉期的第一本麵包書《職人解析經典暢銷麵包》出版，他把在業界及教室中最受歡迎的品項都呈現於書中。他用心又清楚的將製作細節和技巧、內餡的搭配理論傳承，希望讀者可以在家輕鬆做出美味的麵包。很期待嘉期新書的發表，這是一本理論和實作兼具的工具書，對於喜愛麵包者更是值得珍藏的製作麵包寶典！

台北探索 172 創意空間負責人　**李佩璇**

從事烘焙行業 20 多年，看過太多起落主廚、師傅，在一次偶然機會裡認識嘉期師傅，他對工作的執著、處事的認真態度，讓我更想進一步了解這位年輕師傅。每次看到他在工作職場及教學上，秉持一貫的態度，勇於嘗試各種食材並認真研究其特性，發揮該有的職人精神，將最天然的產品交付到消費者和學員手中，讓大家吃得健康又放心。

台灣從農會社會轉型至工業社會，全民也由早期能吃飽轉變成吃得巧，如何吃得健康營養成為現代人所期望，身為從業人員必須為消費者健康把關，而身為烘焙相關工作者，更有義務將食安把關，如何慎選食材也是責任。期待嘉期老師第一本著作暢銷大賣，讓更多人知道良心企業結合優秀老師才是王道！

豐配食品股份有限公司董事長　**陳啓宗**

嘉期師傅在同儕間脫穎而出，更是後輩的學習楷模，如今成為烘焙行業的傳遞者。當麵包新技術、新原料或最新烘焙機器出現時，他總是全力以赴了解及吸取知識，也總是掛著陽光般笑臉樂於學習並解決問題，對於麵包的生產流程有所精進貢獻，讓國內外烘焙界長輩們對他毫不吝嗇的給予支持。

嘉期在職的第一家烘焙公司始終至今，讓執行者百般信任，時間演變造就他是一位移動的研發者，創造話題商品，當日銷售上百個成績；也獲得弘光大學德麥百萬烘焙盃麵包職業組百人競賽榮獲亞軍殊榮。他製作的麵包很有內涵，深受顧客的喜愛；也一直很用心在製程、餡料、裝飾和包材上，只為了做出好吃的特色麵包。值得一提，他為了獨創特色調理麵包，向公司請假北上請教阿正廚房的黃守正，在大廚細心的指導下精進料理技術和食材搭配，再運用於麵包上，成為業界的獨特產品。

跟著嘉期學習烘焙麵包的學生遍及台灣各地，他終於要出書了，得知此消息真替他高興，而且我相信這本書無論是技術、餡料交叉搭配，麵團結合應用，都以深入淺出的方式描述，讓讀者更容易操作，並且做出自己和家人皆驚喜的麵包。書中特色品項之一「火焰明太子吐司」值得您學會，它的顏色鮮豔如火焰而取名，明太子醬分布均勻也不會破壞麵包外觀。書中每款麵包都有詳細的製程圖片、技術理論知識，嘉期無私分享，相信這本麵包烘焙書能帶給您更大的助益及迴響在下次的傑作。

菲律賓 BREADERY 經營者兼 R&D **蔡元森**

我和嘉期老師合作開課的期間裡，他經常帶來美味麵包的操作技巧與成品，讓我和教室的學員收穫許多。老師在烘焙麵包領域很認真的研發及製作，教學上更是無私分享，所以嘉期老師這次出書，集結多年的實務與教學經驗，將學員與消費者最喜愛的五大類麵包品項，透過淺顯易懂的製作流程、不同食材配料的組合，就能創造出獨特風味，不僅適合新手提升功力，也能讓老手精益求精。

阿潘推薦真心推薦《職人解析經典暢銷麵包》給喜愛烘焙的朋友，千萬不要錯過，它是值得您收藏的麵包工具書。

阿潘肉包店負責人 **潘美玲**

〔作者序〕

技術與理論相輔，解鎖麵包豐富口感的祕密！

在一次朋友聚會中聊天時，對方談到出書過程，就這麼剛好，橘子文化出版社主編透過朋友找上我，詢問有沒有興趣出麵包書？想了想，在烘焙行業近30年，喜歡買書的我，書櫃中若能出現一本屬於個人著作的麵包書，將是一個人生里程碑。

每位麵包師傅都有自己的夢想，想成為世界冠軍，在8年前，踏上教學之路，慢慢改變了許多做麵包的想法與思維，再和主編討論幾次後，決定完成一本經歷多年仍受大家歡迎的「熱銷經典款麵包」，並且讀者在家也能做得出來，經過幾次篩選，終於挑出本書款款讚不絕口的麵包。第一次寫書的過程還算順利，將多年來的實務經歷寫下，紀錄成麵包教科書，拍攝麵包製作過程也是第一次嘗試，步驟圖詳細近1500張，這過程雖然辛苦卻是開心的。

書中麵包種類分為五大類，菠蘿麵包、貝果、金牛角、餐包、吐司，並運用五種簡單的工法，不需要專業的器具，在家也能做出不同口感與風味的頂級麵包，並且教大家選擇天然健康的食材製作麵團、內餡和抹醬，希望帶給各位與新手很好理解的麵包理論與製作技巧。在每類麵包一開始也提供經典款延伸的「風味變化美學」，包含如何搭配各種餡料或食材揉製麵包，以及速配吃法，讓您品味麵包有更豐富的味蕾享受。教學過程中，許多學生常常許願一些名店吐司與麵包，或是時下最流行麵包製作法，於是書本中也逐一解鎖呈現給喜愛製作麵包的您。

在此特別感謝「喜利廉自然烘焙館」王欽萬總經理、蔡元森麵包顧問，多年來無私栽培與技術指導，以及「台北探索172創意空間」李佩璇負責人提供教室拍攝。另外感謝助理團麗惠、智胤，攝影團隊周禎和大師與小燕主編，有大家的幫忙，才能使這本書順利誕生。最後希望把這本書帶回家的各位，可以開心製作麵包且成功複製美味！

楊嘉期 Jimmy

本書使用說明 *How to Use*

1 這道麵包的中文名稱、特色風味組織描述。

3 材料一覽表，同時附上百分比與重量，確實秤量是製作成功的基礎。

4 烤焙完成的數量及所使用的模具尺寸。

5 製作這道麵包的重點流程說明，讓您快速預習與準備。

2 賞心悅目的麵包產品圖。

6 主麵團之外的抹醬、夾餡、表面裝飾材料等。

7 提供詳細的配方作法，也是麵包風味來源，包含：拌入麵團中、包捲、抹醬或夾餡的特調材料。

8 烘焙職人的貼心叮嚀，讓您再次掌握製作的重點。

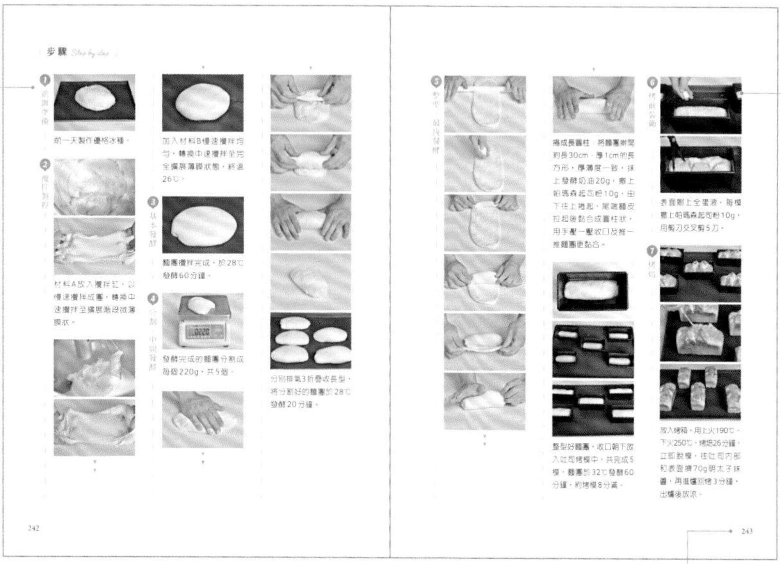

9 詳細的步驟圖與解說，讓您確實 step by step，成功烤出美味麵包。

10 設計醒目的製程標題，一目了然可立即上手。

11 這道麵包所屬頁碼。

目錄 ▸ Contents

Chapter 4 網購人氣貝果

Chapter 5 出爐秒殺餐包

Chapter 6 軟綿百搭吐司

TRIARROW

Chapter 1

製作麵包前

Basic Lessons

基本課

常用的基本器具

[攪拌機]

直立式攪拌機混合餡料與攪拌麵團，有效增加麵團穩定性，短時間可將麵筋攪拌出膜，達到節省人力功能。

[發酵箱]

可以控制濕度與溫度，因此在基本發酵、中間發酵、最後發酵的過程，一年四季都能在穩定的環境發酵。若沒有發酵箱，也可翻閱書中 P.28「麵團常見發酵方法」，非常容易操作。

[烤箱]

選購具有上下火調整功能的烤箱，以及蒸氣功能，吐司與麵包可烘烤出理想的品質。

[吐司模]

製作吐司使用的烤模，材質以鋁合金為佳，可依不同種類吐司挑選不同規格的吐司模製作，也有附蓋吐司模。

[電子磅秤]

測量材料和測量麵團使用，上蓋能挑選不鏽鋼秤盤，可挑選 0.5g 或 1g 進位電子磅秤，能精準的測量克數，誤差值比較小。

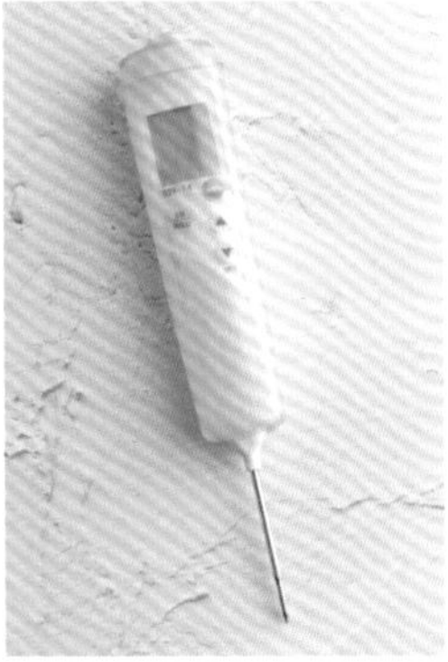

[刀具]

麵包表面割紋路造型使用，也可使用剪刀製作。

[溫度計]

製作麵包最重要的儀器之一，分為不鏽鋼、電子式、紅外線感應等設計，可以精準測量麵團溫度、餡料溫度和麵包熟成溫度。

[毛刷]

烤前表面裝飾刷蛋液使用，或刷可鬆糖漿，也能刷掉整型後麵團表面上多餘的麵粉。

[擀麵棍]

整型時做為延壓延展麵團使用，可排除麵團內部氣體，達到內部氣孔大小均勻，麵團的厚薄度達到均勻。

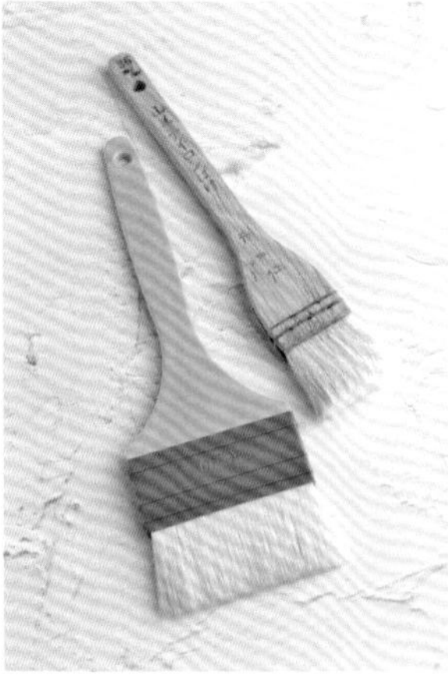

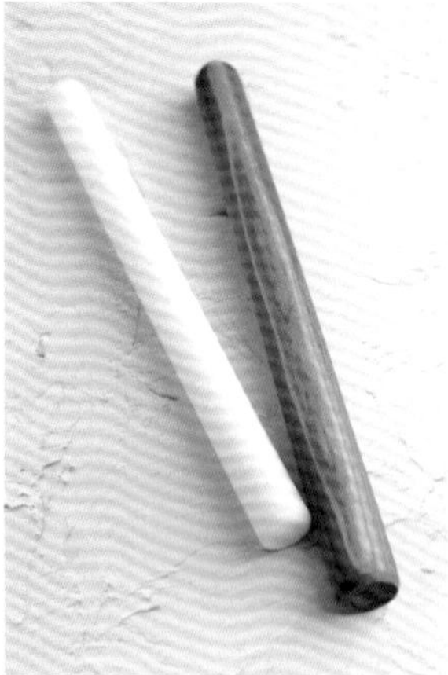

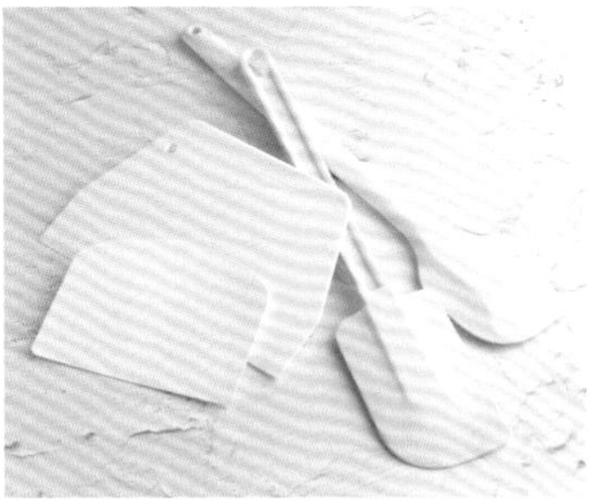

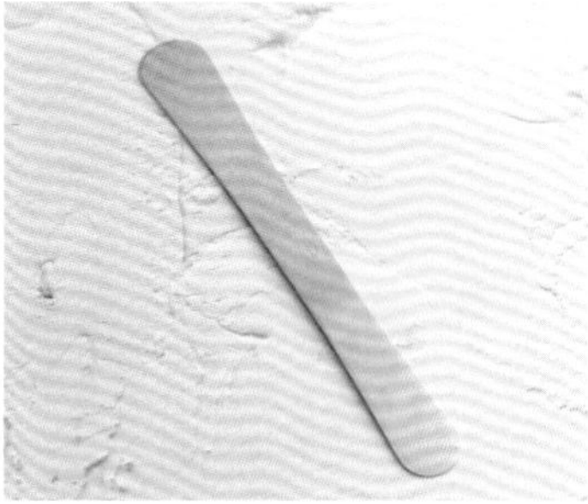

[切麵刀、刮刀]

分割麵團大小或製作造型的工具，也可於攪拌餡料時刮缸使用。

[計時器]

可於攪拌麵團、烤焙麵包或麵團發酵計時使用，是製作麵包非常重要的工具之一。

[包餡匙]

包餡料或是抹餡料裝飾必要的工具。

需要的基本材料

[麵粉]

麵粉種類主要有特高筋麵粉、高筋麵粉、中筋麵粉、低筋麵粉、法國麵粉等，依蛋白質區分，麵粉在麵包中占比為100%，是重要的材料之一，製作不同種類的麵包，會使用不同蛋白質來調配麵包的口感。

▸ 蛋白質含量

- 特高筋麵粉13～14%，常製作吐司、台式麵包、硬式麵包。
- 高筋麵粉11.6～13%，常製作吐司、台式麵包、硬式麵包。
- 法國麵粉10～12%，常製作法國麵包、歐式麵包、丹麥麵包。
- 中筋麵粉9～12%，常製作饅頭、包子。
- 低筋麵粉7～9%，常製作蛋糕、餅乾、硬式麵包。

[高糖乾酵母]

乾酵母分為高糖乾酵母與低糖乾酵母，高糖乾酵母對糖的耐受程度 8%以上，一般使用在台式麵包、日式麵包等；低糖乾酵母對糖耐受程度 7%以下，則使用在歐式麵包、法式麵包等。依據配方中的糖比例決定使用高糖或低糖乾酵母，乾酵母將因存放時間長，而減低酵母的發酵力，所以開封後必須密封放冷藏保存。乾酵母與新鮮酵母互換比例為乾酵母 1：新鮮酵母 3。

[鹽]

鹽在麵包擔任重要的角色，可增加麵團的韌性、風味調整、調整麵團酸鹼值，使麵團穩定發酵。

[上白糖、黑糖]

調整麵包甜度或是成品的色澤（梅納反應），上白糖添加約 1～2%轉化糖，所以糖本身濕潤，製作麵包能明顯感受到保濕性佳。若使用一般砂糖，則以同比例重量互換即可。

黑糖經常和肉桂粉混合拌勻當餡料，於肉桂糖金牛角捲入麵團中，增加風味和層次感。

[雞蛋]

可以增加麵包烤焙體積，增加營養價值，提昇風味，雞蛋含豐富的卵磷脂，是天然的乳化劑，能讓麵包變的柔軟，刷在麵包表面能增加色澤與亮度。

[乳製品]

乳製品有很多種類，例如：奶粉、煉乳、牛奶、動物鮮奶油、酸奶、優格等。攪拌於麵團，每一種乳製品對麵包作用都不一樣，煉乳能賦予麵包色澤與濃郁的奶香味，並增加保濕度；動物鮮奶油與牛奶能增加麵包乳香風味；酸奶與優格可增加麵團酸度降低 PH 值、增加延展性，使麵包變柔軟。

[油脂]

油脂具有乳化麵包效果，可增加麵包的營養價值，保留麵包中的水分延長老化，能提高麵團延展性、組織細緻，增加麵包的風味與香氣。

[水]

小麥粉中的蛋白質因加入水攪拌而形成麵筋，小麥中的澱粉與水在烤焙時，產生內部糊化作用，而變得柔軟形成麵包，水也可以用其他液體材料代替，例如：鮮奶、蔬果汁、茶類、果汁類。

[花草茶]

可使麵包產生不一樣的風味元素，像是蝶豆花、玫瑰花、鐵觀音茶，伯爵茶、焙茶等，能使麵包風味上有更多的變化，使用前可先泡於100℃水中，讓花草茶風味釋放更加明顯，再冰入冷藏備用。

[起司]

烘焙最常見的食材之一，分為軟質起司、半硬質起司、硬質起司等，最常使用為軟質起司，用來烹調、攪拌麵團、內餡製作、起司蛋糕等，增加產品的風味與價值感。

[調味粉]

風味及色澤上的呈現，可讓麵團有不一樣的色彩變化，例如：可可粉、抹茶粉、竹炭粉、甜菜根粉、咖啡粉、紫薯粉等，能讓產品有視覺上的變化與富有價值感。

▸ 調味粉加橄欖油

- 書中貝果調色可將調味粉泡入配方中的橄欖油，油包覆調味粉，在烤焙時天然調味粉色澤比較不易氧化。

[果乾]

果乾加入麵團中，除了可增加產品風味，還能增加多層次口感，像是葡萄乾、蔓越莓、芒果乾、草莓乾、鳳梨乾等，都是烘焙中常見到的果乾食材。

▸ 果乾處理方式

- 果乾有許多處理方式，可以用浸泡方式或熱處理，主要是果乾水分已被乾燥化，需復水處理使果乾回復濕潤感，增加香氣與口感。

[巧克力]

分為調溫與非調溫，主要差別是成分中的可可脂，非調溫巧克力的可可脂被抽出，改為植物油取代，質感香氣和滑順度都較差；調溫巧克力則保留可可脂，對溫度的敏感度比較高，香氣與滑順度也大幅提高。

▸ 非調溫與調溫用途

- 非調溫巧克力經常使用在批覆麵包表面上，當裝飾用途；調溫巧克力則使用於蛋糕類麵糊或淋面。

[裝飾材料]

麵包的裝飾材料非常多，可分為烤前裝飾與烤後裝飾，烤前裝飾像是杏仁片、白芝麻、黑芝麻、南瓜子、糖麵裝飾皮（表面裝飾皮，類似酥菠蘿）、墨西哥皮、杏仁皮、珍珠糖等，烤後裝飾比如防潮糖粉、紫薯粉、抹茶粉、可可粉、開心果、紙插牌等，可使麵包成品更多元化，具有價值感。

麵包工法和酵種

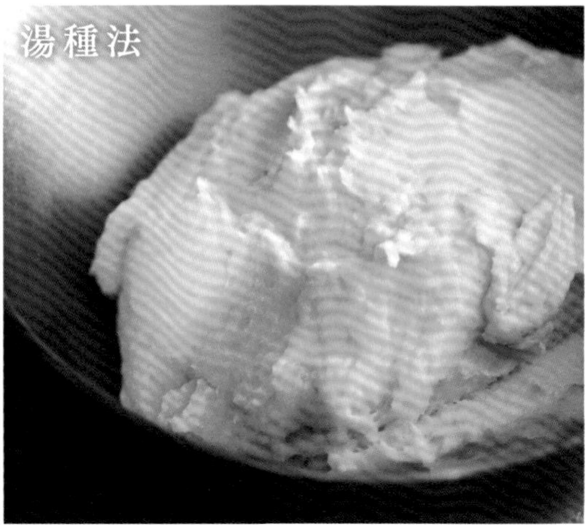

〔 直接法 〕

直接法為麵包製作的基本方法之一，能在短時間內將麵包製作完成，但麵包表皮較厚，老化速度較快，麵團延展性不佳。

〔 中種法 〕

100%麵粉細分為 30～100%做為發酵種，麵團延展性好，能延緩麵包老化，並且麵包表皮較薄柔軟，組織也比較細緻。

〔 湯種法 〕

將澱粉糊化來增加麵團吸水量，讓麵包口感濕潤 Q 彈，並增加保濕度。

[老麵法]

將麵團攪拌完成，經過低溫發酵 20 小時以上稱為老麵，可延緩麵包老化、PH 值較低、麵團延展性更好。一般老麵種配方都很簡單，老麵種也可依配方需求進行強化調整，能增加麵包的綿密細緻度、保濕度與烤焙張力度。

老麵種建議添加量為對粉烘焙百分比 20～100%，可依產品種類不同與希望風味的強弱，進行比例調整。

老麵種	百分比%	重量 g
A 高筋麵粉	100	1000
上白糖	15	150
鹽	1.5	15
高糖乾酵母	1	10
全蛋	30	300
水	35	350
B 發酵奶油	10	100
合計	192.5%	1925g

1 ▸ 攪拌製程

材料A放入攪拌缸，以慢速攪拌成團，轉換中速攪拌至麵團微薄膜狀，加入材料B，慢速攪拌均勻，轉換中速攪拌至完全擴展薄膜狀態，終溫27℃。

2 ▸ 基本發酵

麵團於28℃發酵30分鐘，冰入冷藏20小時。

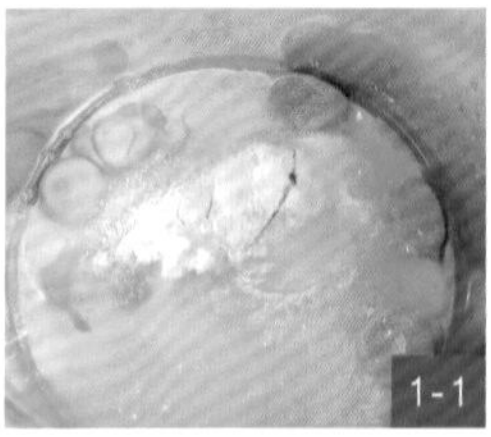
1-1

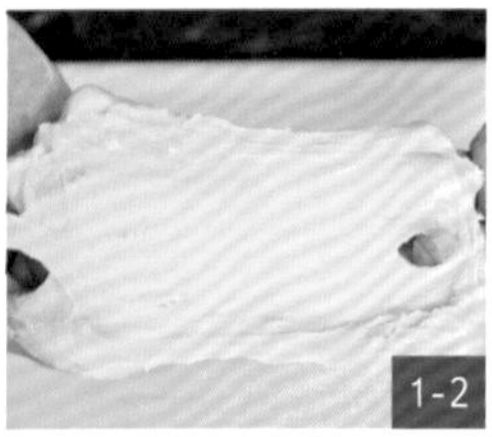
1-2

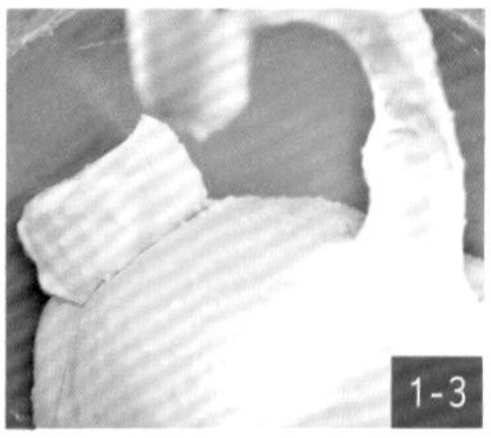
1-3

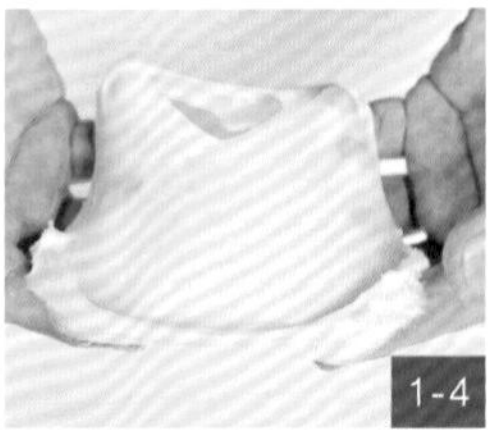
1-4

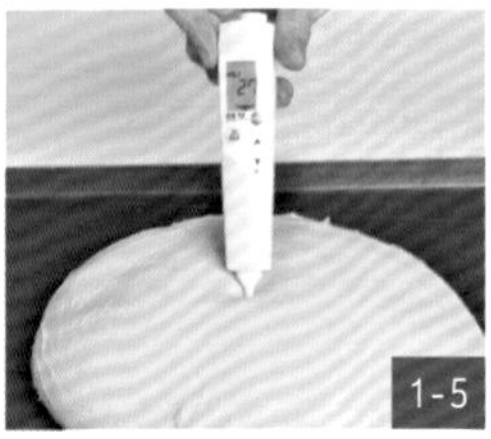
1-5

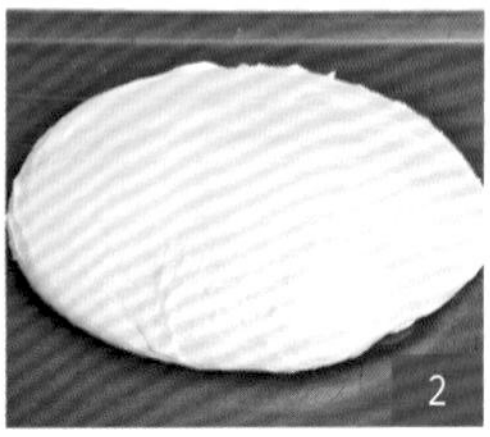
2

優格冰種

麵團中加入優格攪拌，讓優格中的乳酸菌經過低溫發酵熟成，酸度適中（PH5.0），能增加麵包風味與Q度，使組織更加細緻、不粗糙，麵包保濕性佳，能延緩麵包老化。

優格冰種建議添加量為對粉烘焙百分比 50% 以內，可依產品種類不同與希望風味的強弱，進行比例調整。

優格冰種	百分比%	重量 g
高筋麵粉	100	1000
高糖乾酵母	0.3	3
優格	10	100
水	63	630
合計	173.3%	1733g

1 ▸ 攪拌製程

水與酵母混合，加入優格與高筋麵粉攪拌至完全擴展薄膜狀態，終溫 26～29℃。

2 ▸ 基本發酵

麵團於28℃發酵30分鐘，再冰入冷藏20小時，使用前常溫或發酵箱回溫至20℃以上，再加入主麵團。優格冰種可以裝入塑膠袋整平，冷藏保存5天。

1-1

1-2

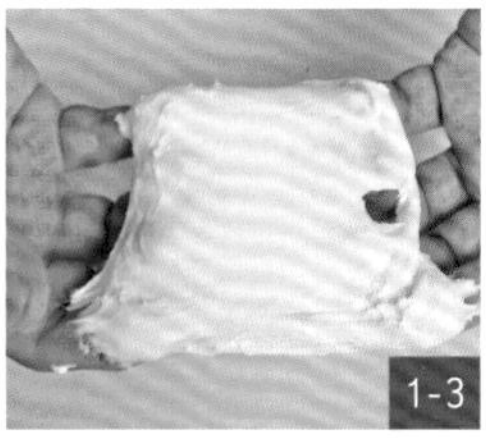

1-3

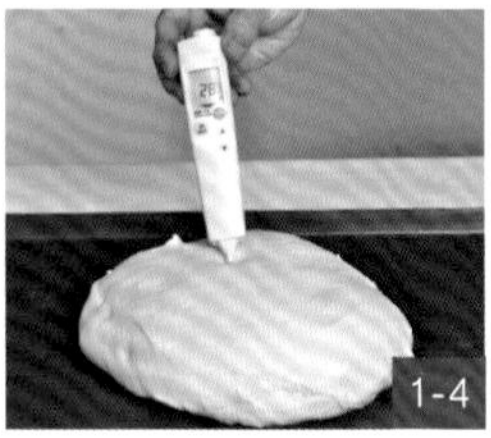

1-4

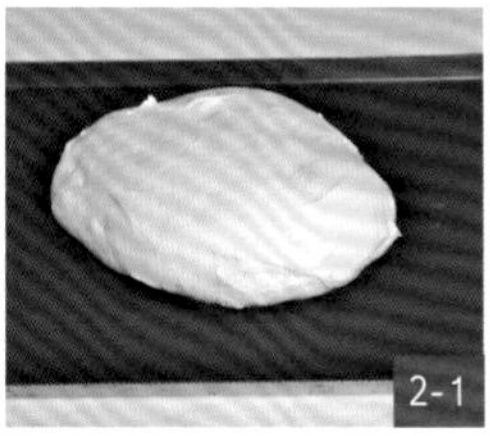

2-1

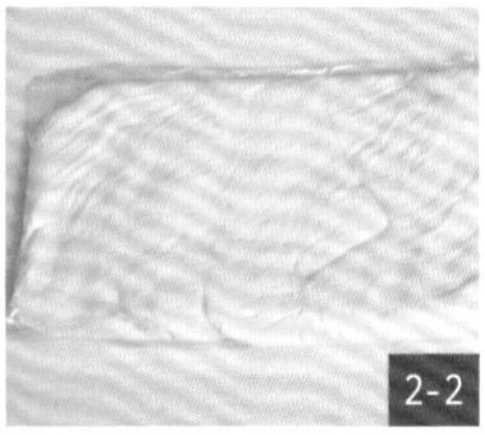

2-2

麵包的基礎製程

基本工序 Process

1
前置準備
▼
2
攪拌製程
▼
3
基本發酵、排氣翻面
▼
4
分割、中間發酵
▼
5
整型、最後發酵
▼
6
烤前裝飾 / 水煮燙麵（貝果）
▼
7
烤焙
▼
8
烤後處理

以「經典菠蘿麵包」示範說明

1 前置準備

將所有材料依照配方重量秤好，若有堅果類、果乾類、餡料需要處理，或是發酵種需要準備，可在前一天先製作完成，冰入冷藏保存。

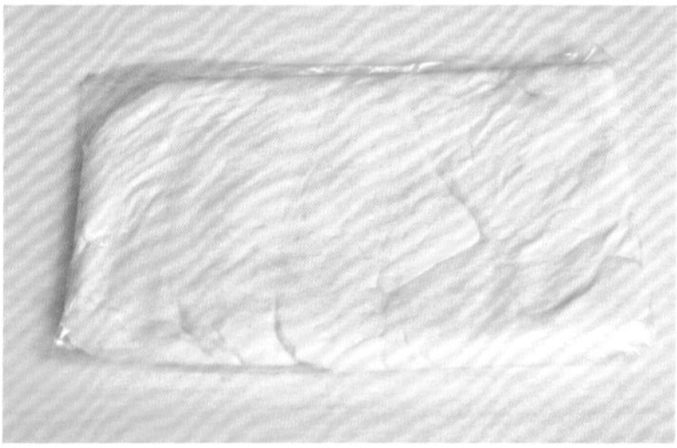

2 攪拌製程

麵團攪拌製程分為 5 個階段，麵包主要是以麵粉、水和酵母等不同特性的材料所組成，再依據麵包的口感和特色決定麵團理想的攪拌狀態及最終溫度。

攪拌製程 *Dough*

A 混合攪拌
▼
B 拾起階段
▼
C 捲起階段
▼
D 擴展階段
▼
E 完全擴展階段

A 混合攪拌

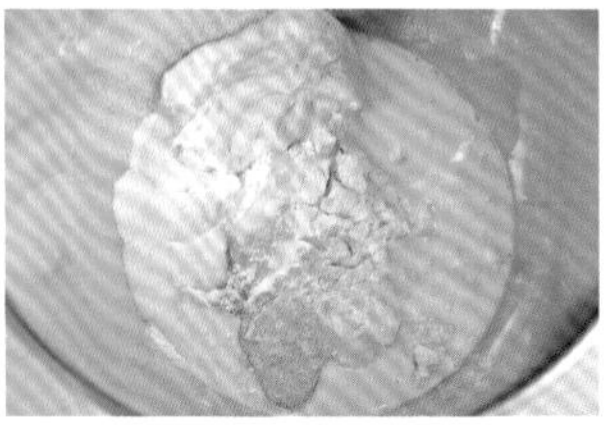

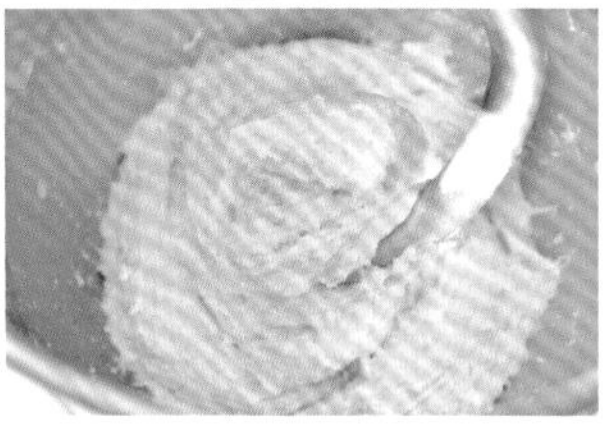

所有乾濕材料（除油脂類外）放入攪拌缸內，用慢速攪拌，將材料混合均勻，粉類完全吸收液態材料，呈現沾黏軟爛狀態。

B 拾起階段

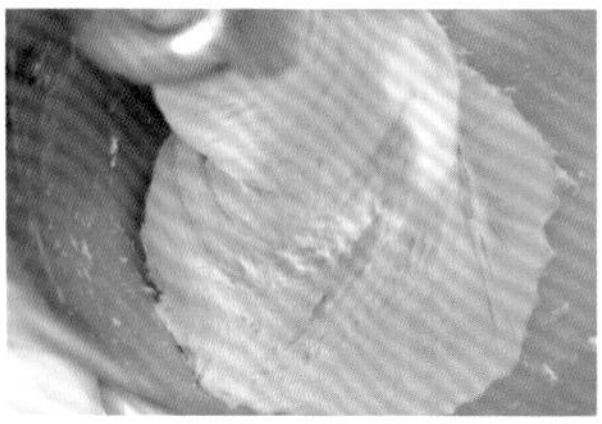

攪拌至所有材料充分結合，表面粗糙、無彈性與延展性。

C 捲起階段

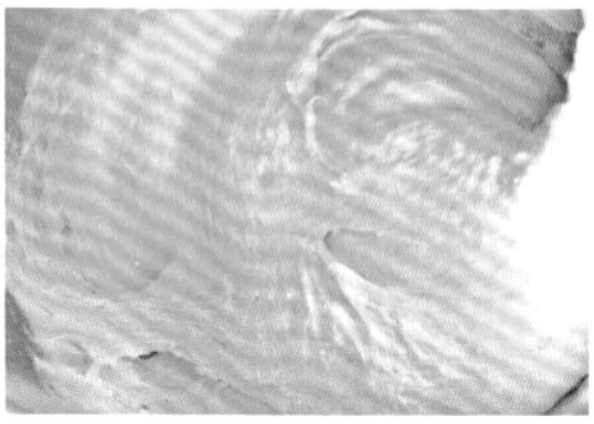

材料完全混合均勻，麵團成團、筋性已形成，並且帶有彈性，表面仍呈現粗糙。

D 擴展階段

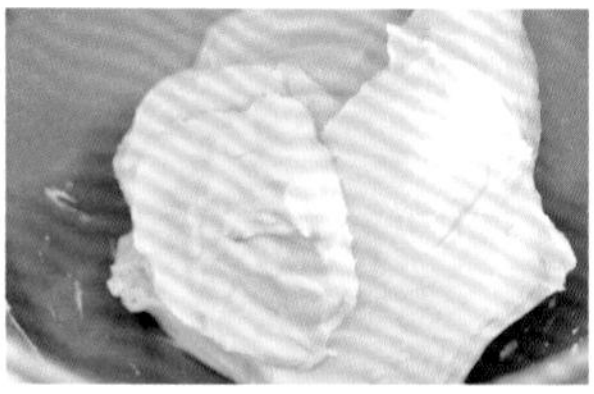

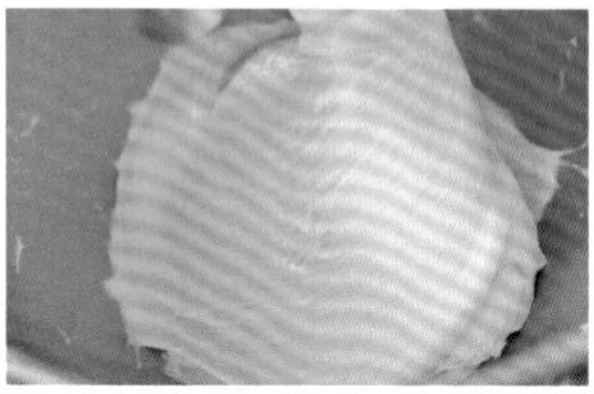

此時麵筋大約8～9分筋，加入油脂，攪拌至麵團與油脂完全結合，並且有彈性及光澤。

- 麵團用手撐開，會形成不透光薄膜（**貝果**、**金牛角麵包系列**到此階段）。

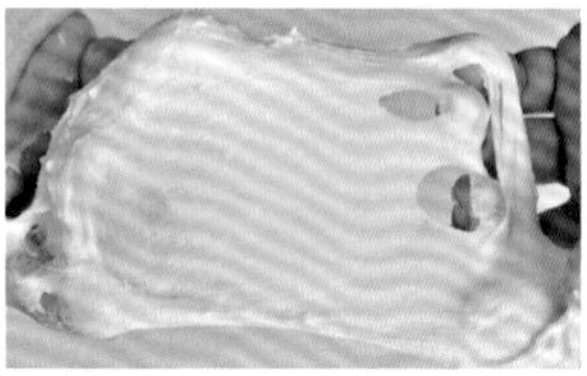

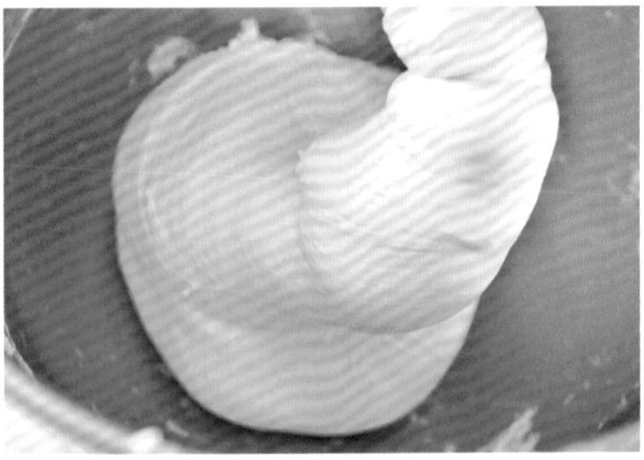

麵團表面柔軟光滑，透光性、彈性與延展性佳。

- 麵團用手撐開，裂口處呈現光滑平整無鋸齒狀態（**吐司**、**菠蘿麵包**、**餐包系列**到此階段）。

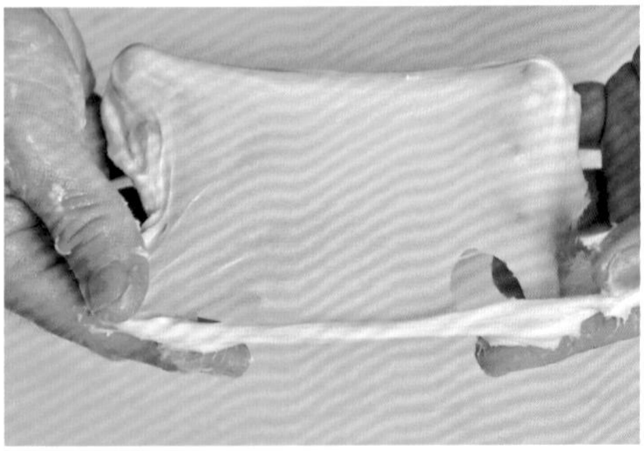

麵團混合堅果或果乾的時間點

麵團攪拌至完全擴展階段，放入堅果或果乾，攪拌均勻即可。麵團也可先切塊，再和堅果或果乾混合攪拌，如此更容易攪拌均勻。

- 堅果類可用烤箱烤焙至微上色，因堅果的數量多寡或每台烤箱功率不同，這些都會影響烤焙時間長短。可以上火150℃、下火150℃，烤焙5～10分鐘，目視堅果微上色且堅果香氣出來即可，冷卻保存備用。
- 果乾類可用電鍋蒸，外鍋約200g水，大約蒸12～15分鐘，取出噴適量蘭姆酒冷卻備用。

測量麵團終溫的重要性

麵團攪拌完成，需要使用溫度計測量麵團最終溫度，必須注意麵團終溫是否同書中每一種麵包所設定的理想溫度。溫度過高則發酵速度太快，麵筋容易脆化斷裂，麵包比較有發酵酸味；溫度過低，則發酵時間會延長。

麵團流動性比較好，會直接影響烤焙彈性不佳，導致麵包容易扁塌、底部比較大，麵包容易乾硬。

- 本書各類麵包終溫：金牛角麵包26℃、貝果26℃、餐包26℃、吐司26℃、菠蘿麵包27℃，此圖為菠蘿麵包終溫。

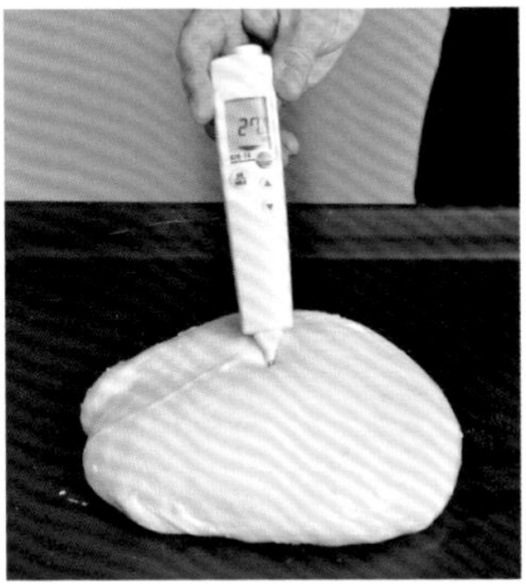

3 基本發酵、排氣翻面

麵團攪拌完成進行基本發酵，酵母與糖開始作用，產生二氧化碳氣體，包覆在麵筋組織裡，麵團也因膨脹產生體積，PH 值降低、延展性增加，使麵包產生彈性與香氣。

麵團發酵的過程會產生氣體，大約膨脹至原本的 2 倍大，就可進行排氣翻面動作。經過拍打折疊，可以使麵筋重整，排除部分的二氧化碳，增加新鮮空氣，促進酵母發酵，增強延展性與張力。麵團因發酵關係致體積變大，表面溫度與內部溫度會產生落差，排氣翻面可使表面與內部溫度均勻，麵團整體發酵也會比較均勻，烤焙後的麵包口感比較 Q 彈，體積亦挺立。

排氣翻面

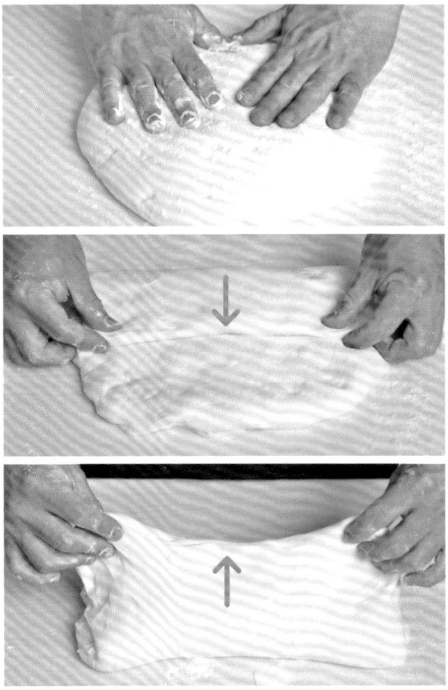

❶ 桌面撒上手粉，麵團從容器或烤盤倒扣於桌面上，將麵團輕拍排出內部空氣，3 折第 1 次折疊。

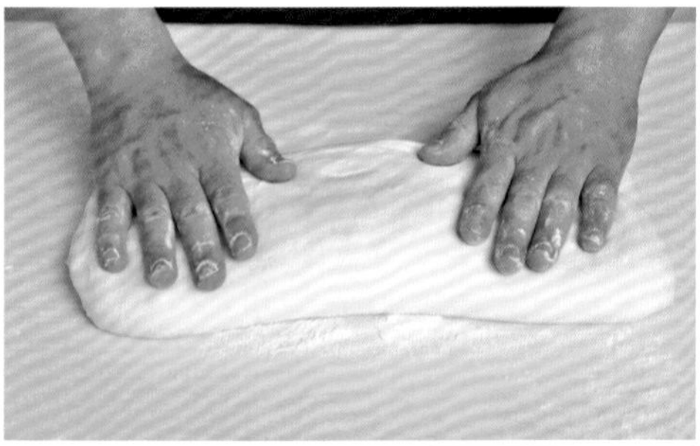
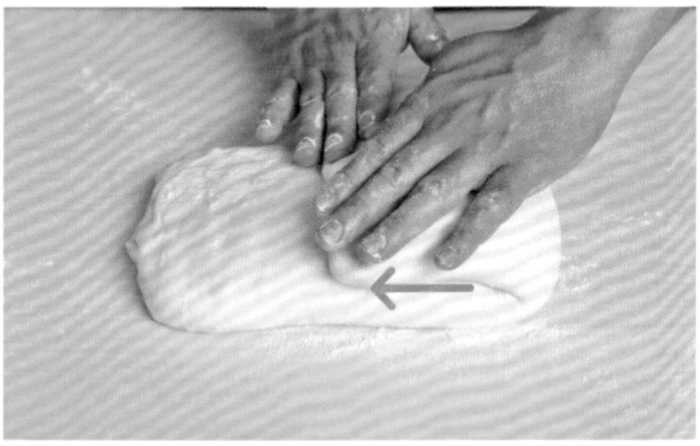
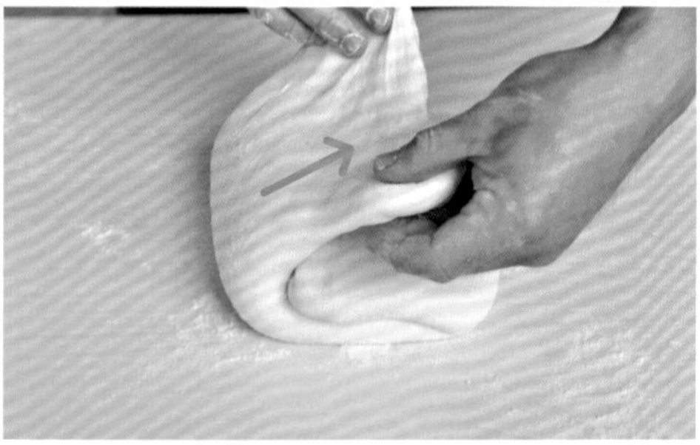

❷ 再輕拍一次，3折第2次折疊。

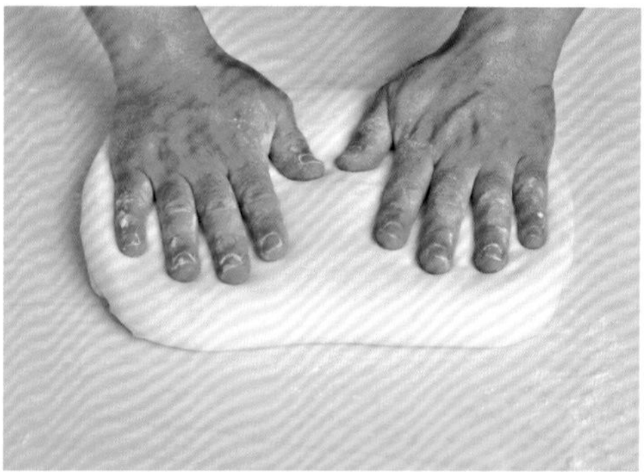

❸ 接著輕輕壓成長方形。

❹ 再進行發酵20分鐘後分割。

- 簡單測試法可在麵團表面撒上手粉（麵包類即高筋麵粉），用指尖搓入麵團約5公分左右，麵團表面會呈現指痕凹洞，若不回縮表示發酵完成，若指痕凹洞迅速回縮，表示還未發酵完成。

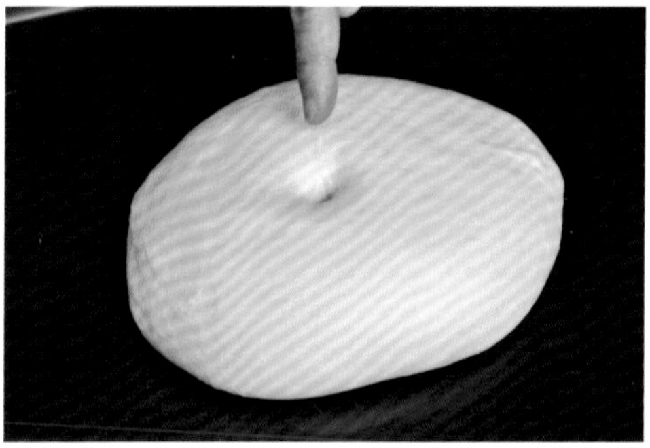

4 分割、中間發酵

基本發酵或排氣翻面發酵完成後，將麵團分割成所需要的重量。排氣滾圓可讓麵筋重整即表面光滑，麵團內部溫度組織均勻；進行中間發酵鬆弛，讓麵團在分割排氣滾圓鬆弛之後產生新的氣體，麵團柔軟延展性好，再依照麵包種類進行包餡整型。

分割

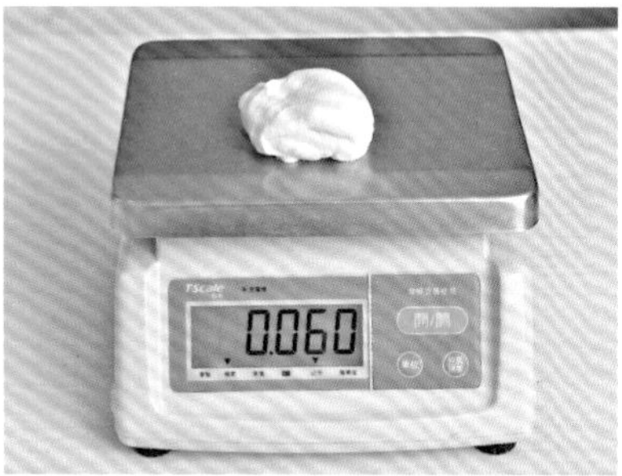

❶ 使用切麵刀將麵團切成長條型，再依麵團所需要重量進行分割。分割麵團勿重複切割多次，以免破壞麵筋。

滾圓

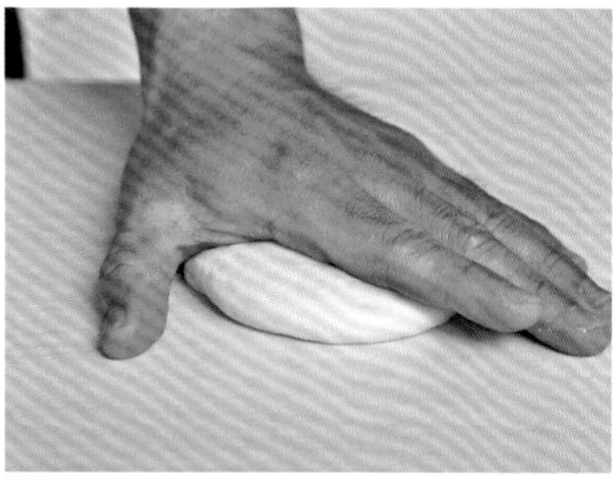

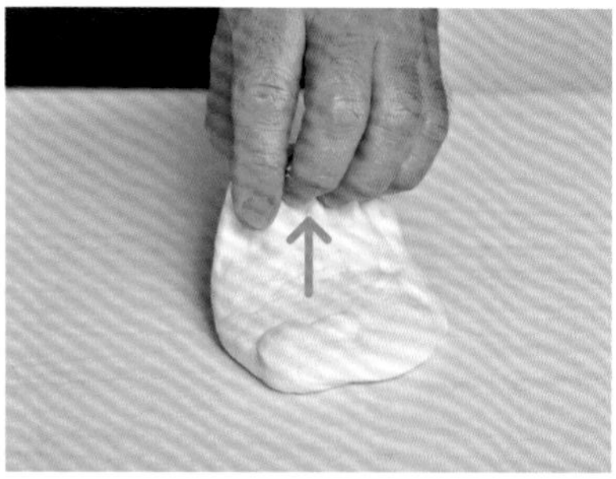

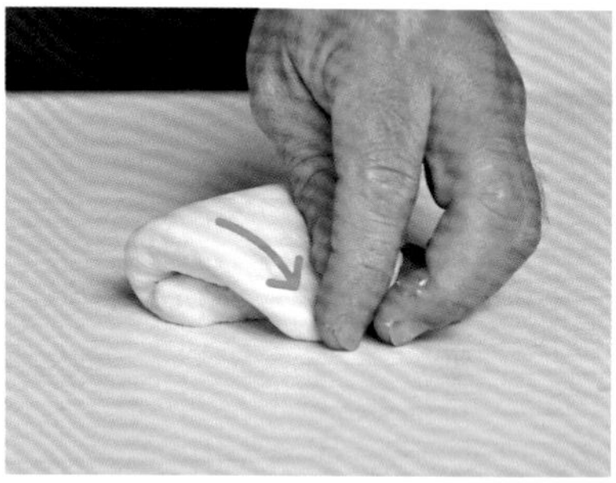

❷ 光滑面朝上，用手輕拍麵團將空氣拍出，翻面底部朝上，拉起對折上面蓋過下面麵團。

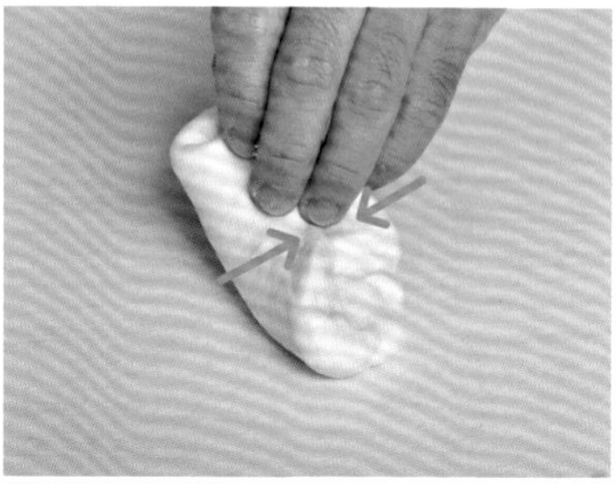

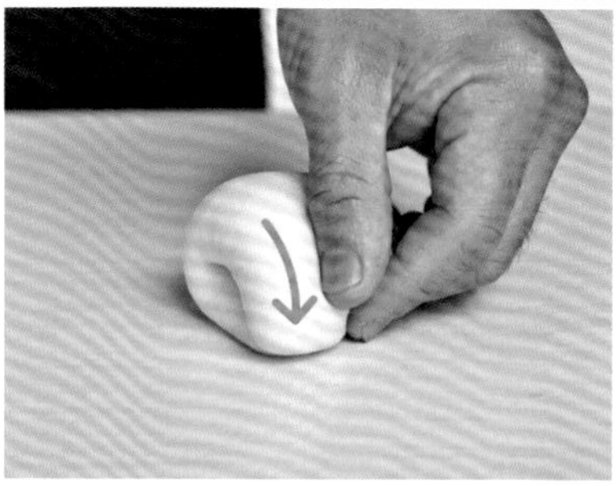

❸ 再轉向，重複拉起對折上面蓋過下面麵團。

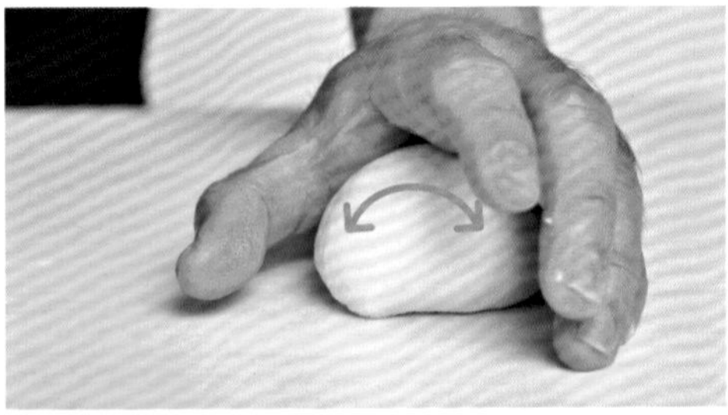

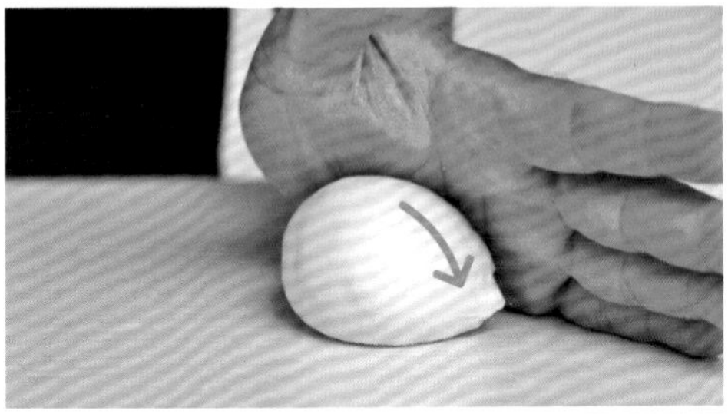

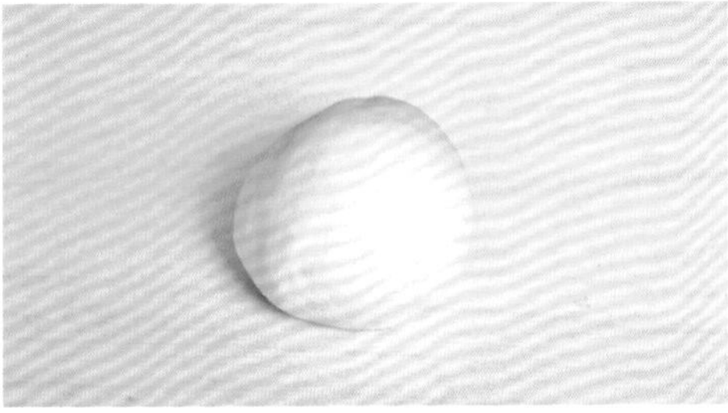

❹ 手刀微彎掌心靠於麵團兩側，手刀稍微往下施力畫圈，滾圓動作，使麵團呈現表面光滑狀態。

中間發酵

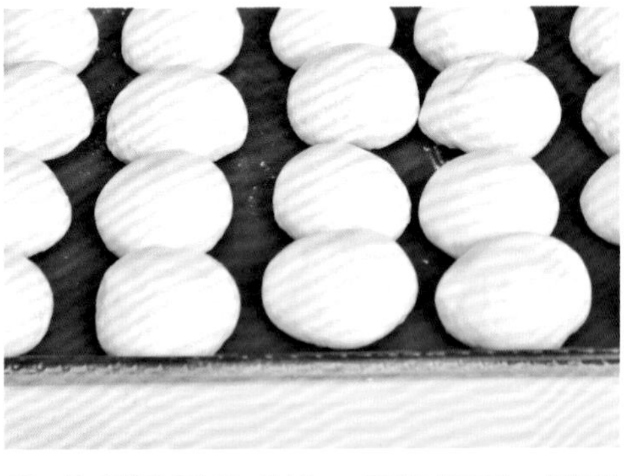

❺ 分割滾圓完成後，底部朝下，間距相等排開放入烤盤，放入發酵箱進行中間發酵，發酵時間請參考書中各類麵包數據。

5 整型、最後發酵

將中間發酵完成的麵團整型成所設定的麵包形狀，因麵團在滾圓後變得緊實，經過中間發酵鬆弛後，麵團延展性變好，必須將氣體排出再包餡或是塑型，讓麵團的烤焙彈性變好、組織細緻，接著進行最後發酵，發酵箱溫度為30～35℃，相對濕度為80～85%，酵母重新產氣，使麵團體積變大。

製作菠蘿皮

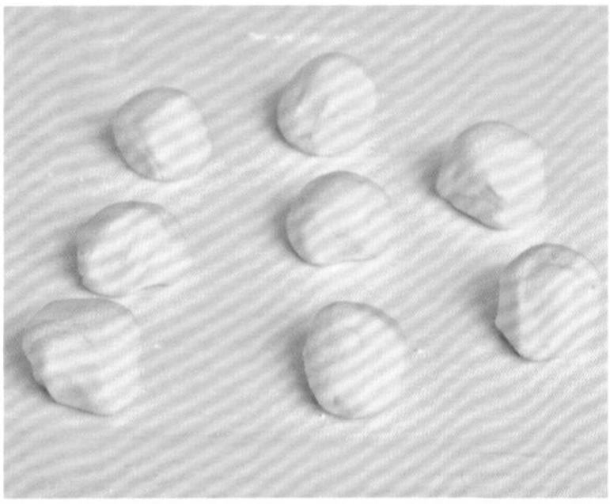

❶ 菠蘿皮材料A與材料B用手一壓一拌方式混合均勻，分割菠蘿皮備用。

整型

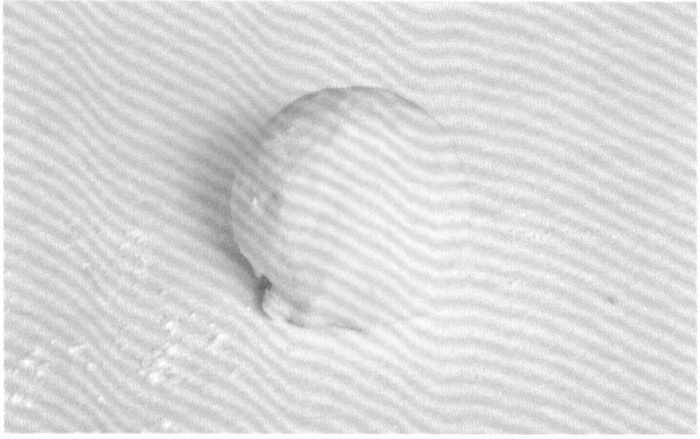

❷ 將菠蘿皮底部沾高筋麵粉，麵團蓋在菠蘿皮結合一起，菠蘿皮頂住手心，麵團一邊收口，一邊將菠蘿皮旋轉往上推即可。

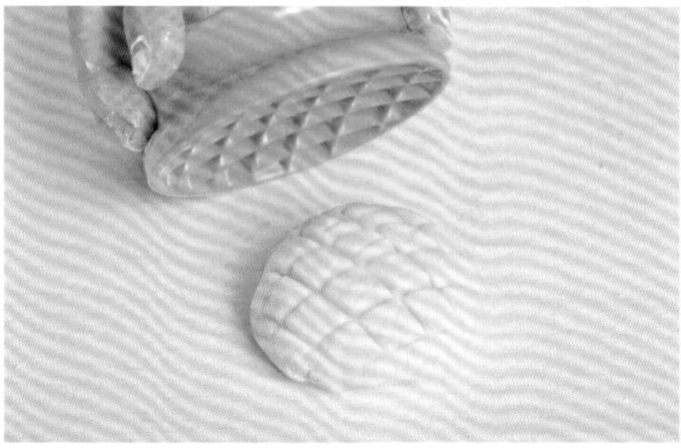

❸ 表面用菠蘿印壓出菱格紋。

最後發酵

❹ 將整型好的麵團放入烤盤中，麵團進行最後發酵。

6 烤前裝飾／水煮燙麵（貝果）

麵團最後發酵完成，有的麵團必須做烤焙前裝飾，一般以刷上蛋液，或是堅果、調味粉撒在表面裝飾，或是裝飾皮（墨西哥皮、杏仁皮）擠於表面覆蓋。裝飾可增加麵包外表的香氣與口感，使麵包看起來更豐富美味。

刷蛋液

麵團表面刷上特調蛋液，靜置3～5分鐘。

菠蘿麵團刷特調蛋液呈現金黃色

菠蘿麵團在烤焙前，必須刷上一層特調蛋液（配方比例見P.41），才會呈現黃金般的外表，主要是菠蘿皮因油脂比較多，刷全蛋液水分高，不容易披覆在菠蘿皮上，蛋黃比較濃稠，附著力比較好，所以刷特調蛋液烤出來會呈現金黃色。

貝果燙麵技巧與溫度

貝果麵團發酵至50%左右即進行燙麵（燙麵水比例見P.117），燙麵目的主要是糊化麵團表面，使麵包體變得Q彈有嚼勁；若發酵過度，則麵包體會變得膨鬆。水温也是關鍵，一般水温保持在85～95℃之間，温度太低則表面較無光澤；温度太高，則容易使表面烤焙脆化龜裂，燙麵水中加入蜂蜜，能增加香氣與光澤。

7 烤焙

烤焙是非常重要的一個環節，依據這些不同：麵團重量大小、表面裝飾、配方比例、使用烤模等，都會影響烤焙時間與烤箱溫度，一般最後發酵約 80～90%（2 倍～2 倍半）大小進行烘烤。

菠蘿麵包烤焙

放入烤箱，依需要的溫度和時間烤焙，出爐後放涼。

吐司烤焙與脫模

放入烤箱，依需要的溫度和時間烤焙，出爐後立刻脫膜，放涼。

貝果烤前如何判定發酵完成

準備一鍋1000g常溫水，將貝果麵團放入水中，若麵團浮至表面，表示發酵完成，可進行燙麵烘烤；若沉入水中，表示未發酵完成，繼續進行發酵，可10分鐘再測試，若浮起來即可進行燙麵烘烤。

如何判定麵團熟成

麵團受熱之後，內部澱粉與水加熱膨脹，具有烤焙彈性，酵母加熱至65℃停止發酵，直到內部澱粉固化熟成為固體，麵團中心溫度為96～97℃，麵包出爐前可先用溫度計測量此溫度，若達到代表麵包內部已熟成，即可出爐。

8 烤後處理

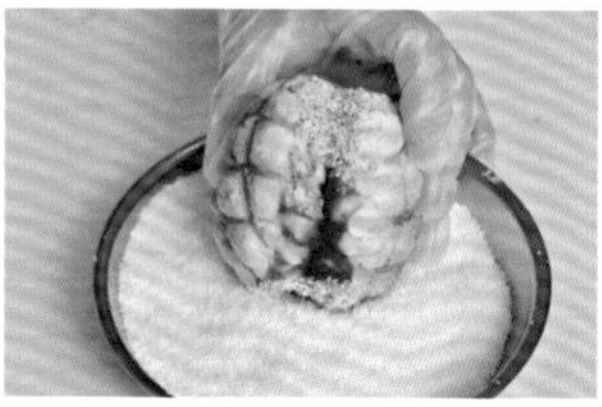

麵包冷卻後進行調理或裝飾，例如：椰子粉、果醬、肉鬆、奶油、蔬菜類、新鮮水果、肉類等，能增加麵包的層次感與價值感。

麵團常見發酵方法

麵包攪拌完成都會經過基本發酵、中間發酵和最後發酵，一般麵包店的設備都會有專業的麵包發酵箱，可控制溫度、濕度，達到良好的發酵環境。如果在家製作麵包時，應該如何製作出發酵箱的效果？

[簡易發酵操作]

首先需要準備一個大型整理箱（大約長 41×寬 29×高 22cm），一個小的保鮮盒約 6.5 公升（長 28×寬 18×高 13cm）可裝入 2000g 的麵團發酵，整理箱的尺寸可依保鮮盒或烤盤大小挑選適合的。

▸ 保鮮盒發酵

當麵團攪拌完成後，保鮮盒內部噴上烤盤油防止沾黏，將麵團放入保鮮盒內，蓋上蓋子，做為基本發酵。

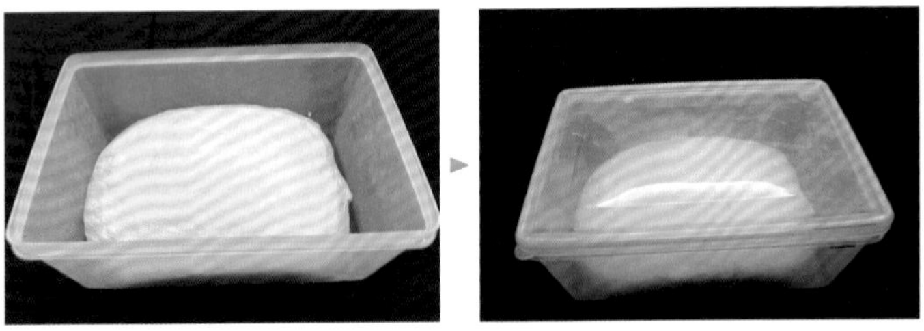

▸ 冬天放一杯熱水

若在冬天製作麵包，溫度太冷時，可將保鮮盒不加蓋放入大整理箱內，裡面放一杯約 80℃熱水，蓋上整理箱蓋子，即可進行基本發酵、中間發酵或最後發酵。

▸ 塑膠材質好處

當麵團在塑膠材質的整理箱內加上蓋子，將形成一個密閉空間，讓麵團本身的水分在發酵過程中不容易流失，塑膠材質會隔離外面的溫度與濕度，麵團在發酵過程中比較不會受到外界的溫度與濕度影響，進而達到良好的發酵環境。

▸ 最後發酵放入烤盤

最後發酵的下個步驟即進入烤箱，也可將麵團放入小烤盤發酵，小烤盤放入大整理箱內，裡面放一杯約 80℃熱水，蓋上整理箱蓋子即可發酵。

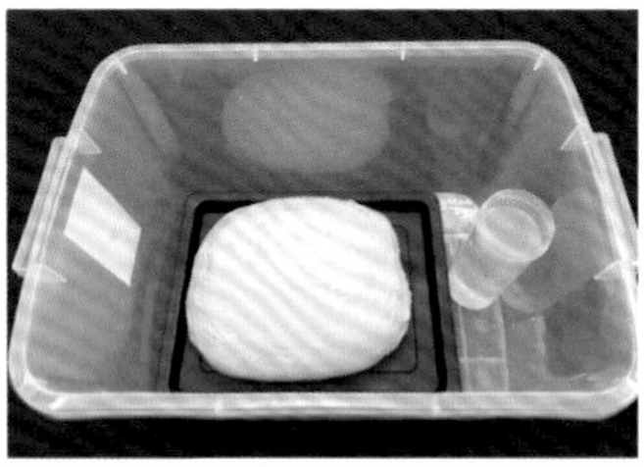

▸

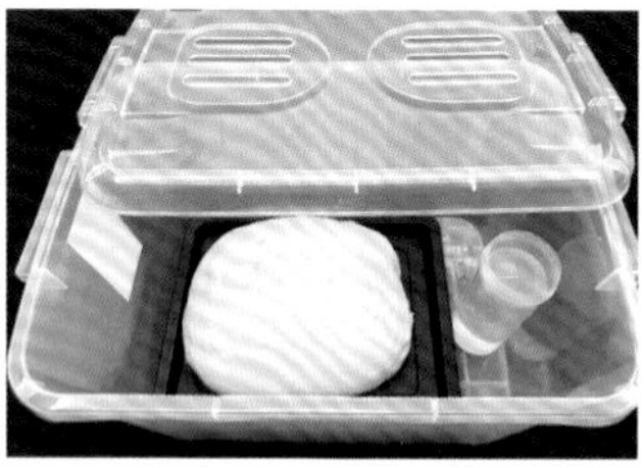

▸

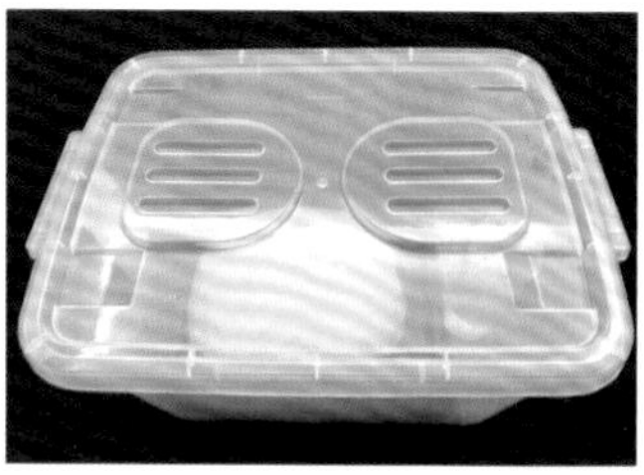

Points 重點筆記

- 若有兩台家用型烤箱，一台可當基本發酵箱（中間發酵、最後發酵）使用，另一台可預熱烤溫準備烤焙。

[專業發酵箱功能]

專業發酵箱有電子儀器可精準的控制溫度、濕度，有良好的發酵循環空間，能有效均勻讓每個麵團平均受熱發酵，濕度均勻讓麵團在發酵時不會乾燥。

發酵空間大還可量產化，增加產能，等級比較高的專業發酵箱還有凍藏發酵功能，可設定冷凍、冷藏功能，依據烤焙時間精準設定麵團最後發酵完成時間，有效進行出爐的時段管理。

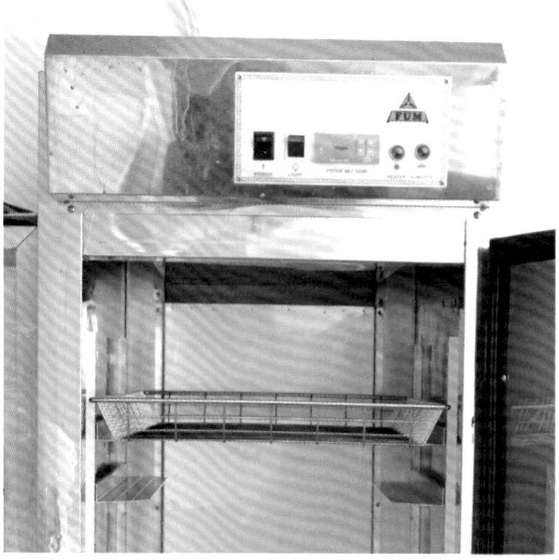

麵包保存與加熱法

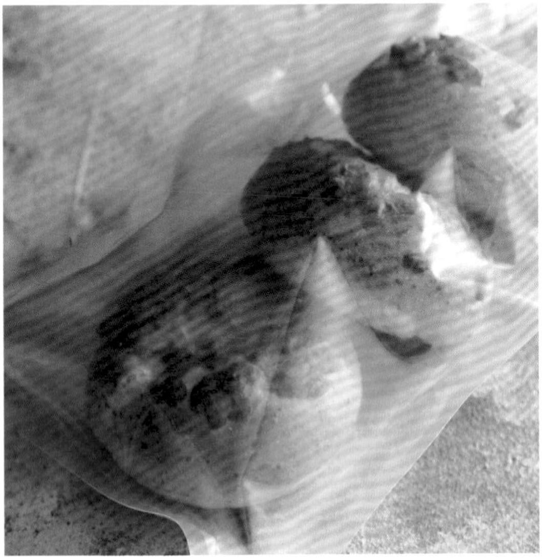

冷凍後加熱方式

麵包製作完成冷卻，6 小時內未食用完，為了防止麵包內部水分流失，必須用塑膠袋封口冷凍保存（大約可保存 2 星期），不建議冷藏保存，因為冷藏麵包的內部水分無法達到結晶體，容易流失風乾，如此會加速麵包老化速度。

▸ 直接食用

將冷凍麵包退至常溫回溫，完全退冰可直接食用。

▸ 烤箱加熱

麵包退冰回溫後表面噴水，再放入以 180℃預熱完成的烤箱，烤焙 3～5 分鐘即可。

▸ 電鍋加熱

電鍋內加入約 50g 水，將回溫麵包置於盤中後放入電鍋，按下開關，等開關自動跳起，燜 3 分鐘即可食用。

▸ 微波爐加熱

將麵包直接從冷凍庫取出，表面噴水，放入微波爐加熱 50 秒，麵包加熱溫度在 40～50℃為最佳，每一台微波爐功率不同，可依情況增減時間。

Points 重點筆記

- 表面噴水目的是導熱速度較快，麵包從冷凍取出，內部水分為結晶體，水分子在摩擦加熱時溫度上升，比較不易蒸發。
- 麵包內部保有水分，若麵包退冰再微波，則水分容易蒸發，麵包容易乾硬。

烘焙百分比計算示範

主要是以麵粉重量為基礎為 100%，其他所有材料對應麵粉的占比來計算重量，所以麵團總重量一定都會多於 100%，您可運用烘焙百分比來計算出想要的麵團重量，達到損耗的精準度，這裡以「經典菠蘿麵包」示範說明。

- **設定製作數量 × 麵團分割重量 ＝製作麵團總重**

  20 個 ×60g ＝ 1200g

- **製作麵團總重 ÷ 材料百分比＋損耗 0.3 ＝實際各材料所需倍數**

  1200g÷233.2%＋ 0.3 ＝ 5.4

- **各材料百分比 × 實際各材料所需倍數 ＝各食材所需重量（四捨五入）**

  高筋麵粉 70% ×5.4 ＝ 378g
  特高筋麵粉 30% ×5.4 ＝ 162g
  上白糖 15% ×5.4 ＝ 81g

[經典菠蘿麵包]

製作量 ▸ 分割 60g、製作量 20 個

直接法	百分比%	重量 g
A 高筋麵粉	70	378
特高筋麵粉	30	162
上白糖	15	81
鹽	1.2	6
高糖乾酵母	1	5
蜂蜜	5	27
奶粉	3	16
全蛋	10	54
動物鮮奶油	8	43
優格冰種→ P.17	30	162
水	50	270
B 發酵奶油	10	54
合計	233.2%	1258g

製作麵包 TOP 問答集

TOP 1 ▸ [麵粉配粉的原因？]

烘焙中所謂的蛋白質就是麵筋，而每一種麵粉蛋白質都不一樣，必須挑選適合的麵粉製作出想要的口感，會使用到特高筋麵粉、高筋麵粉、中筋麵粉、低筋麵粉、法國麵粉等搭配。一般麵包都使用單一種麵粉製作，若想製作具有特色口感與外型時，即使用烘焙百分比 100％麵粉調整兩種麵粉的比例，有些麵包因蛋白質過高而需要搭配較低的蛋白質麵粉，得以維持蛋白質的穩定性。

每一種麵包皆有各自的特色，使用兩種麵粉搭配兼具兩種麵粉的屬性，高筋麵粉＝體積、Q 彈；中筋麵粉＝順口度、細緻度佳；低筋麵粉＝化口性；法國麵粉＝細緻度佳、麥香氣明顯。

TOP 2 ▸ [麵團熟成的溫度？]

每種麵包的麵團重量依需求分割，有大有小，需要如何知道烤焙已熟了？體積愈大，只看外表顏色是不易判斷有沒有熟，可在出爐前用溫度計插入麵團深度約 5cm，測量 96～97℃即可出爐，代表麵團內部已經熟成，適用所有麵團類麵包。若高水量吐司，在測量 96～97℃後再延續烤 2～3 分鐘，讓內部組織會更加穩定，若時間延續太長，則麵包容易偏乾。

TOP 3 ▸ [酵母何時預先泡水？]

酵母主要分為濕酵母（新鮮酵母）與乾酵母（顆粒狀），互換比例是濕酵母 3：乾酵母 1，在攪拌中種法與液種法時，因攪拌時間短，主要攪拌成團，酵母不管是濕酵母或乾酵母，基本上是不會均勻，酵母菌無法充分布勻到麵團每一處，導致基本發酵 PH 值下降慢，膨脹度也會大幅影響。

所以攪拌中種法與液種法時，配方中的水與濕酵母或乾酵母可先進行水合拌均勻，再加入麵粉一起攪拌，可以穩定發酵，能使酵母產生最大效能，直接法因攪拌時間較長，酵母可直接加入攪拌，則不需要提前泡水。

TOP 4 ▸ [如何判斷使用什麼攪拌器攪打麵團？]

攪拌機的攪拌器分為槳狀、勾狀、球狀，槳狀皆用來混合軟質或硬質內餡、餅乾麵團；勾狀基本上用來攪拌麵團居多；球狀則適合打發奶油、蛋白、全蛋或一些需要打發的材料。

TOP 5 ▸ [各類麵包的麵團終溫多少適當？]

麵團終溫會依據每一種麵包的種類不同，而有所不同，像法國麵包類約 22～24℃、台式麵包類 26～28℃、貝果類 26～27℃、丹麥類 24～25℃、餐包類 26～28℃、吐司類 26～28℃、布里歐類 25～27℃等。麵團終溫過高，容易讓酵母發酵太快，造成品質不穩定、麵團易過酸、麵筋易斷裂，使麵筋無法包覆水分，導致老化快、組織粗糙。

TOP 6 ▸ [層次爐和旋風爐的烤焙效果比較？]

通常使用層次爐烤焙麵包，比較能烤出麵包的漸層感，水分保留也多一些；使用旋風爐烤焙，較適合烤酥派類或吐司類。若烤麵包，熱風於流動循環帶走麵團中的水分比較快，麵包容易變乾，則烤出來的麵包看起來沒有層次感，和層次爐比較則相對差很多。

TOP 7 ▸ [如何判斷吐司適合帶蓋或無蓋烤焙？]

兩種方式皆可製作，主要是看吐司容積、需要的口感而定，麵團重量超過容積，不適合做有蓋吐司，容易爆蓋出角及內部產生空洞，而有蓋吐司口感比較綿密紮實些、無蓋吐司較為鬆軟。

TOP 8 ▸ [烤麵包或吐司時，沒有滿盤如何處理？]

麵包類沒有滿盤時，旁邊可排些紙板擋住，或上下溫度可降溫 10～20℃，時間上也可縮短 2～3 分鐘；吐司類未滿盤，則時間與溫度依前者可以遞減，出爐前再使用溫度計測量麵包中心溫度，檢視是否達成熟成溫度。

TOP 9 ▸ [牛角麵包整型好，適合冷凍或冷藏保存？]

牛角麵包整型好適合冷凍保存，烤盤上鋪一層塑膠袋，將整型好的金牛角麵包排在塑膠袋上，表面再蓋上一層塑膠袋防止表面風乾，再放入冷凍 -8℃保存，可保存 5～7 天，等到烤焙時前一日先退冷藏，當天再拿出常溫退冰，退冰至 20℃就可以直接烘烤，烘烤時間與溫度可參考書中金牛角麵包系列所設定的數據。

TOP 10 ▸ [貝果烤焙前，噴水在麵團表面與水煮有何差異？]

貝果烤焙前需要經過水煮，稱為燙麵，燙麵主要作用是糊化麵團表面，讓麵團變得 Q 彈。若直接噴水，則水溫不足，沒有持續加熱，就無法達到表面糊化效果，如此麵團表面都是濕潤狀態進烤箱，麵團來不及定型，麵團表面水分慢慢蒸發，使得麵團膨發更大，口感變得比較鬆軟無 Q 度，組織也比較粗糙。

Chapter

2

經典不敗

Pineapple Bread Flavor

菠蘿麵包

Pineapple Bread Flavor

菠蘿麵包風味變化美學

[主要材料組成]

最簡單的材料製作，由高筋麵粉、上白糖、鹽、酵母、水、奶油製作出完美的麵團。

[菠蘿皮不熔化]

由於麵團非常軟，製作上有些困難，可將麵團冰入冷藏，在整型與菠蘿皮結合度也容易操作，發酵溫度約 32℃ 左右、濕度 75%，防止菠蘿皮熔化。

[外酥內鬆軟]

菠蘿皮外酥口感，麵包體內部鬆軟帶有彈性，是完美的結合。

[增加表皮亮度]

烤焙前在菠蘿皮表面刷上特調蛋液（蛋黃比例較高），需靜置 3～5 分鐘，等蛋液乾燥再烘烤，如此表面比較亮。

以「經典菠蘿麵包」示意說明

[菠蘿麵包速配吃法]

▸ 飲品速配組合

搭配菠蘿麵包的飲品，一般以鮮奶、豆漿、咖啡、蔬果汁、燕麥飲居多。

▸ 抹醬夾餡美味加分

咖啡廳的簡餐美食，也是早午餐或下午茶的品項之一，最喜歡搭配果醬（例如：藍莓醬、草莓醬、奶油、起司醬、巧克力醬）。多種抹醬新搭法，厚實的菠蘿外皮夾入酸甜的果醬，再配上一杯美式咖啡，更能襯托菠蘿麵包的好滋味。

您還可以這樣做，剖開後可當成漢堡包夾入喜歡的配料，夏天可夾冰淇淋、新鮮水果或焦糖布丁，美味升級滿滿。

[麵團裝飾升級]

▸ 天然顏色和麵團融合

基本款麵團或菠蘿皮可以加入喜歡的天然色粉、調味粉或食材變化，例如：可可粉、抹茶粉、墨魚粉、紅麴粉做顏色上的變化。

▸ 麵包形狀與菠蘿皮格紋

整型方面可使用小烤模（例如：方模、圓模、三角模）製作不同形狀，表面可不壓菱格紋或自然龜裂。

▸ 裝飾和內餡豐富口感

麵包表面有多種裝飾，可運用杏仁片、珍珠糖、細砂糖、水滴巧克力變化，再搭配不同的內餡，就能創意百變。

經典菠蘿麵包

Flavor

菠蘿麵包是許多人童年的回憶，是一款從小吃到大的國民麵包，表面菱格紋菠蘿皮酥脆、麵包體軟Q不乾，是最大特徵。

[材料 *Ingredients*]

製作量 ▸ 20 個

直接法	百分比%	重量 g
A 高筋麵粉	70	378
特高筋麵粉	30	162
上白糖	15	81
鹽	1.2	6
高糖乾酵母	1	5
蜂蜜	5	27
奶粉	3	16
全蛋	10	54
動物鮮奶油	8	43
優格冰種→ P.17	30	162
水	50	270
B 發酵奶油	10	54
合計	233.2%	1258g

[工序 *Process*]

製作工法
直接法＋優格冰種

種溫
20℃

麵團終溫
27℃

基本發酵、排氣翻面
28℃ / 基本 40 分鐘、翻面 20 分鐘

分割重量
60g

中間發酵
28℃ / 20 分鐘

最後發酵
32℃ / 50 分鐘

發酵箱溫度／濕度
32℃ / 75%

烤焙溫度／時間
上火 210℃、下火 200℃ / 14 分鐘

[其他 *Others*]

原味菠蘿皮 600g、特調蛋液 60g

特調蛋液

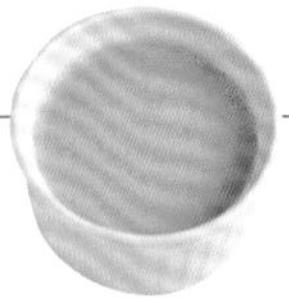

保 存 現拌即用

材 料 蛋黃 50g、全蛋 10g

作 法 蛋黃和全蛋拌勻即可使用。

右為已加麵粉

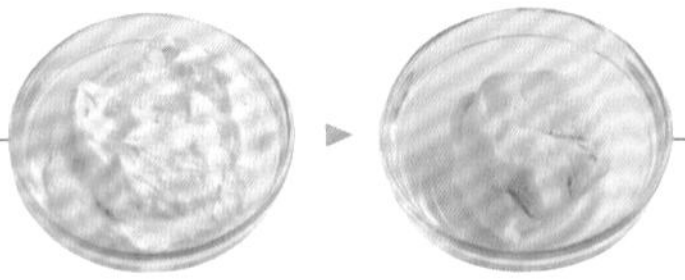

原味菠蘿皮

保存 冷藏7天（指未加入材料B低筋麵粉）

材料 A 發酵奶油100g、無水奶油100g、糖粉200g、全蛋100g、奶粉40g

B 低筋麵粉415g

作法

1 將發酵奶油、無水奶油和糖粉稍微打發，慢慢加入全蛋，攪打至膨發反白。

2 接著加入奶粉，攪拌均勻或冷藏備用。

3 製作菠蘿麵包時，取部分同比例材料A、材料B混合，用手一壓一拌的方式（手拌，不宜機器打），壓拌均勻即可使用，剛拌好的菠蘿皮軟黏狀態為正常。

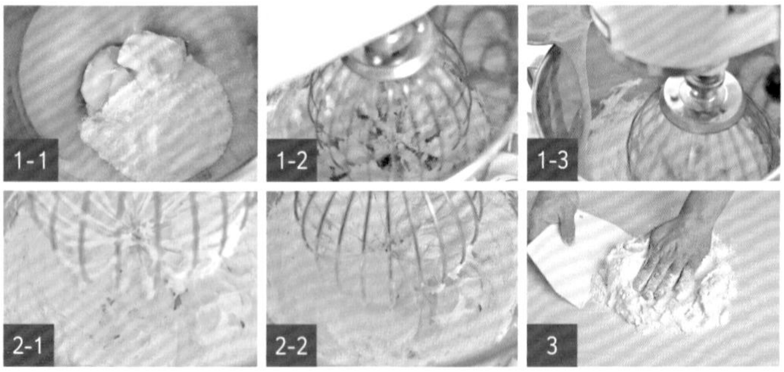

- 菠蘿皮配方量少，在攪拌缸難打發，所以可做多些冷藏備用。
- 菠蘿皮的材料A拌好，可冷藏保存7天，等需要製作菠蘿麵包，再和材料B混合拌勻。若一開始就先加入材料B，因為低筋麵粉吸收全蛋與糖中的水分而產生筋度，時間靜置太久，則菠蘿皮容易變硬，所以等製作菠蘿麵包時再混合材料B為宜。
- 菠蘿皮拌粉比例：菠蘿皮100g：低筋麵粉83g
- 材料A打發反白稱為菠蘿皮，使用時再與低筋麵粉手拌混合。低筋麵粉易因室溫而影響軟硬度，夏季約83%、冬季約80%。

[步驟 Step by step]

1 前置準備

前一天製作優格冰種。

2 攪拌製程

材料A放入攪拌缸，以慢速攪拌成團，轉換中速攪拌至擴展階段微薄膜狀。

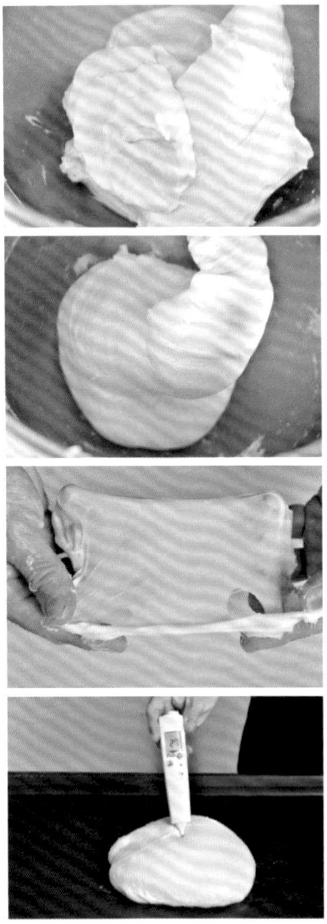

加入材料B，慢速攪拌均勻，轉換中速攪拌至完全擴展薄膜狀態，終溫27℃。

3 基本發酵、排氣翻面

麵團攪拌完成，於28℃發酵40分鐘。

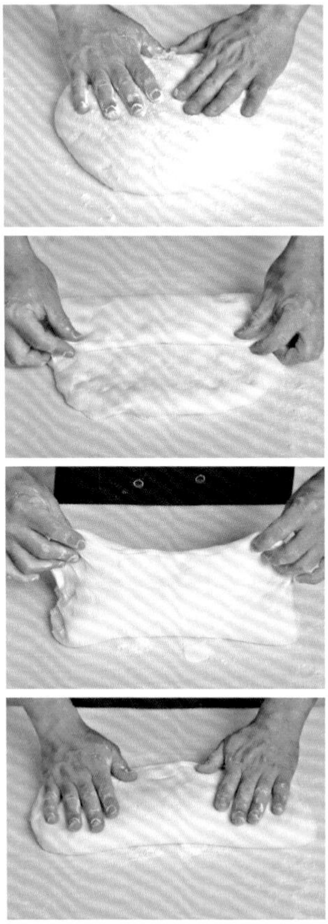

進行排氣翻面，桌面撒上手粉，將麵團從容器或烤盤倒扣於桌面上，將麵團輕拍排出內部空氣，3折1次折疊。

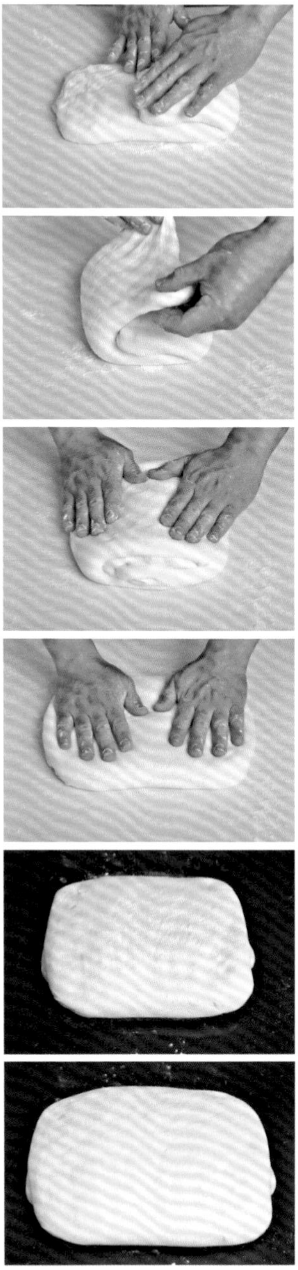

再輕拍一次，3折第2次折疊，接著輕輕壓成長方形，再進行發酵20分鐘。

4 分割、中間發酵

發酵完成的麵團分割成每個60g，共20個。

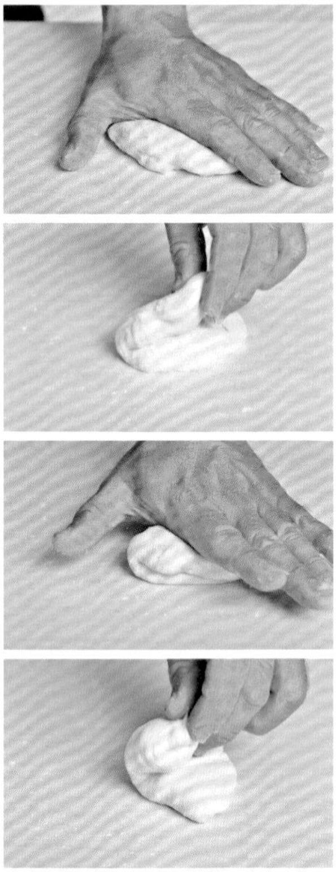

分別排氣折疊滾圓，光滑面朝上，用手將麵團輕拍讓空氣排出，翻面底部朝上，拉起對折上面蓋過下面麵團，再轉向，重複拉起對折上面蓋過下面麵團。

手刀微彎掌心靠於麵團兩側，手刀稍微往下施力畫圈，滾圓動作，使麵團呈現表面光滑狀態。將滾圓好的麵團於28℃發酵20分鐘。

5 整型、最後發酵

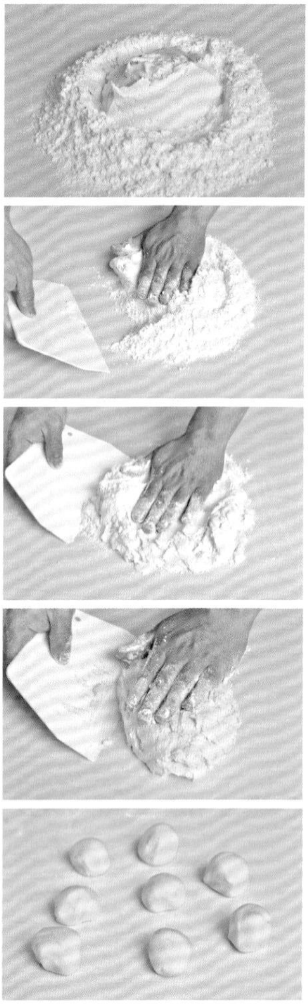

將菠蘿皮材料A與材料B用手一壓一拌方式混合均勻，分割菠蘿皮30g備用。

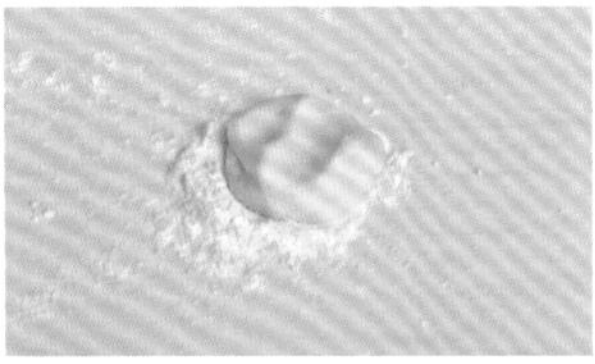

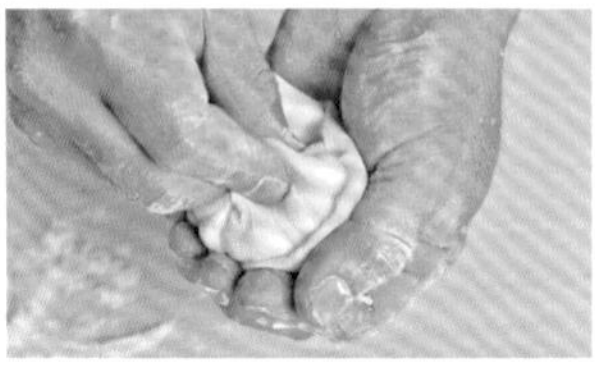
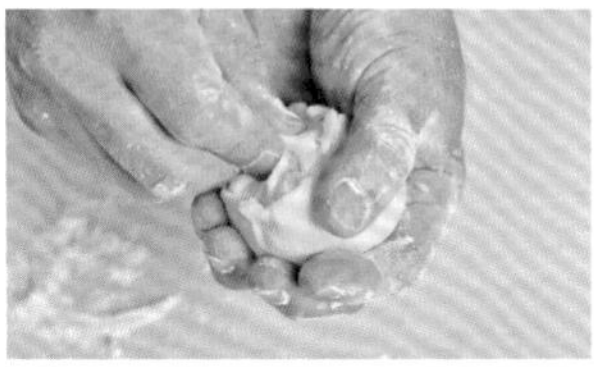
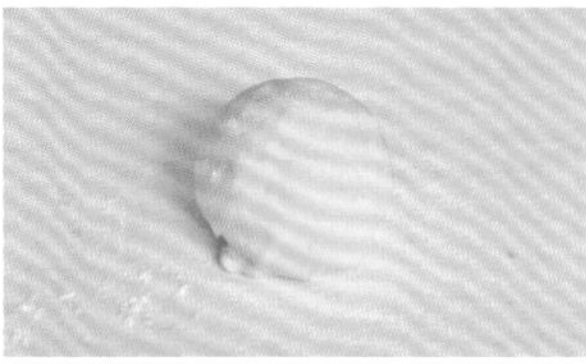

將菠蘿皮底部沾高筋麵粉，麵團蓋在菠蘿皮結合一起，菠蘿皮頂住手心，麵團一邊收口，一邊將菠蘿皮旋轉往上推即可。

表面用菠蘿印壓出菱格紋，將整型好的麵團放入烤盤中，共完成20個，麵團於32℃發酵50分鐘。

6 烤前裝飾

麵團表面刷上特調蛋液，靜置3～5分鐘。

7 烤焙

放入烤箱，用上火210℃、下火200℃，烤焙14分鐘，出爐後放涼。

Points 重點筆記

- 菠蘿麵包系列有加乾酵母，所以是直接法搭配優格冰種。
- 菠蘿皮材料A和材料B混合時，勿過度壓拌，容易造成出筋，而且菠蘿皮在最後發酵或是烤焙過程時容易收縮，導致失敗。
- 特調蛋液刷好後，可靜置3～5分鐘，待蛋液微乾燥再放入烤箱烤，菠蘿皮表面會比較光亮。

黑鑽燻雞起司菠蘿麵包

Flavor

麵團包入燻雞起司餡，再蓋上酥脆的墨魚菠蘿皮，口味和口感超級搭配，同時燻雞起司含豐富鈣質，美味又營養滿分。

煙燻起司餡

保存 冷藏5天

材料 奶油起司300g、燻雞肉500g、黑胡椒粗粒5g、芥末籽醬35g

作法

1. 將奶油起司、燻雞肉混合均勻。
2. 再加入黑胡椒粗粒、芥末籽醬拌勻即可。

[材料 *Ingredients*]

製作量 ▸ 上直徑 94× 底直徑 83× 高 35mm 圓形模 / 20 個

直接法	百分比%	重量 g
A 高筋麵粉	70	378
特高筋麵粉	30	162
上白糖	15	81
鹽	1.2	6
高糖乾酵母	1	5
蜂蜜	5	27
奶粉	3	16
全蛋	10	54
動物鮮奶油	8	43
墨魚粉	1	5
優格冰種→ P.17	30	162
水	50	270
B 發酵奶油	10	54
合計	234.2%	1263g

[工序 *Process*]

▸ **製作工法**

直接法+優格冰種

▸ **種溫**

20℃

▸ **麵團終溫**

27℃

▸ **基本發酵、排氣翻面**

28℃ / 基本 40 分鐘、翻面 20 分鐘

▸ **分割重量**

60g

▸ **中間發酵**

28℃ / 20 分鐘

▸ **最後發酵**

32℃ / 50 分鐘

▸ **發酵箱溫度/濕度**

32℃ / 75%

▸ **烤焙溫度/時間**

上火 210℃、下火 240℃ / 15 分鐘

[其他 *Others*]

墨魚菠蘿皮 600g、燻雞起司餡 600g、乾燥蔥末 10g、特調蛋液 60g → P.41

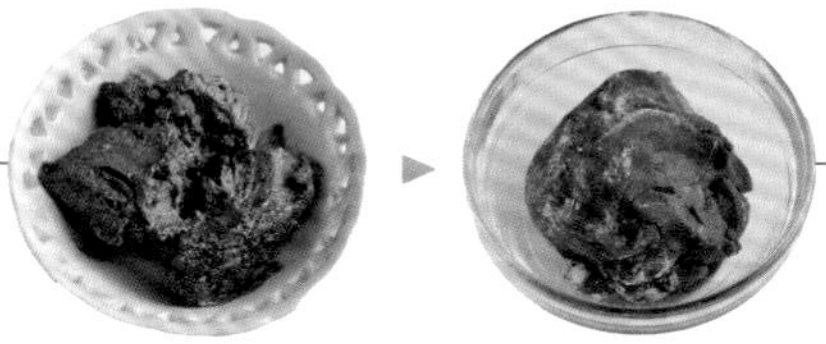

右為已加麵粉

墨魚菠蘿皮

保 存 冷藏7天(指未加入材料B低筋麵粉)

材 料 A 發酵奶油100g、無水奶油100g、糖粉200g、全蛋100g、鹽0.5g、墨魚粉5g
B 低筋麵粉425g

作 法

1 將兩種奶油和糖粉稍微打發,慢慢加入全蛋、鹽和墨魚粉,攪打至膨發,冷藏備用。

2 製作墨魚菠蘿麵包時,取材料A和材料B混合,用手一壓一拌的方式(手拌,不宜機器打),壓拌均勻即可使用,剛拌好的墨魚菠蘿皮軟黏狀態為正常。

- 天然的墨魚汁精煉成粉末,保留墨魚汁特有的風味。
- 墨魚菠蘿皮步驟圖、拌粉比例公式可參考P.42原味菠蘿皮,就可以多1倍量保存,量少則攪拌缸難打發。

[步驟 Step by step]

1 前置準備

前一天製作優格冰種。

2 攪拌製程

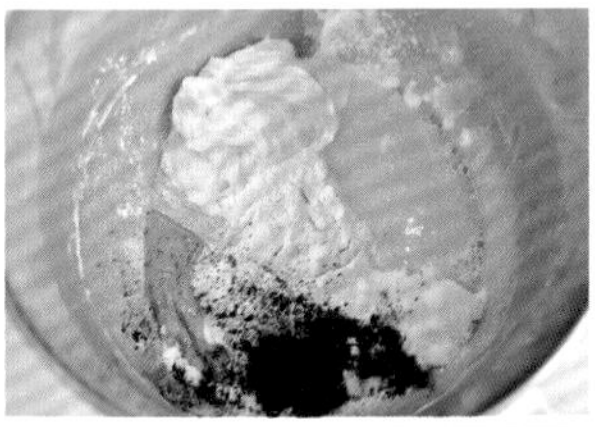

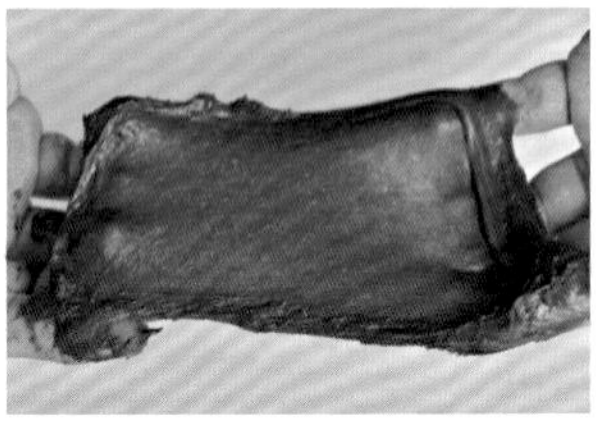

材料A放入攪拌缸，以慢速攪拌成團，轉換中速攪拌至擴展階段微薄膜狀。

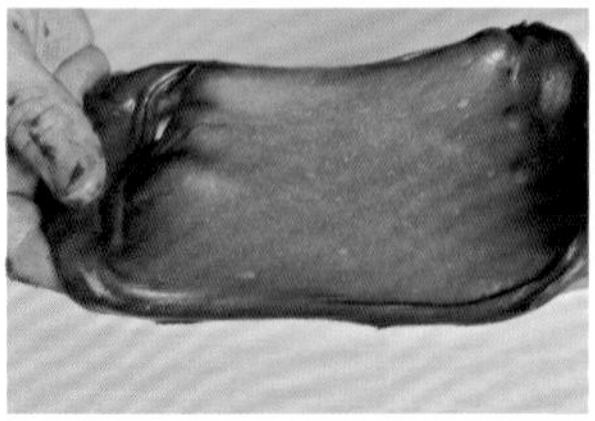

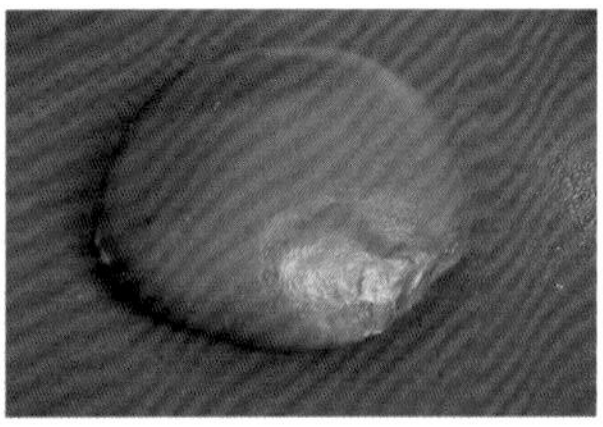

加入材料B，慢速攪拌均勻，轉換中速攪拌至完全擴展薄膜狀態，終溫27℃。

3 基本發酵、排氣翻面

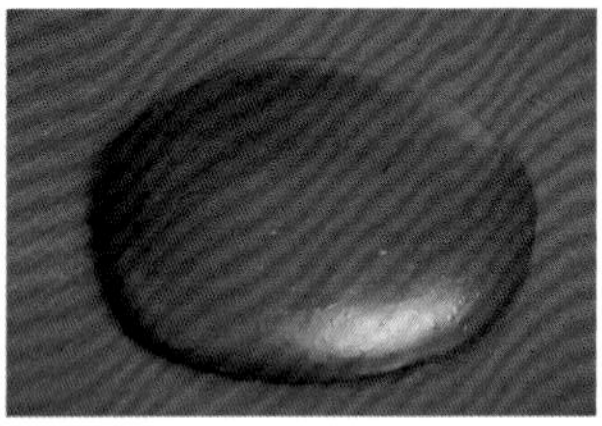

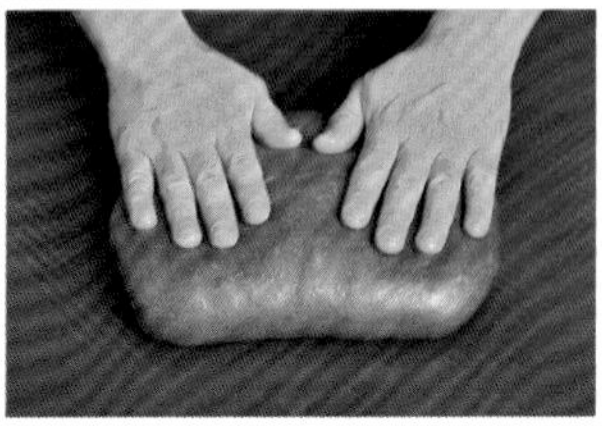

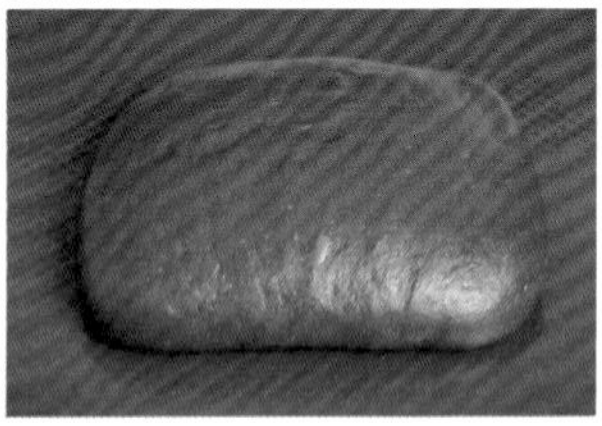

麵團於28℃發酵40分鐘，排氣翻面3折2次後發酵20分鐘。

4 分割、中間發酵

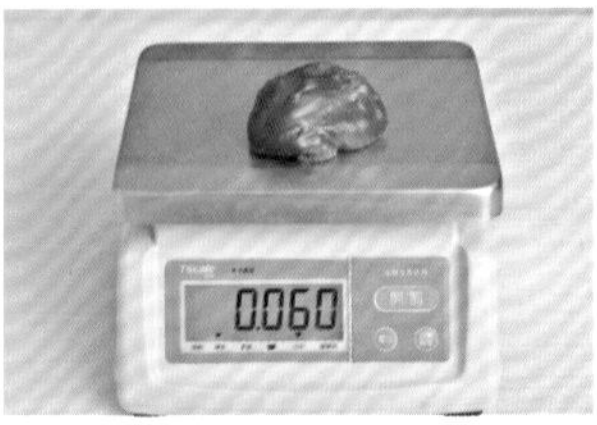

發酵完成的麵團分割成每個60g，共20個。

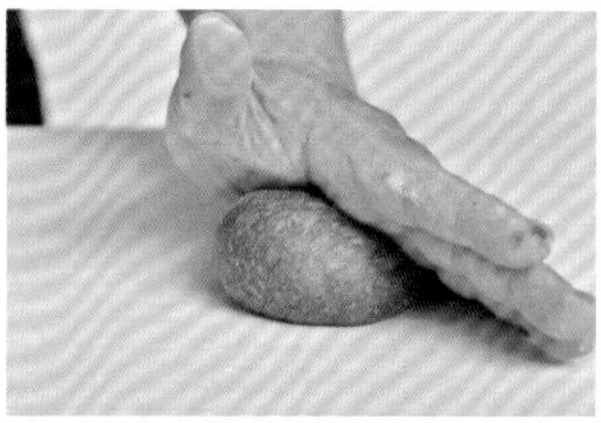

分別排氣折疊滾圓，將分割好的麵團於28℃發酵20分鐘。

5 整型、最後發酵

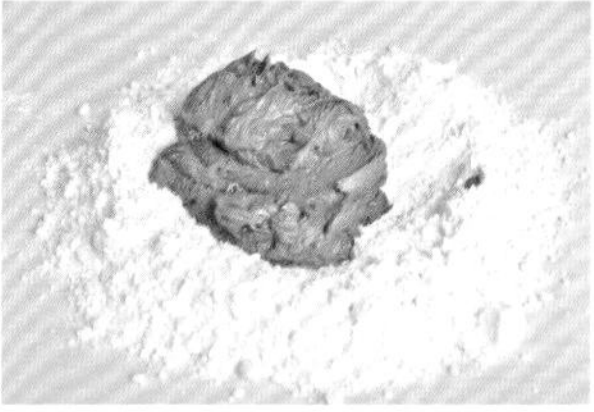

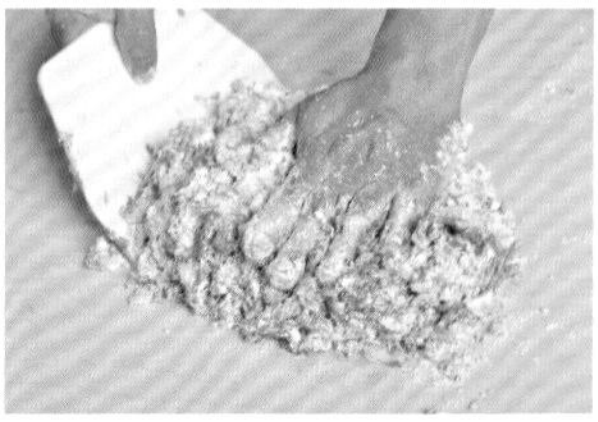

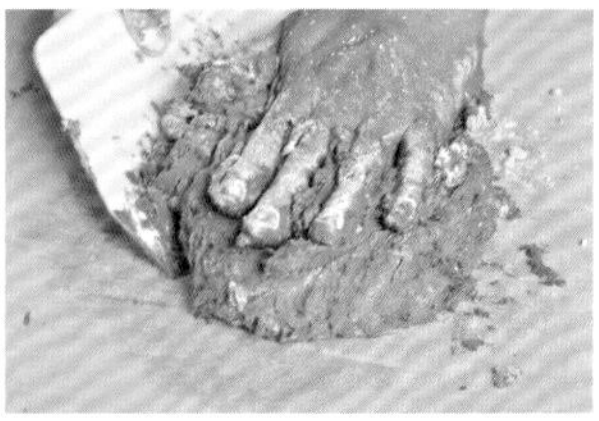

將墨魚菠蘿皮材料A與材料B用手一壓一拌方式混合均勻，分割墨魚菠蘿皮30g備用。

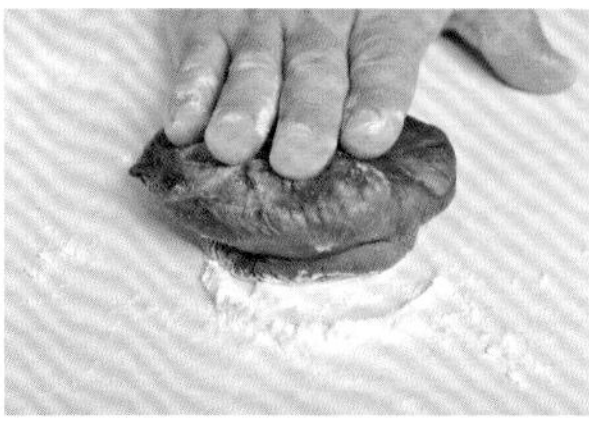

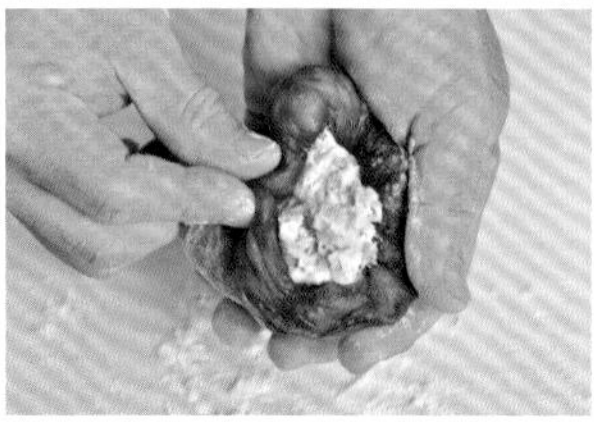

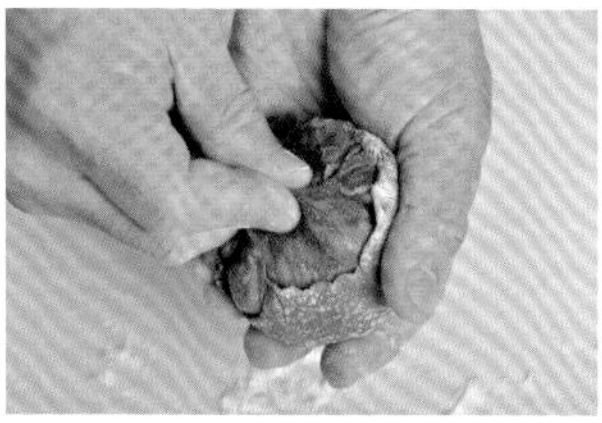

將墨魚菠蘿皮底部沾高筋麵粉，麵團蓋在墨魚菠蘿皮結合一起，墨魚菠蘿皮頂住手心，將燻雞起司餡30g包入麵團裡，麵團一邊收口，一邊將墨魚菠蘿皮旋轉往上推即可。

將整型好的麵團放入烤模中，共完成20個，麵團於32℃發酵50分鐘。

6 烤前裝飾

表面刷上特調蛋液，靜置3～5分鐘。

7 烤焙

放入烤箱，用上火210℃、下火240℃，烤焙15分鐘，出爐。

8 烤後處理

脫模後撒上乾燥蔥末，放涼即可。

Points 重點筆記

- 使用烤模成型，因麵團在容器中烤焙，容器限制麵團膨脹的空間，麵團的力量往上膨脹時，麵包成品會比較挺。
- 若不使用烤模，則麵包成品會比較扁塌，烤溫和時間則調整成上火 210℃、下火 200℃，烤焙 15 分鐘。

Flavor

海陸雙拼菠蘿麵包

鮪魚肉鬆是一款家常必備鹹味麵包，菠蘿麵團包入自製鮪魚肉鬆餡，菠蘿皮拌入乾燥蔥蓋上，即完成香噴噴的麵包。

鮪魚肉鬆餡

保存 冷藏5天

材料 去油鮪魚肉（罐頭）500g、肉鬆120g、沙拉醬170g、洋蔥丁170g

作法

1. 將鮪魚罐內部油脂擠掉，鮪魚肉和肉鬆混合均勻。
2. 再加入沙拉醬、洋蔥丁拌勻即可。

- 洋蔥容易出水，不要過度混合拌勻。

[材料 Ingredients]

製作量 ▸ 20 個

直接法	百分比%	重量 g
A 高筋麵粉	70	378
特高筋麵粉	30	162
上白糖	15	81
鹽	1.2	6
高糖乾酵母	1	5
蜂蜜	5	27
奶粉	3	16
全蛋	10	54
動物鮮奶油	8	43
優格冰種→ P.17	30	162
水	50	270
B 發酵奶油	10	54
合計	233.2%	1258g

[工序 Process]

製作工法
直接法＋優格冰種

種溫
20℃

麵團終溫
27℃

基本發酵、排氣翻面
28℃ / 基本 40 分鐘、翻面 20 分鐘

分割重量
60g

中間發酵
28℃ / 20 分鐘

最後發酵
32℃ / 50 分鐘

發酵箱溫度／濕度
32℃ / 75%

烤焙溫度／時間
上火 210℃、下火 200℃ / 15 分鐘

[其他 Others]

蔥菠蘿皮 600g、鮪魚肉鬆餡 700g、特調蛋液 60g → P.41

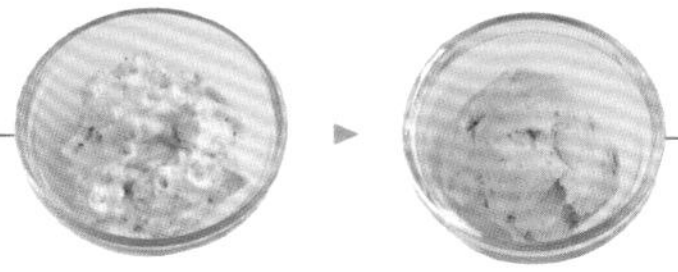

右為已加麵粉

蔥菠蘿皮

保 存 冷藏7天（指未加入材料B低筋麵粉）

材 料 A 發酵奶油100g、無水奶油100g、糖粉200g、全蛋100g、乾燥蔥末5g
B 低筋麵粉415g

作 法
1 將兩種奶油和糖粉稍微打發，慢慢加入全蛋，攪打至膨發反白，冷藏備用。
2 製作蔥菠蘿麵包時，取材料A和材料B混合，用手一壓一拌的方式（手拌，不宜機器打），壓拌均勻即可使用，剛拌好的蔥菠蘿皮軟黏狀態為正常。

- 乾燥蔥末即新鮮青蔥使用生物乾燥技術所製成，色澤鮮綠，可運用在各種烘焙產品中。
- 蔥菠蘿皮步驟圖、拌粉比例公式可參考P.42原味菠蘿皮，就可以多1倍量保存，量少則攪拌缸難打發。

步驟 Step by step

1 前置準備

前一天製作優格冰種。

2 攪拌製程

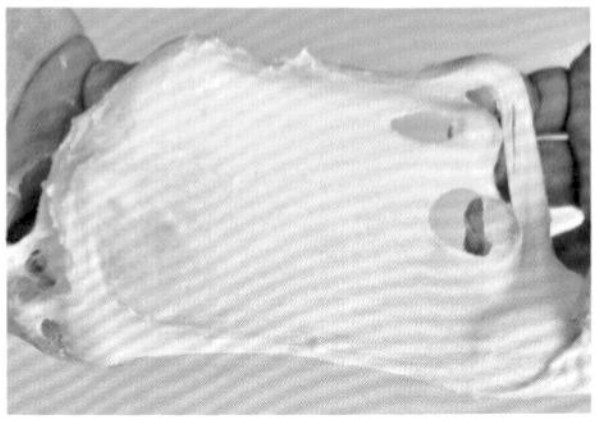

材料A放入攪拌缸，以慢速攪拌成團，轉換中速攪拌至擴展階段微薄膜狀。

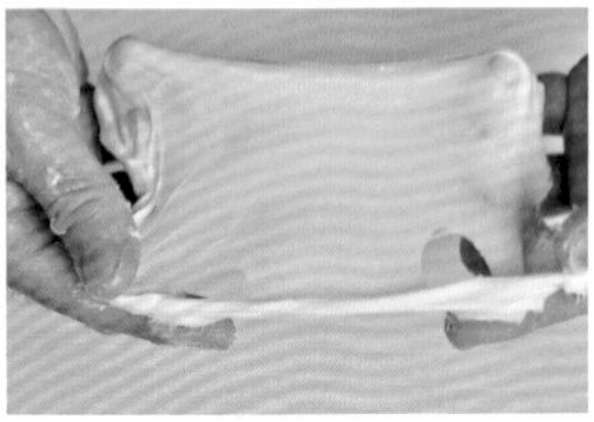

加入材料B，慢速攪拌均勻，轉換中速攪拌至完全擴展薄膜狀態，終溫27℃。

3 基本發酵、排氣翻面

麵團於28℃發酵40分鐘，排氣翻面3折2次後發酵20分鐘。

4 分割、中間發酵

發酵完成的麵團分割成每個60g，共20個。

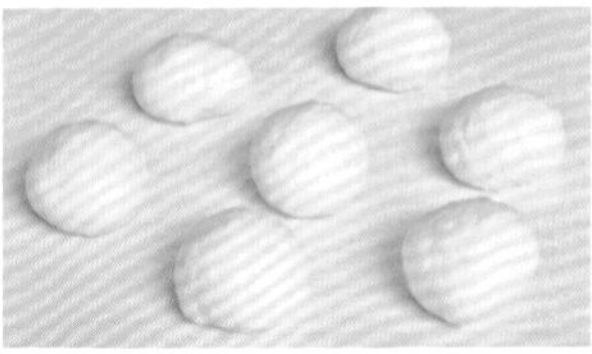

分別排氣折疊滾圓，將分割好的麵團於28℃發酵20分鐘。

5 整型、最後發酵

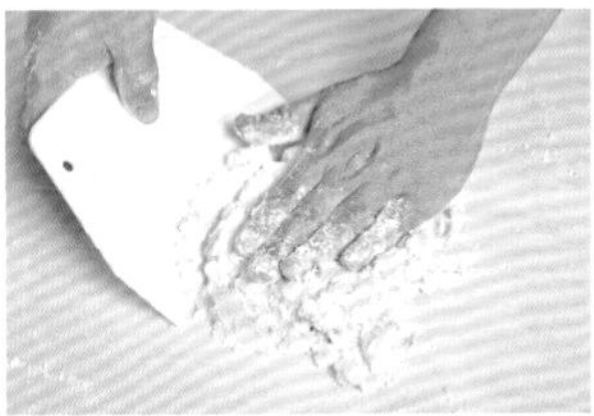

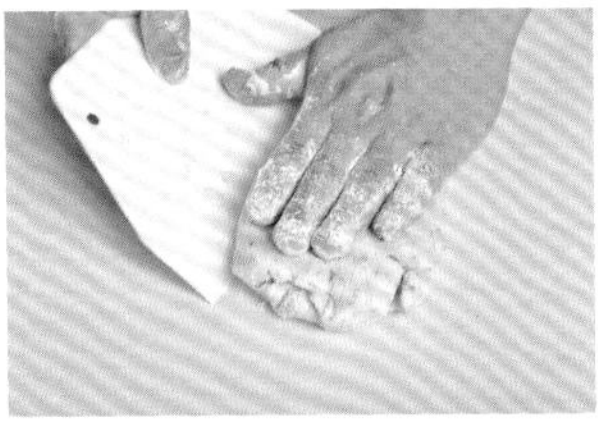

將蔥菠蘿皮材料A與材料B用手一壓一拌方式混合均勻，分割蔥菠蘿皮30g備用。

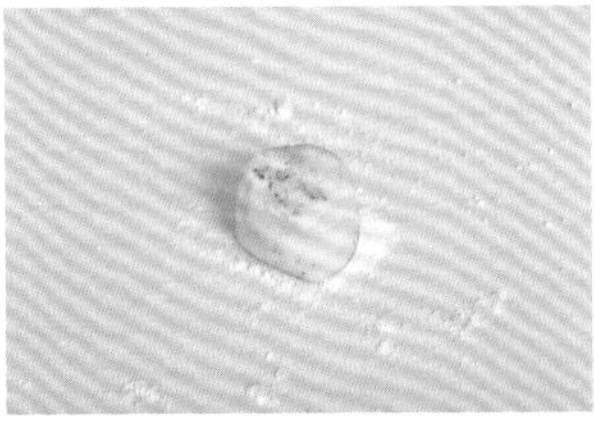

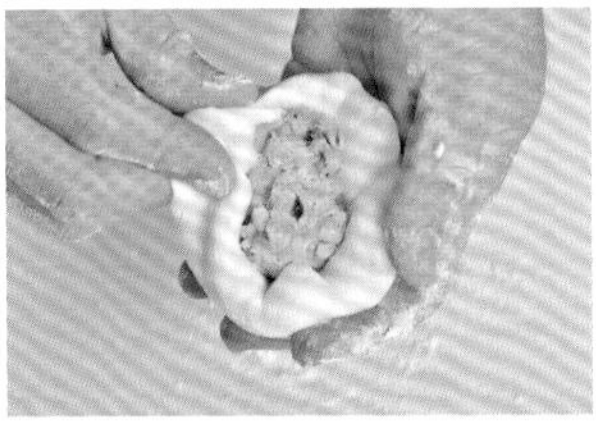
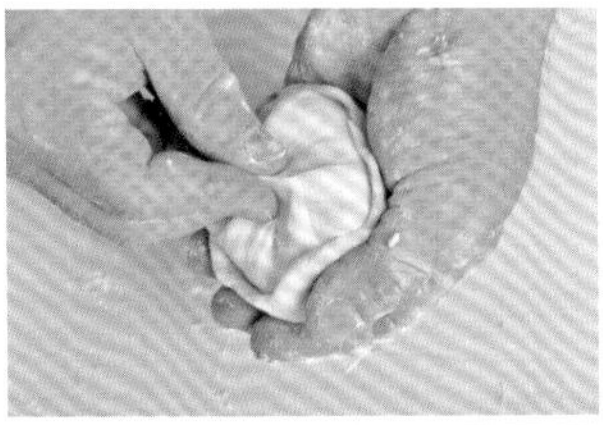

將蔥菠蘿皮底部沾高筋麵粉，麵團蓋在蔥菠蘿皮結合一起，蔥菠蘿皮頂住手心，將鮪魚肉鬆餡35g包入麵團裡，麵團一邊收口，一邊將菠蘿皮旋轉往上推即可。

將整型好的麵團放入烤盤中，共完成20個，麵團於32℃發酵50分鐘。

6 烤前裝飾

表面刷上特調蛋液，靜置3～5分鐘。

7 烤焙

放入烤箱，用上火210℃、下火200℃，烤焙15分鐘，出爐後放涼。

Points 重點筆記

- 整型好的麵團，表面不需要壓模，發酵後烤焙會自然產生龜裂狀。

Flavor

抹茶香桔菠蘿麵包

抹茶與香桔是好朋友，麵團包入香桔奶酥餡，表面蓋上抹茶菠蘿皮，沾上細砂糖，烘烤後呈現外酥脆內Q軟的美味麵包。

香桔奶酥餡

保存 冷藏14天

材料 發酵奶油225g、糖粉162g、全蛋125g、玉米粉38g、奶粉275g、桔子皮200g

作法
1. 將奶油與糖粉微打發，慢慢加入全蛋，攪打至膨發反白。
2. 再加入玉米粉與奶粉混合均勻，最後加入桔子皮拌勻即可。

- 主要水分與玉米粉加熱至65℃時，澱粉會收縮變稠狀，使奶酥餡不容易爆餡。

[材料 *Ingredients*]

製作量 ▶ 20 個

直接法	百分比%	重量 g
A 高筋麵粉	70	378
特高筋麵粉	30	162
上白糖	15	81
鹽	1.2	6
高糖乾酵母	1	5
蜂蜜	5	27
奶粉	3	16
全蛋	10	54
動物鮮奶油	8	43
優格冰種→ P.17	30	162
水	50	270
B 發酵奶油	10	54
合計	233.2%	1258g

[工序 *Process*]

製作工法
直接法＋優格冰種

種溫
20˚C

麵團終溫
27˚C

基本發酵、排氣翻面
28˚C / 基本 40 分鐘、翻面 20 分鐘

分割重量
60g

中間發酵
28˚C / 20 分鐘

最後發酵
32˚C / 50 分鐘

發酵箱溫度／濕度
32˚C / 75%

烤焙溫度／時間
上火 210˚C、下火 200˚C / 15 分鐘

[其他 *Others*]

抹茶菠蘿皮 600g、香桔奶酥餡 600g 、細砂糖 100g

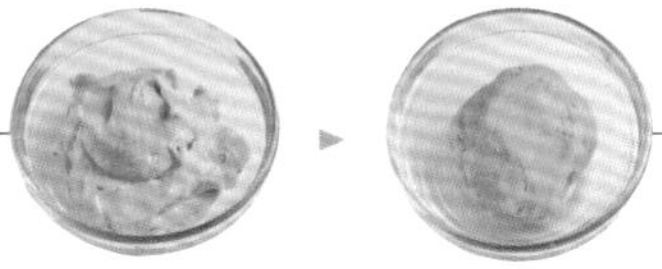

右為已加麵粉

抹茶菠蘿皮

保 存 冷藏 7 天（指未加入材料 B 低筋麵粉）

材 料 A 發酵奶油 100g、無水奶油 100g、糖粉 200g、全蛋 100g、抹茶粉 5g
B 低筋麵粉 415g

作 法
1 將兩種奶油和糖粉稍微打發，全蛋與抹茶粉混合均勻慢慢加入，攪打至膨發，冷藏備用。
2 製作抹茶菠蘿麵包時，取材料 A 和材料 B 混合，用手一壓一拌的方式（手拌，不宜機器打），壓拌均勻即可使用，剛拌好的抹茶菠蘿皮軟黏狀態為正常。

- 抹茶菠蘿皮步驟圖、拌粉比例公式可參考 P.42 原味菠蘿皮，就可以多 1 倍量保存，量少則攪拌缸難打發。

步驟 Step by step

1 前置準備

前一天製作優格冰種。

2 攪拌製程

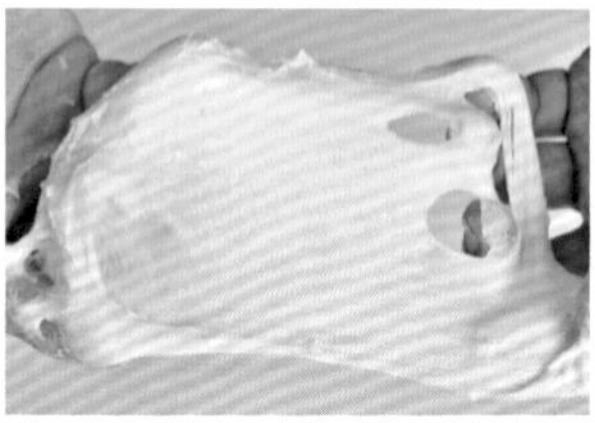

材料A放入攪拌缸，以慢速攪拌成團，轉換中速攪拌至擴展階段微薄膜狀。

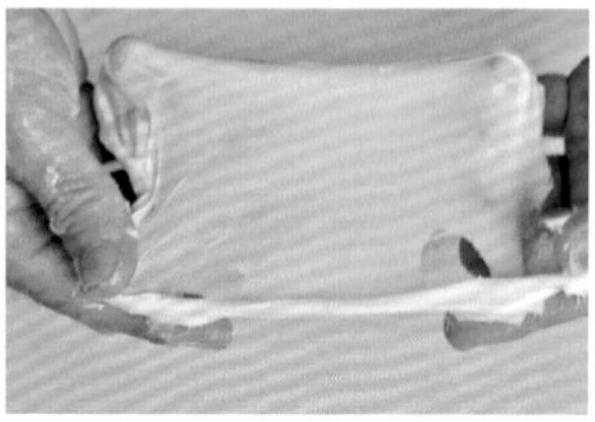

加入材料B，慢速攪拌均勻，轉換中速攪拌至完全擴展薄膜狀態，終溫27℃。

3 基本發酵、排氣翻面

麵團於28℃發酵40分鐘，排氣翻面3折2次後發酵20分鐘。

4 分割、中間發酵

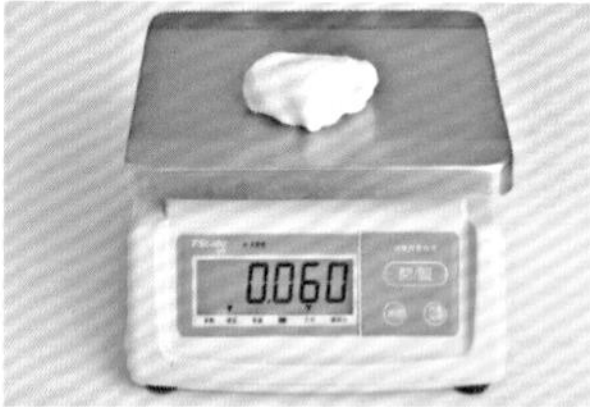

發酵完成的麵團分割成每個60g，共20個。

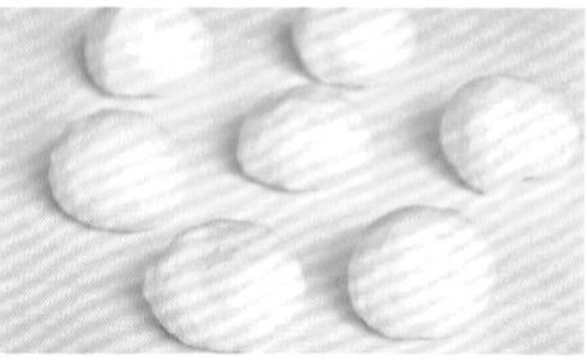

分別排氣折疊滾圓，將分割好的麵團於28℃發酵20分鐘。

5 整型、最後發酵

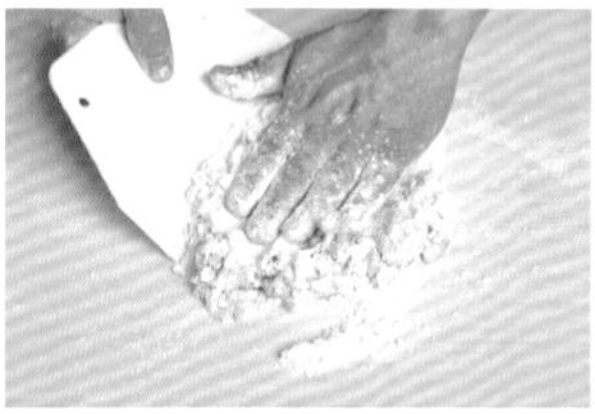

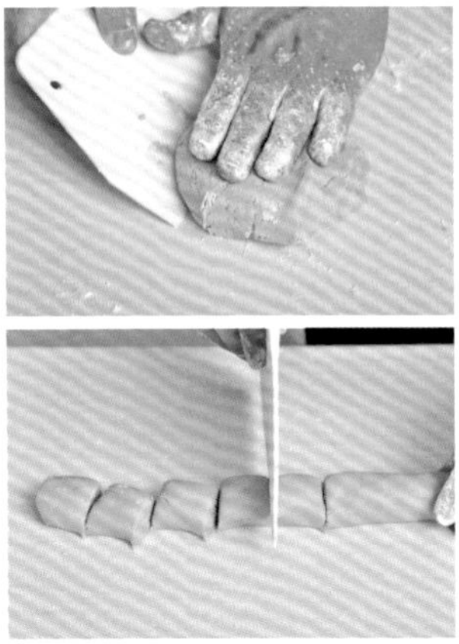

將抹茶菠蘿皮材料A與材料B用手一壓一拌方式混合均勻，分割抹茶菠蘿皮30g備用。

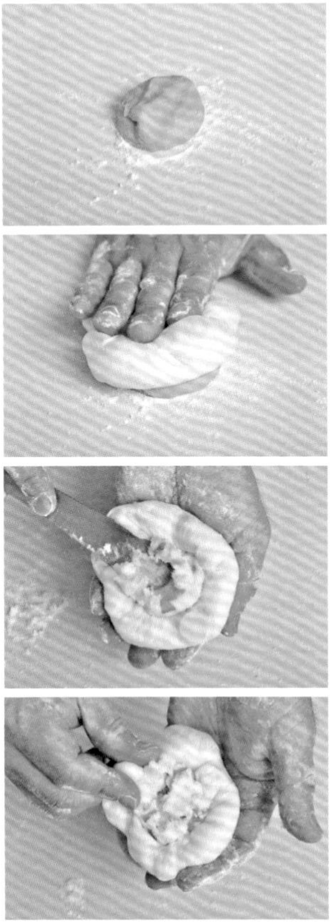

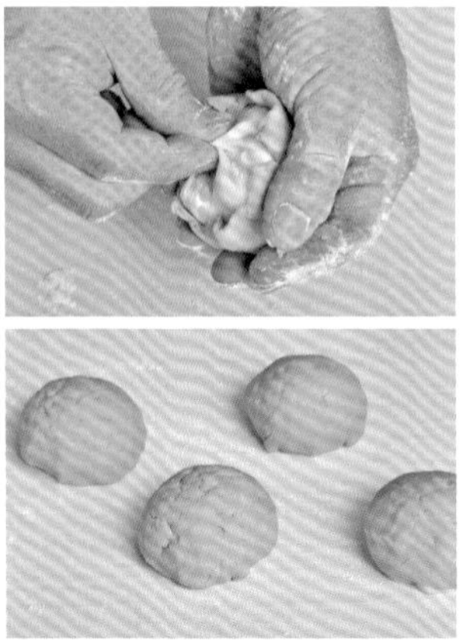

將抹茶菠蘿皮底部沾高筋麵粉，麵團蓋在抹茶菠蘿皮結合一起，抹茶菠蘿皮頂住手心，將香桔奶酥餡30g包入麵團裡，麵團一邊收口，一邊將菠蘿皮旋轉往上推即可。

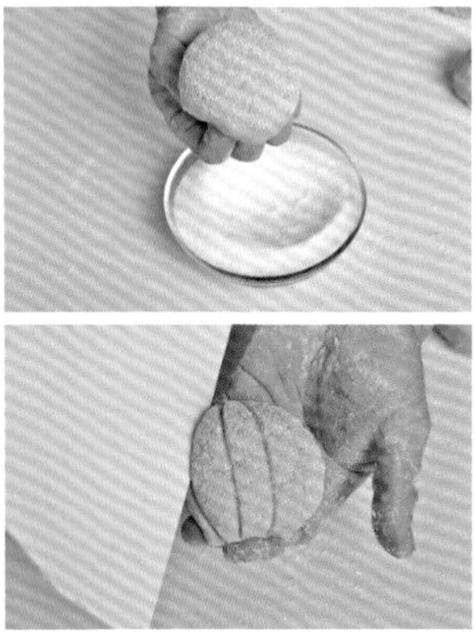

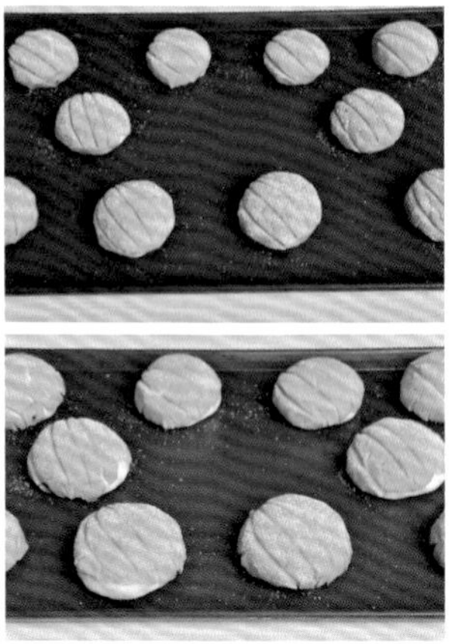

表面沾細砂糖，用刮板再表面壓5條線，將整型好的麵團放入烤盤中，共完成20個，麵團於32℃發酵50分鐘。

6 烤焙

放入烤箱，用上火210℃、下火200℃，烤焙15分鐘，出爐後放涼。

Points 重點筆記

- 麵團製作完成放置發酵箱 32℃、濕度 75%以下，因表面沾砂糖濕度太高，砂糖容易潮解變成糖水，當麵包烤好出爐，則表面砂糖脆的口感會消失。

古早味草莓菠蘿夾心

Flavor

經典中的草莓菠蘿夾心，由兩個小菠蘿夾入草莓醬，沾上椰子粉，是一款兒時記憶麵包。

[材料 *Ingredients*]

製作量 ▸ 20 個

直接法	百分比%	重量 g
A 高筋麵粉	70	378
特高筋麵粉	30	162
上白糖	15	81
鹽	1.2	6
高糖乾酵母	1	5
蜂蜜	5	27
奶粉	3	16
全蛋	10	54
動物鮮奶油	8	43
優格冰種→ P.17	30	162
水	50	270
B 發酵奶油	10	54
合計	233.2%	1258g

[工序 *Process*]

▸ **製作工法**
直接法＋優格冰種

▸ **種溫**
20℃

▸ **麵團終溫**
27℃

▸ **基本發酵、排氣翻面**
28℃ / 基本 40 分鐘、翻面 20 分鐘

▸ **分割重量**
30g × 2 個一組

▸ **中間發酵**
28℃ / 20 分鐘

▸ **最後發酵**
32℃ / 50 分鐘

▸ **發酵箱溫度／濕度**
32℃ / 75%

▸ **烤焙溫度／時間**
上火 210℃、下火 200℃ / 12 分鐘

[其他 *Others*]

原味菠蘿皮 600g → P.42
特調蛋液 60g → P.41
草莓果醬 500g、椰子粉 160g

Points 重點筆記

- 麵包冷卻裝飾時，草莓果醬不宜抹太厚，草莓果醬太多會流動，不易附著在麵包體上。
- 這款麵團體積較小，烤焙時間勿超過本食譜設定的時間太久，如此易導致麵包體太乾。若未在參考時間內烤焙表面上色，代表上火溫度不足，可將上火溫度多加 10℃。

步驟 *Step by step*

1 前置準備

前一天製作優格冰種。

2 攪拌製程

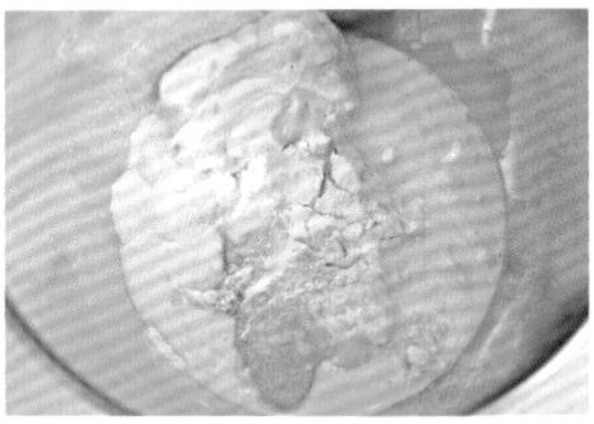

材料A放入攪拌缸，以慢速攪拌成團，轉換中速攪拌至擴展階段微薄膜狀。

加入材料B，慢速攪拌均勻，轉換中速攪拌至完全擴展薄膜狀態，終溫27℃。

3 基本發酵、排氣翻面

麵團於28℃發酵40分鐘，排氣翻面3折2次後發酵20分鐘。

4 分割、中間發酵

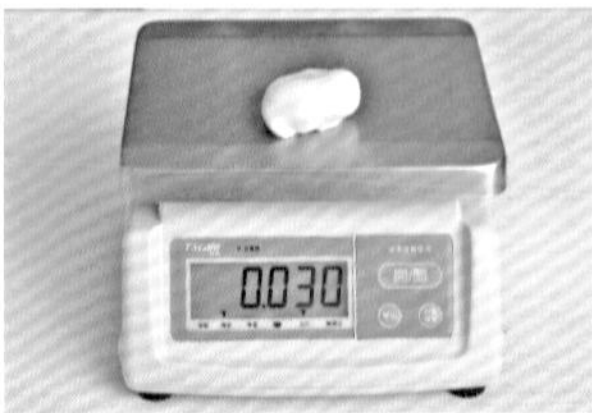

發酵完成的麵團分割成每個30g，共40個。

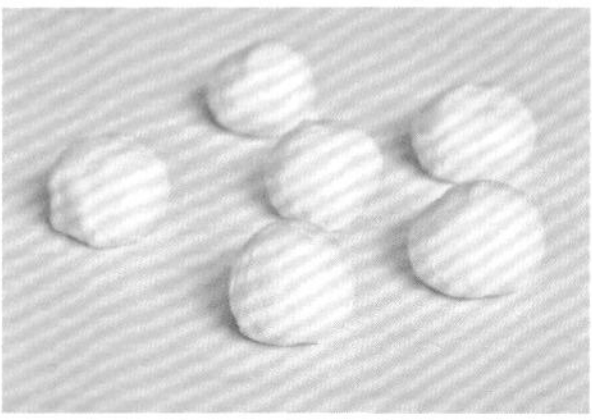

分別排氣折疊滾圓，將分割好的麵團於28℃發酵20分鐘。

5 整型、最後發酵

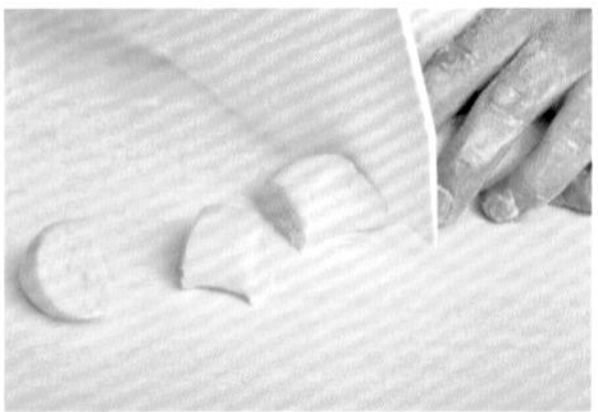

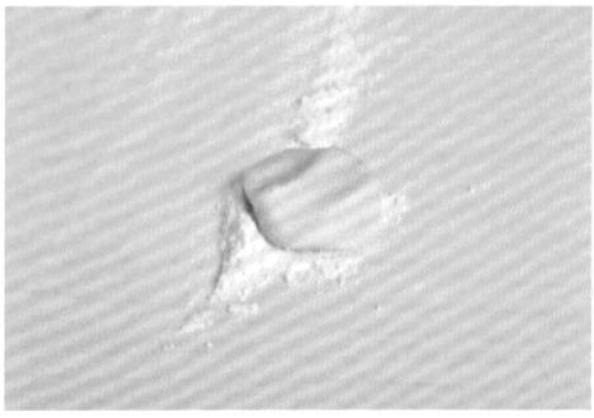

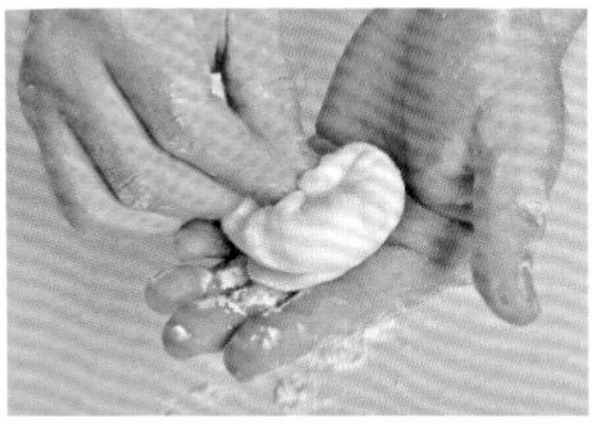

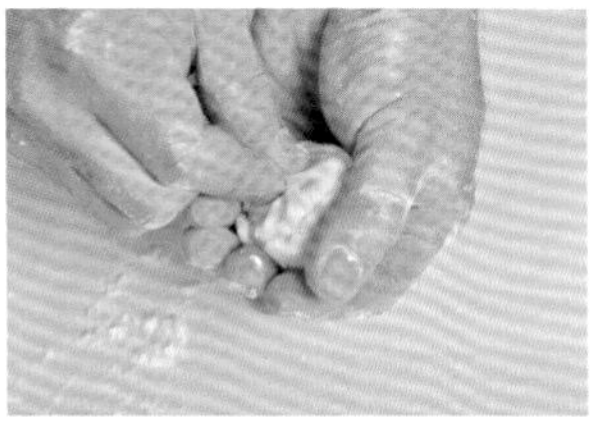

分割菠蘿皮15g共40個，將菠蘿皮底部沾高筋麵粉，麵團蓋在菠蘿皮結合一起，菠蘿皮頂住手心，麵團一邊收口，一邊將菠蘿皮旋轉往上推即可。

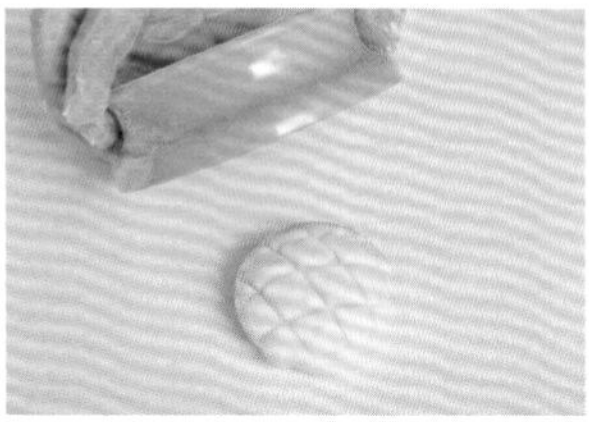

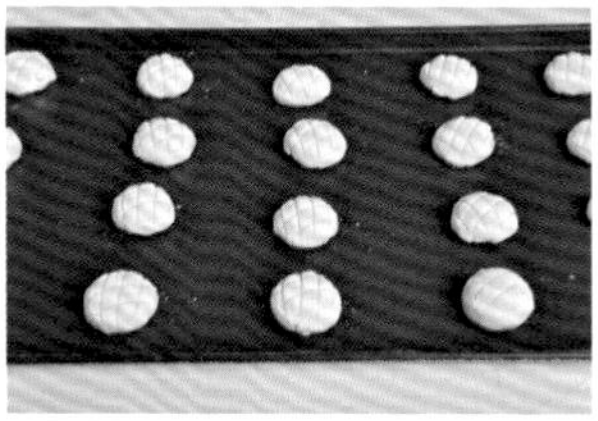

表面用菠蘿印壓出菱格紋，將整型好的麵團放入烤盤中，共完成40個，麵團於32℃發酵50分鐘。

6 烤前裝飾

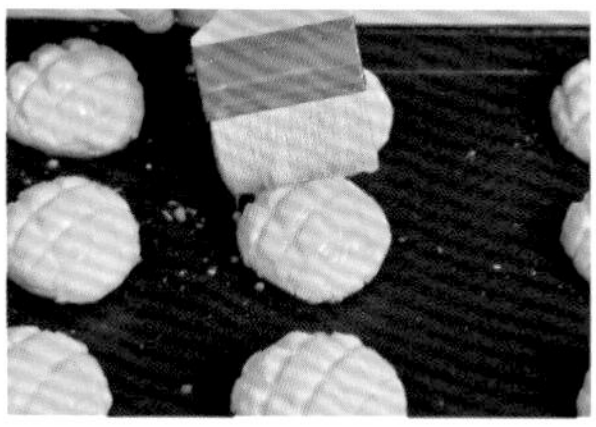

麵團表面刷上特調蛋液，靜置3～5分鐘。

7 烤焙

放入烤箱，用上火210℃、下火200℃，烤焙12分鐘，出爐後放涼。

8 烤後處理

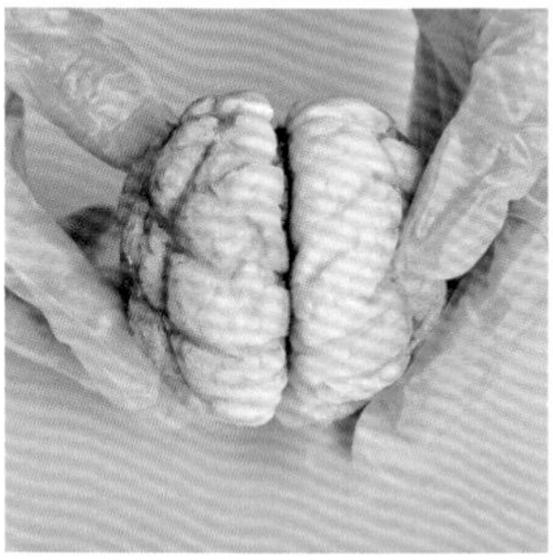
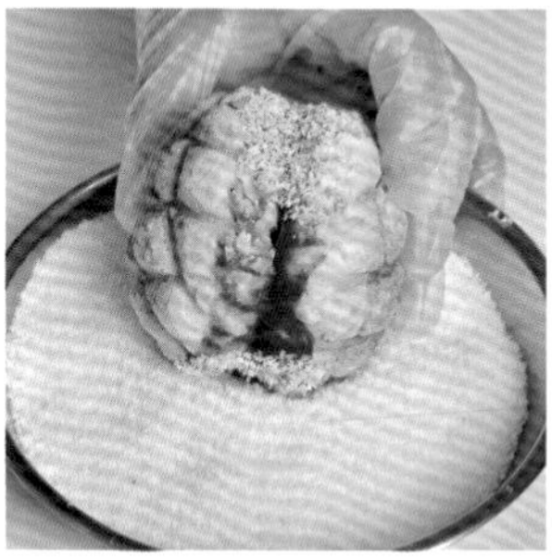

麵包冷卻後，2個一組，麵包底部抹上草莓醬10g，將兩個麵包底部黏一起，麵包旁邊抹上一圈草莓果醬15g，沾椰子粉1圈8g即完成。

脆皮可可菠蘿麵包

Flavor

麵團包入巧克力豆，表面蓋上脆皮巧克力菠蘿皮，裝飾開心果與防潮糖粉、紫薯粉，讓這款麵包充滿多層次口感與繽紛視覺。

[材料 *Ingredients*]

製作量 ▶ 上直徑 94× 底直徑 83×
高 35mm 圓形模／ 20 個

直接法	百分比%	重量 g
A 高筋麵粉	70	385
特高筋麵粉	30	165
上白糖	15	83
鹽	1.5	8
高糖乾酵母	1.2	7
蛋黃	15	83
全蛋	23	127
可可粉	4	22
優格	10	55
優格冰種→ P.17	30	165
水	35	193
B 發酵奶油	30	165
合計	264.7%	1458g

[其他 *Others*]

可可菠蘿皮 20 片（直徑 8cm）→ P.97
特調蛋液 60g → P.41
水滴巧克力豆 300g、杏桃果膠 60g
開心果 40g、防潮糖粉 60g
紫薯粉 40g、裝飾插牌 20 支

[工序 *Process*]

▶ **製作工法**
直接法＋優格冰種

▶ **種溫**
20℃

▶ **麵團終溫**
27℃

▶ **基本發酵**
28℃／ 60 分鐘

▶ **分割重量**
70g

▶ **中間發酵**
28℃／ 20 分鐘

▶ **最後發酵**
32℃／ 50 分鐘

▶ **發酵箱溫度／濕度**
32℃／ 80%

▶ **烤焙溫度／時間**
上火 200℃、下火 250℃／ 16 分鐘

Points 重點筆記

- 麵包冷卻後再裝飾，裝飾在表面的材料比較不會因熱氣蒸發而受潮。
- 因為底部有烤模，下火烤溫會比一般沒烤模的菠蘿麵包下火高出許多。

[步驟 *Step by step*]

1 前置準備

前一天製作優格冰種。

2 攪拌製程

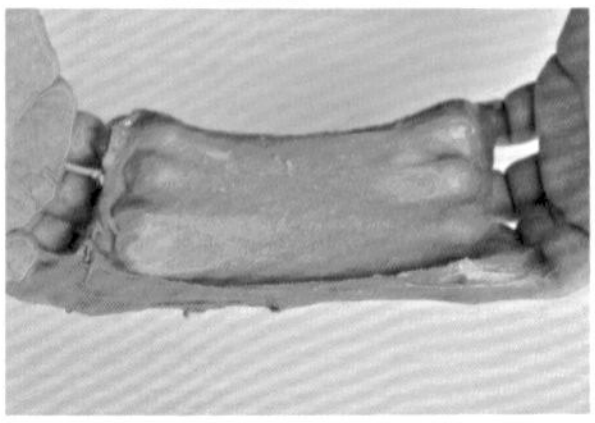

材料A放入攪拌缸，以慢速攪拌成團，轉換中速攪拌至擴展階段微薄膜狀。

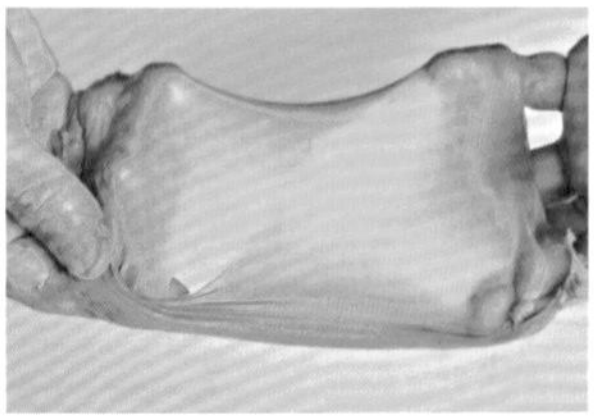

加入材料B，慢速攪拌均勻，轉換中速攪拌至完全擴展薄膜狀態，終溫27℃。

3 基本發酵

麵團攪拌完成，於28℃發酵60分鐘。

4 分割、中間發酵

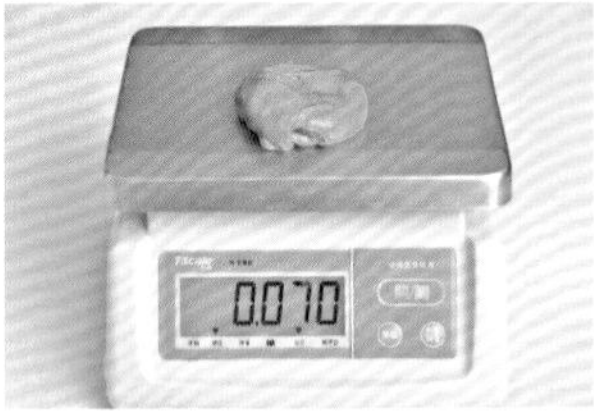

發酵完成的麵團分割成每個70g，共20個。

分別排氣折疊滾圓，將分割好的麵團於28℃發酵20分鐘。

5 整型、最後發酵

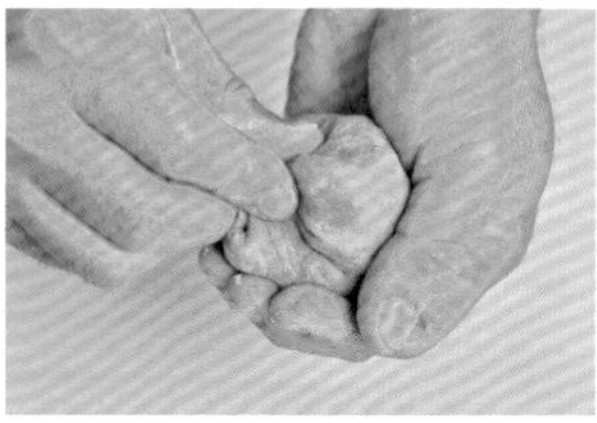

將麵團底部沾高筋麵粉拍扁，水滴巧克力豆15g包入麵團裡，麵團一邊收口，底部捏緊即可。

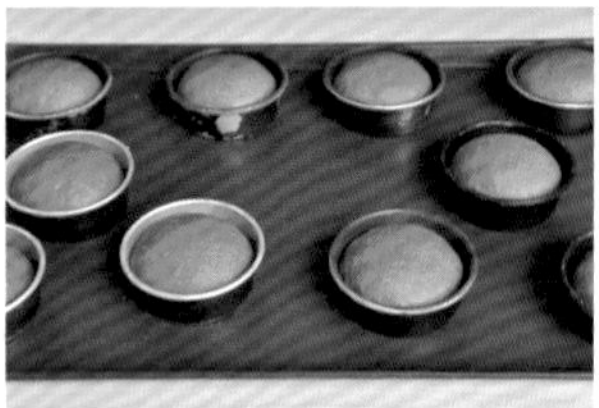

將整型好的麵團放入烤模中，共完成20個，麵團於32℃發酵50分鐘。

6 烤前裝飾

準備分割好的可可菠蘿皮，麵團表面刷特調蛋液，蓋上可可菠蘿皮，再刷一次特調蛋液。

7 烤焙

放入烤箱，用上火200℃、下火250℃，烤焙16分鐘，出爐後脫模，放涼。

8 烤後處理

麵包冷卻後，刷上杏桃果膠，沾開心果碎2g，再篩上防潮糖粉3g、紫薯粉2g，最後插上喜歡的裝飾牌。

Points 重點筆記

- 使用烤模成型，因麵團在容器中烤焙，容器限制麵團膨脹的空間，麵團的力量往上膨脹時，麵包成品會比較挺。

冰淇淋菠蘿麵包

Flavor

這是名店招牌麵包，炎熱的夏天，將菠蘿夾入冰淇淋，並在表面做裝飾變化，一吃就上癮，既消暑又美味。

[材料 Ingredients]

製作量 ▸ 20 個

直接法	**百分比%**	**重量 g**
A 高筋麵粉	70	259
特高筋麵粉	30	111
上白糖	15	56
鹽	1.2	4
高糖乾酵母	1	4
蜂蜜	5	19
奶粉	3	11
全蛋	10	37
動物鮮奶油	8	30
優格冰種→ P.17	30	111
水	50	185
B 發酵奶油	10	37
合計	233.2%	864g

[工序 Process]

製作工法
直接法＋優格冰種

種溫
20℃

麵團終溫
27℃

基本發酵、排氣翻面
28℃ / 基本 40 分鐘、翻面 20 分鐘

分割重量
40g

中間發酵
28℃ / 20 分鐘

最後發酵
32℃ / 50 分鐘

發酵箱溫度／濕度
32℃ / 75%

烤焙溫度／時間
上火 210℃、下火 200℃ / 14 分鐘

[其他 Others]

原味菠蘿皮 400g → P.42
特調蛋液 60g → P.41
冰淇淋（市售）40 球
脆笛酥（市售）20 支

Points 重點筆記

- 冰淇淋口味可隨個人喜好挑選，冰淇淋表面可再淋上果醬，例如：草莓醬、芒果醬、藍莓醬、巧克力醬等，就像吃冰淇淋甜點般美味。

步驟 Step by step

1 前置準備

前一天製作優格冰種。

2 攪拌製程

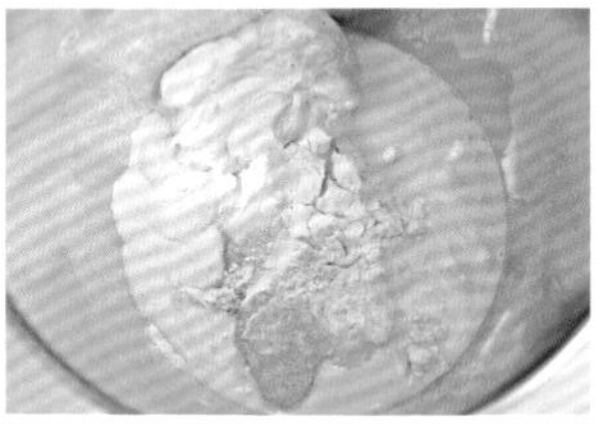

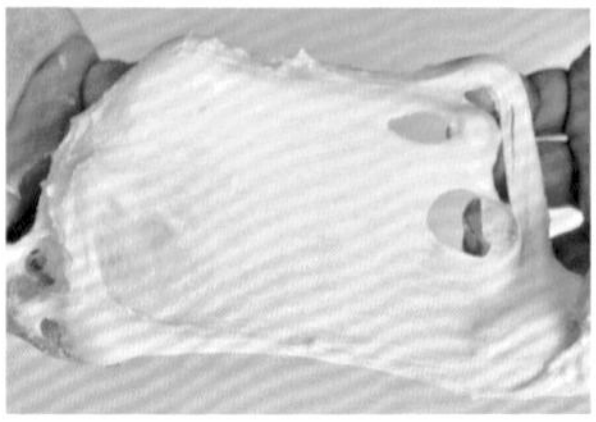

材料A放入攪拌缸，以慢速攪拌成團，轉換中速攪拌至擴展階段微薄膜狀。

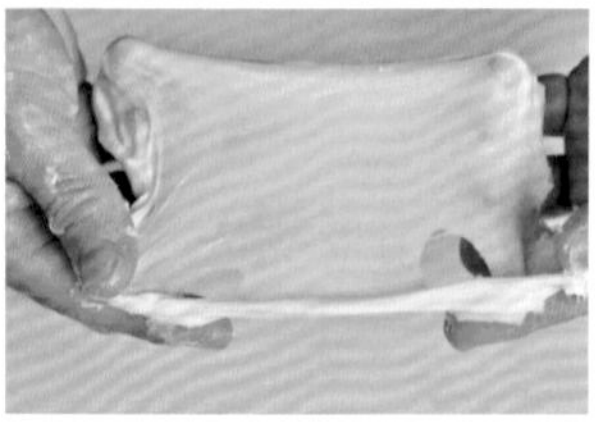

加入材料B，慢速攪拌均勻，轉換中速攪拌至完全擴展薄膜狀態，終溫27℃。

3 基本發酵

麵團於28℃發酵40分鐘，排氣翻面3折2次後發酵20分鐘。

4 分割、中間發酵

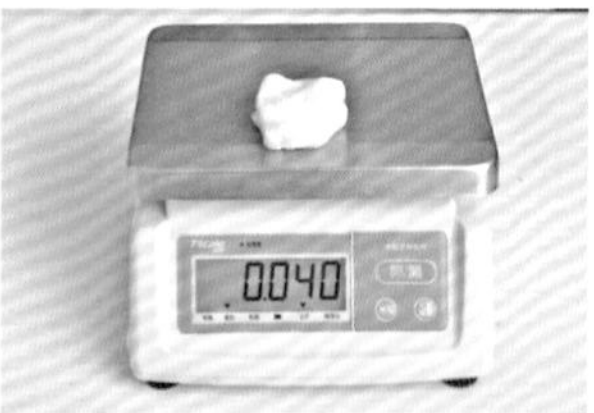

發酵完成的麵團分割成每個40g，共20個。

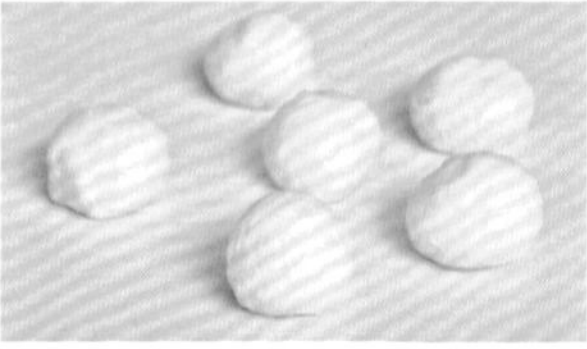

分別排氣折疊滾圓，將分割好的麵團於28℃發酵20分鐘。

5 整型、最後發酵

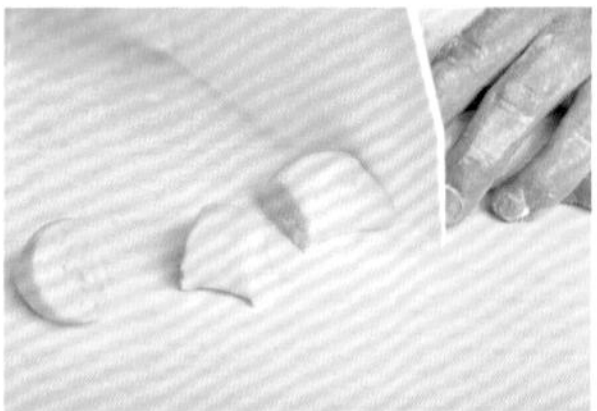

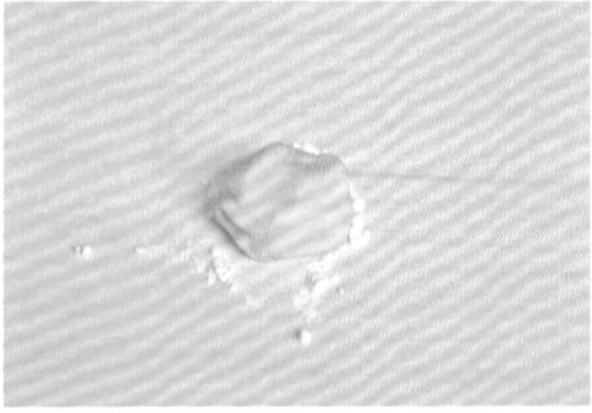

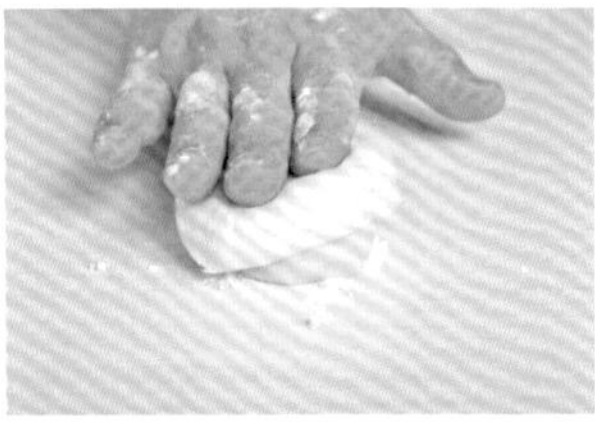
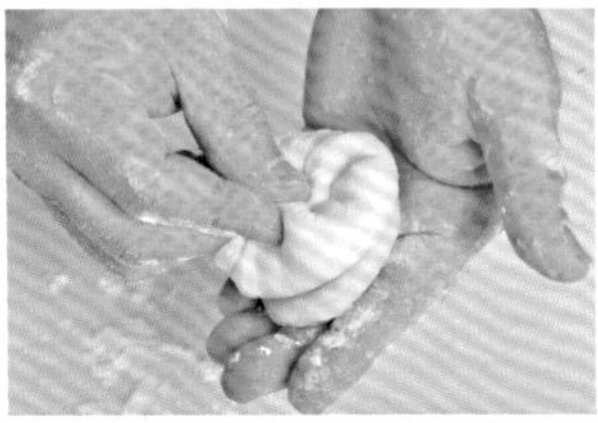
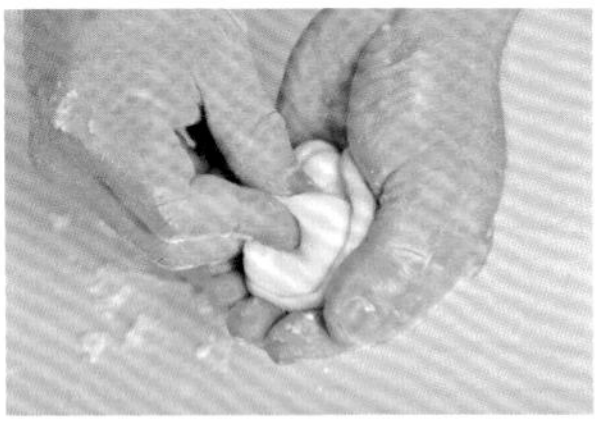
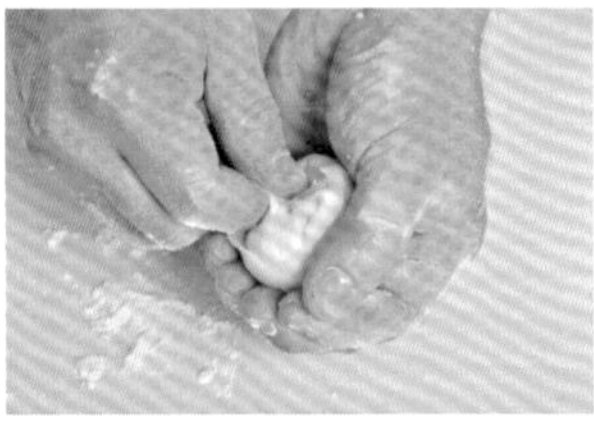

分割菠蘿皮20g共20個，將菠蘿皮底部沾高筋麵粉，麵團蓋在菠蘿皮結合一起，菠蘿皮頂住手心，麵團一邊收口，一邊將菠蘿皮旋轉往上推即可。

表面用菠蘿印壓出菱格紋，將整型好的麵團放入烤盤中，共完成20個，麵團於32℃發酵50分鐘。

6 烤前裝飾

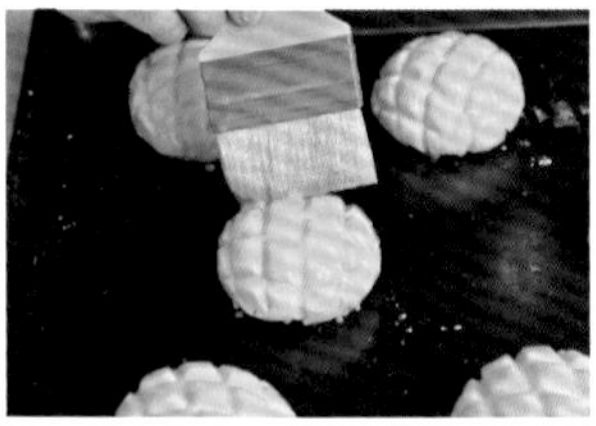

麵團表面刷上特調蛋液，靜置3～5分鐘。

7 烤焙

放入烤箱，用上火210℃、下火200℃，烤焙14分鐘，出爐後放涼。

8 烤後處理

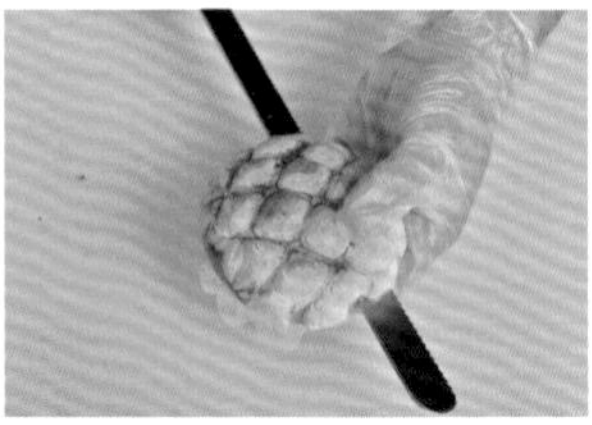
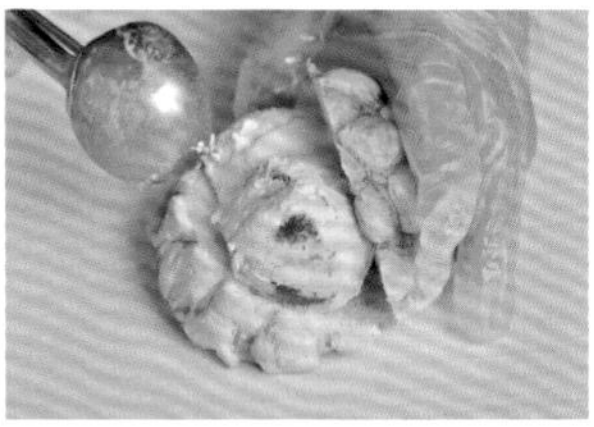

麵包冷卻後，麵包側邊切開，用冰淇淋勺挖2球冰淇淋夾入麵包體，裝飾1支脆笛酥即完成。

冰火菠蘿包

Flavor

超人氣冰火菠蘿包是一款港式人氣點心，表面蓋上原味菠蘿皮，烤後夾入奶油片，奶油在熱氣中融入麵包，迷人的香氣和口感令人無法擋。

材料 Ingredients

製作量 ▶ 20 個

直接法	百分比%	重量 g
A 高筋麵粉	70	378
特高筋麵粉	30	162
上白糖	15	81
鹽	1.2	6
高糖乾酵母	1	5
蜂蜜	5	27
奶粉	3	16
全蛋	10	54
動物鮮奶油	8	43
優格冰種→ P.17	30	162
水	50	270
B 發酵奶油	10	54
合計	233.2%	1258g

工序 Process

製作工法
直接法＋優格冰種

種溫
20℃

麵團終溫
27℃

基本發酵、排氣翻面
28℃ / 基本 40 分鐘、翻面 20 分鐘

分割重量
60g

中間發酵
28℃ / 20 分鐘

最後發酵
32℃ / 50 分鐘

發酵箱溫度／濕度
32℃ / 75%

烤焙溫度／時間
上火 210℃、下火 200℃ / 15 分鐘

其他 Others

雪酥菠蘿皮 20 片（直徑 8cm）、特調蛋液 60g → P.41、法國奶油 400g

雪酥菠蘿皮

保 存 冷藏14天

材 料 發酵奶油100g、糖粉175g、全蛋75g、玉米粉40g、低筋麵粉225g

作 法
1 將奶油與糖粉混合均勻，全蛋慢慢加入混合均勻。
2 接著加入玉米粉與低筋麵粉拌勻即可，軟黏狀態為正常。
3 分割成每個30g，放入平面塑膠袋，依序排開，壓模直徑8cm（大約20片），冷藏保存。

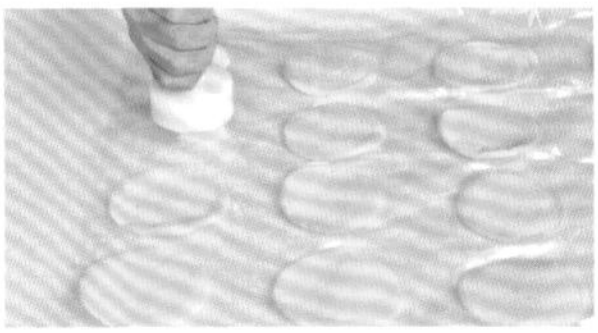

• 玉米粉從玉米粒中萃取澱粉質，不含麩質與筋性，與水結合再加熱至65℃開始收縮產生凝膠特性，讓餡料能結合一起。

[步驟 Step by step]

1 前置準備

前一天製作優格冰種。

2 攪拌製程

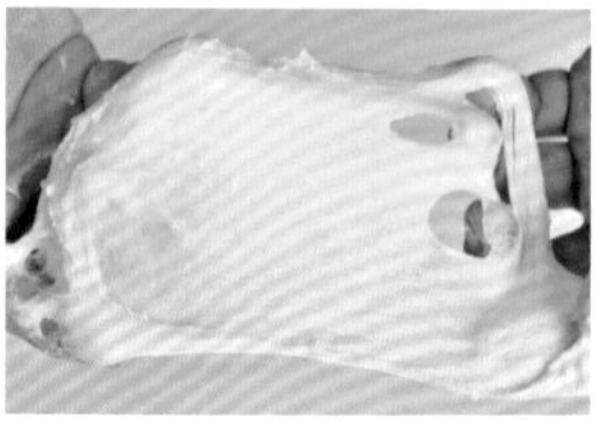

材料A放入攪拌缸，以慢速攪拌成團，轉換中速攪拌至擴展階段微薄膜狀。

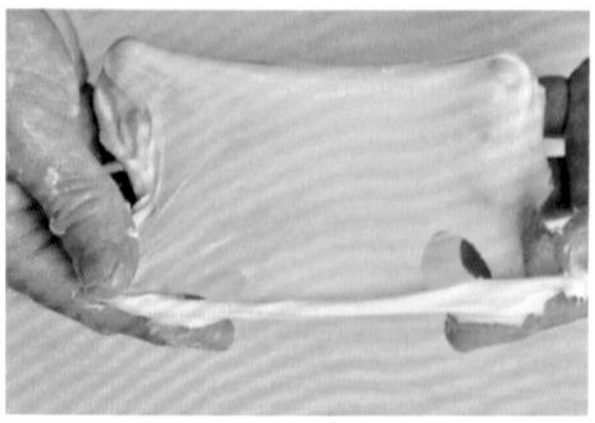

▼

加入材料B，慢速攪拌均勻，轉換中速攪拌至完全擴展薄膜狀態，終溫27℃。

3 基本發酵、排氣翻面

麵團於28℃發酵40分鐘，排氣翻面3折2次後發酵20分鐘。

4 分割、中間發酵

發酵完成的麵團分割成每個60g，共20個。

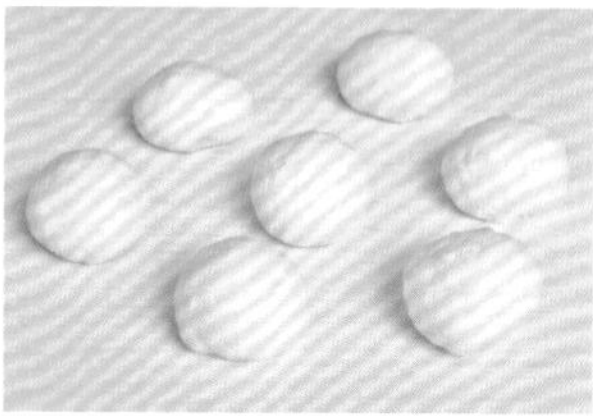

分別排氣折疊滾圓，將分割好的麵團於28℃發酵20分鐘。

5 整型、最後發酵

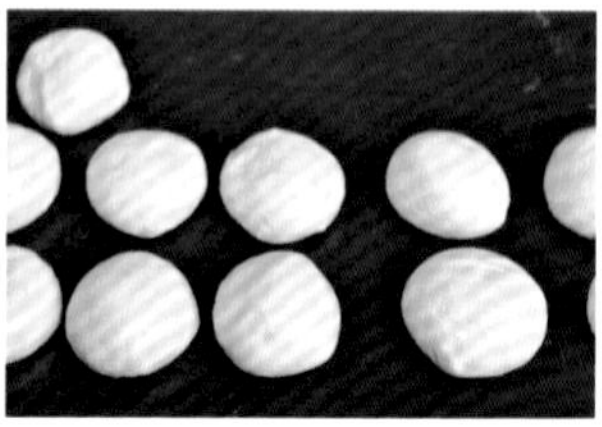

將麵團排氣折疊滾圓，放入烤盤中，麵團於32℃發酵50分鐘。

6 烤前裝飾

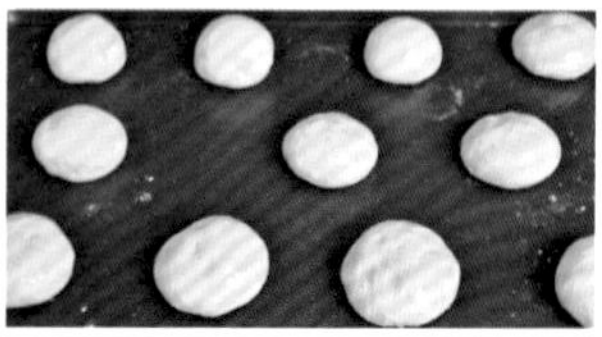

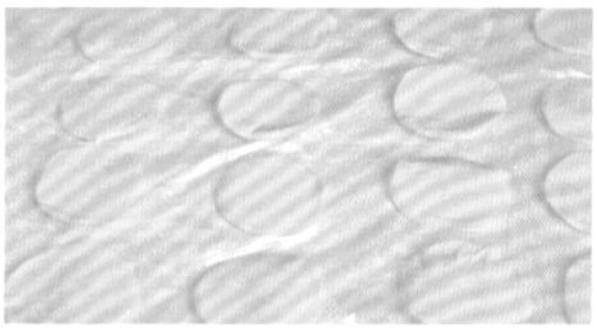

▼

表面刷上特調蛋液，蓋上雪酥菠蘿皮，再刷上特調蛋液一次。

7 烤焙

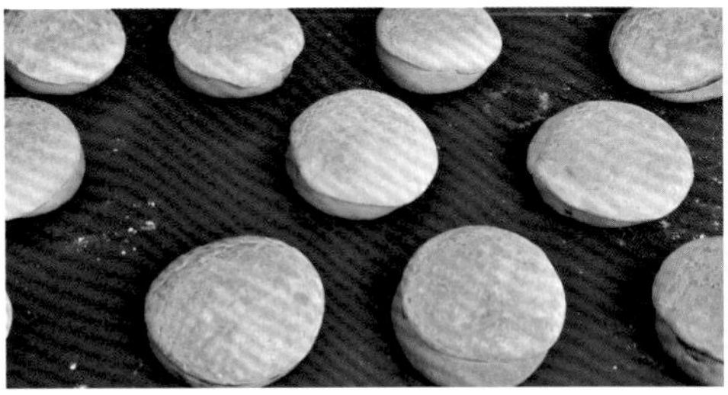

放入烤箱，用上火210℃、下火200℃，烤焙15分鐘，出爐後放涼。

8 烤後處理

將法國奶油切片，切厚度約1cm冷藏備用，麵包冷卻後，麵包側邊切開，法國奶油20g夾入麵包體即完成。

Points 重點筆記

- 法國奶油從冷藏室取出直接切片，比較容易切且不易沾黏變型，切好之後再冰入冷藏備用。
- 菠蘿麵包可以回烤出爐，立刻從冰箱取出奶油片夾入，為冰火菠蘿包吃法。

Chapter

3

排隊熱銷

Golden Croissant Flavor

金牛角麵包

Golden Croissant Flavor

金牛角麵包風味變化美學

[主要材料組成]

主麵團未加入酵母發酵，採用老麵法製作的一款硬式麵團，即採用對粉烘焙百分比 50％老麵種做發酵種。金牛角麵團發酵時間短，配方中特別加入奶水，奶水經過蒸餾而成，密度比鮮奶密度高，適合製作比較紮實的麵包。

[整型漂亮技巧]

麵團有點偏硬，攪拌至呈現微薄模，不需完全擴展，製作時不需要特別沾手粉整型，若沾手粉麵團與桌面摩擦力小，容易打滑，最後發酵時間依配方參考而增減時間。

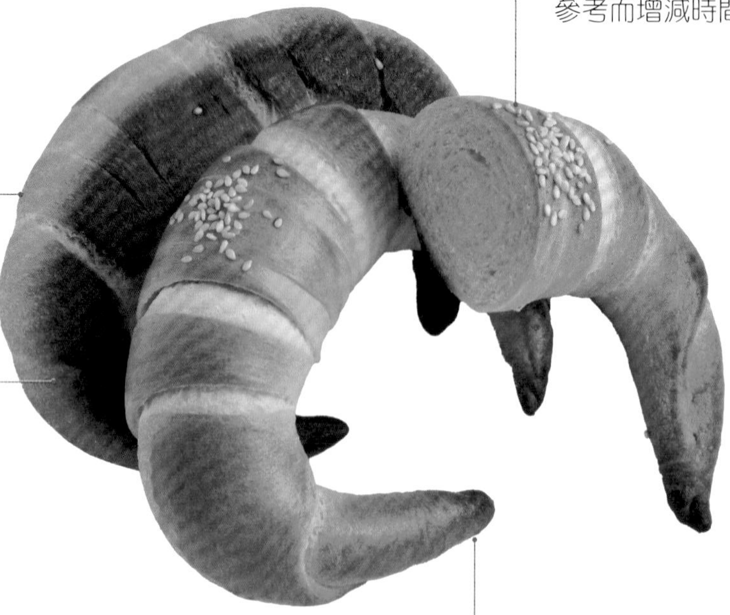

[底部香酥不油膩]

烤焙時加入無水奶油，主要是將底部半煎狀態，達到香酥口感。如果一開始將無水奶油倒入烤盤中，因底部有無水奶油，將導致金牛角麵團烤焙時膨脹而容易變型。

[多層次口感]

金牛角麵包有兩種口感，尖角處吃起來酥脆，中段的口感紮實帶 Q、底部香酥不油膩，是一款多層次牛角麵包。

以「經典金牛角麵包」示意說明

金牛角麵包速配吃法

飲品速配組合

在冬天早晨，牛角麵包可用烤箱回烤溫熱，增加酥脆度與奶油香氣，再搭配熱鮮奶、熱咖啡、熱可可，非常適合。若在炎熱的夏天，牛角麵包可直接搭配氣泡水、珍珠奶茶、冰淇淋，能讓人心情愉悅。

抹醬夾餡美味加分

喜歡金牛角的您，吃膩了原味口味，也可來點變化，抹上巧克力醬、焦糖醬、花生醬、起司醬等食材，提升味蕾層次和產品價值感。還可以從旁邊剖開，夾入生菜，搭配德國香腸、鮪魚餡或奶油起司、堅果奶油，偏向硬質食材都適合。

麵團裝飾升級

不同元素創新風味

麵團變化上可增加不同風味的元素，例如：鐵觀音粉、可可粉、抹茶粉、竹炭粉、伯爵茶粉、肉桂粉等，或麵團捲入芋頭餡、肉桂糖或起司紅莓餡，也可裝飾堅果類於整型好的麵團表面，或是包覆酥香的酥菠蘿一起烘烤。

表面裝飾豐富口感

可分為烤前裝飾與烤後裝飾，烤前裝飾比較常見，烤後裝飾則於麵團表面批覆不同的巧克力風味，再撒上可食用的食材，例如：開心果、蔓越莓碎、乾燥草莓粒、微烤堅果類進行裝飾。

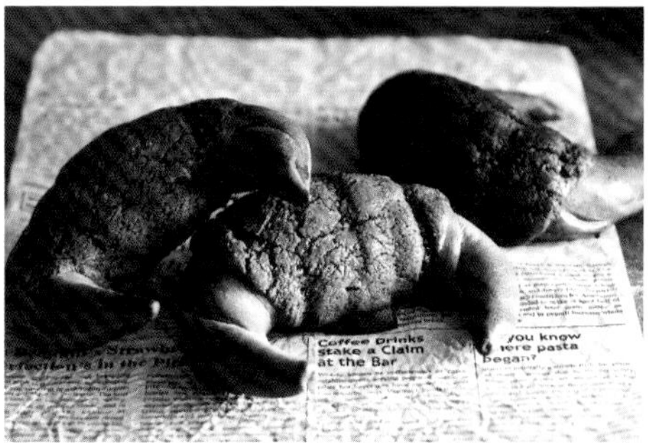

經典金牛角麵包

Flavor

原味金牛角麵包奶香味足、組織紮實帶嚼勁，兩角則是酥脆口感，表面裝飾白芝麻，品嘗時能感受外酥內Q且不油膩，比市售金牛角更具層次感。

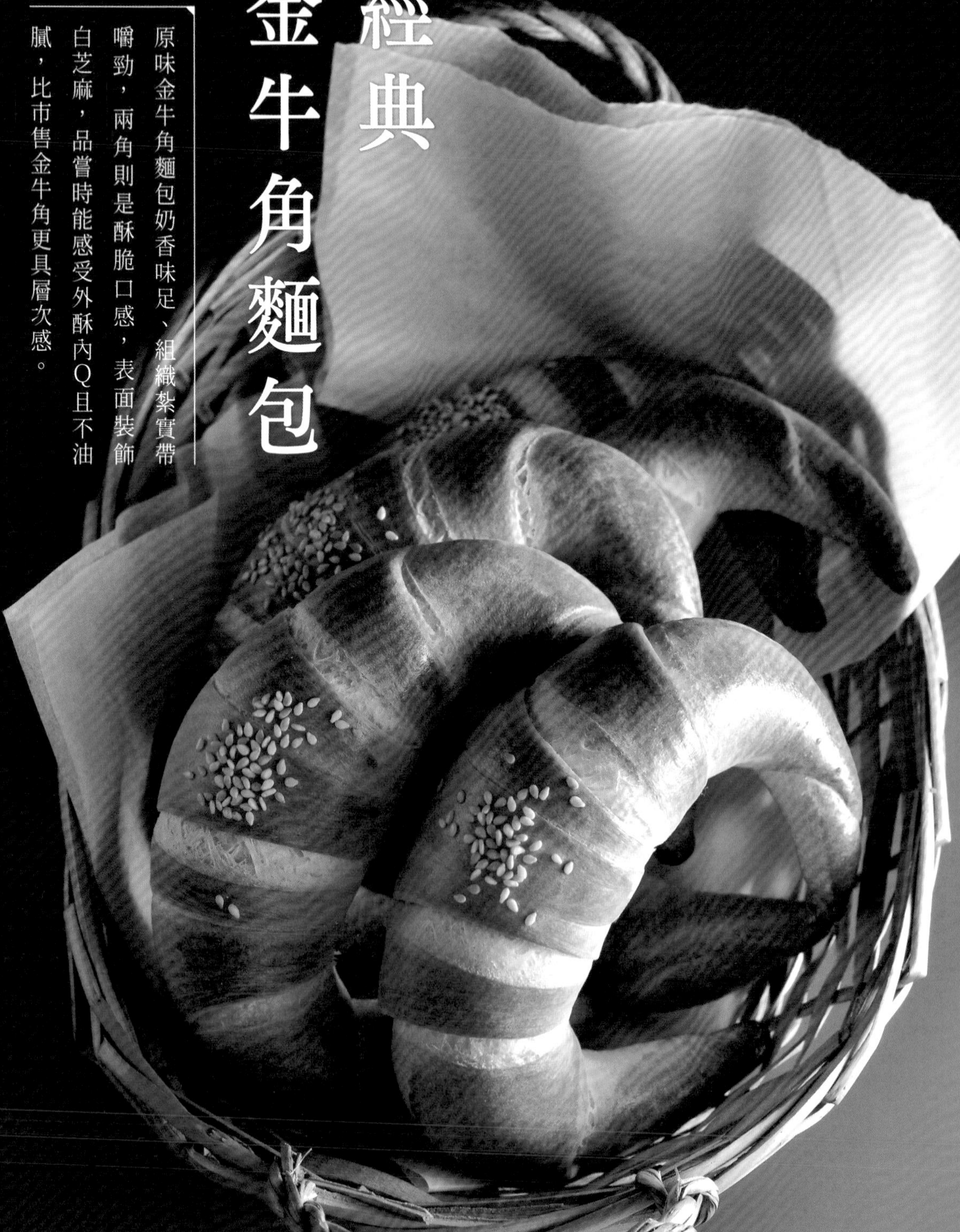

[材料 Ingredients]

製作量 ▸ 20 個

老麵法	百分比%	重量 g
A 高筋麵粉	70	588
低筋麵粉	30	252
上白糖	18	151
鹽	1	8
奶粉	3	25
起司粉	2	17
老麵種→ P.16	50	420
全蛋	10	84
奶水	20	168
鮮奶	20	168
B 發酵奶油	20	168
合計	244%	2049g

[工序 Process]

▸ **製作工法**
老麵法

▸ **種溫**
20℃

▸ **麵團終溫**
26℃

▸ **基本發酵**
28℃ / 15 分鐘

▸ **分割重量**
100g

▸ **中間發酵**
28℃ / 15 分鐘

▸ **最後發酵**
32℃ / 30 分鐘

▸ **發酵箱溫度／濕度**
32℃ / 80%

▸ **烤焙溫度／時間**
上火 220℃、下火 200℃ / 18 分鐘

[其他 Others]

▸ **裝飾**

全蛋液 100g、熟白芝麻 50g、無水奶油 200g

Points 重點筆記

- 起司粉是純鮮牛奶經過發酵產生的特殊奶味，製作方式使用噴霧乾燥法，粉質較為細膩，一般使用在麵包、蛋糕、餅乾、月餅烘焙中。
- 烤焙過程先烤 12 分鐘讓麵團定型，再倒入無水奶油（營業用大烤盤可裝 10 個金牛角，需要 100g），如此牛角比較不會變型；底部上色若不足，吃起來也會比較油膩。

步驟 *Step by step*

1 前置準備

前一天製作老麵種。

2 攪拌製程

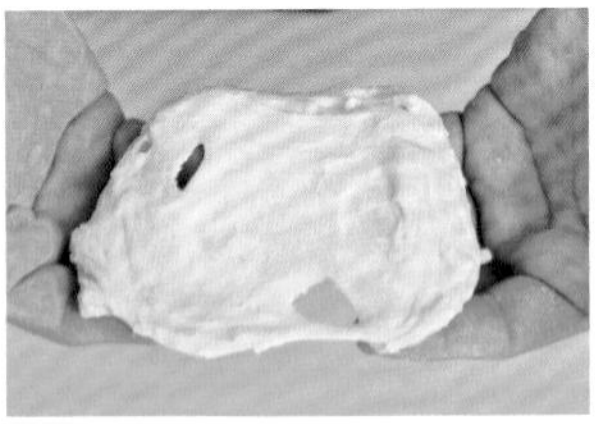

材料A放入攪拌缸，以慢速攪拌成團，轉換中速攪拌至擴展階段微薄膜狀。

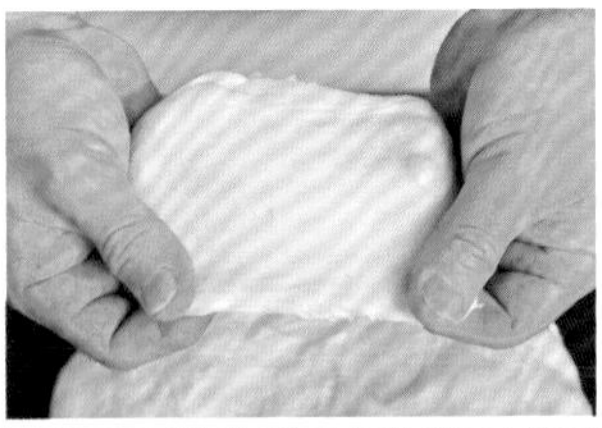

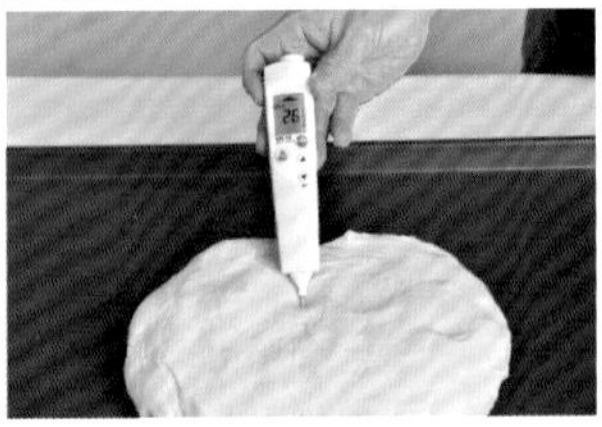

加入材料B，慢速攪拌均勻，轉換中速攪拌至擴展階段微薄膜狀態，終溫26℃。

3 基本發酵

麵團攪拌完成，於28℃發酵15分鐘。

4 分割、中間發酵

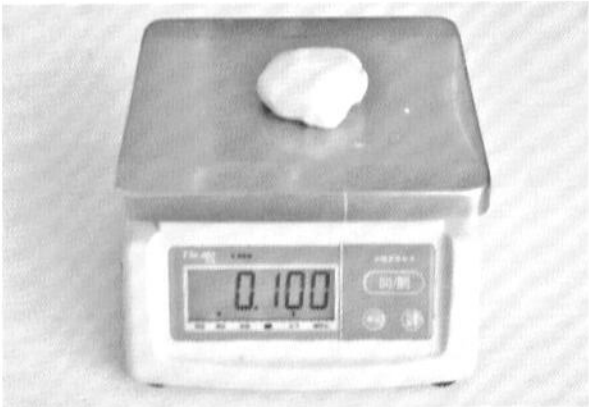

發酵完成的麵團分割成每個100g，共20個。

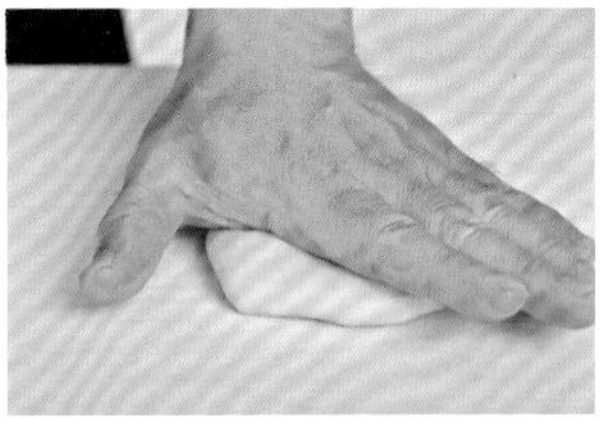

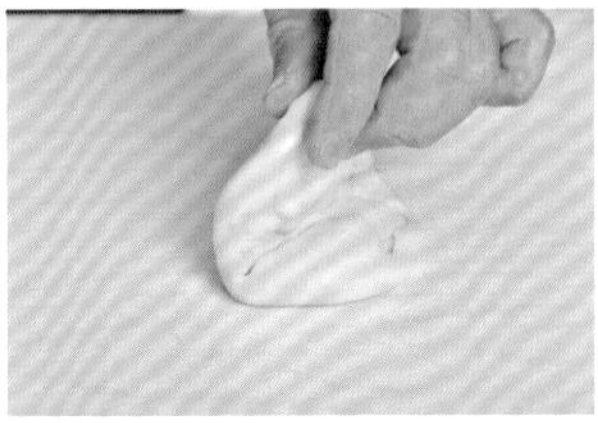

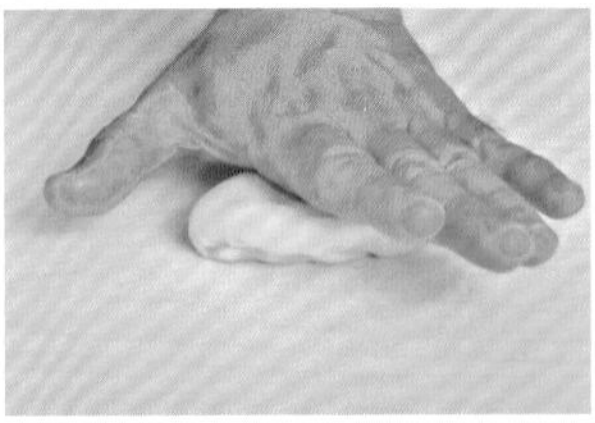

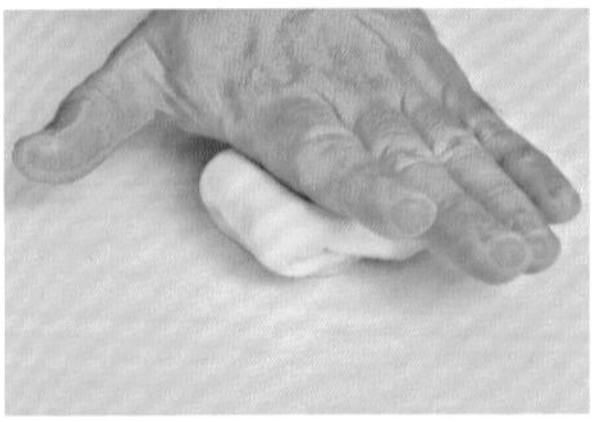

分別排氣折疊滾圓，光滑面朝上，用手將麵團輕拍讓空氣排出，翻面底部朝上，拉起對折上面蓋過下面麵團，再轉向，重複拉起對折上面蓋過下面麵團。

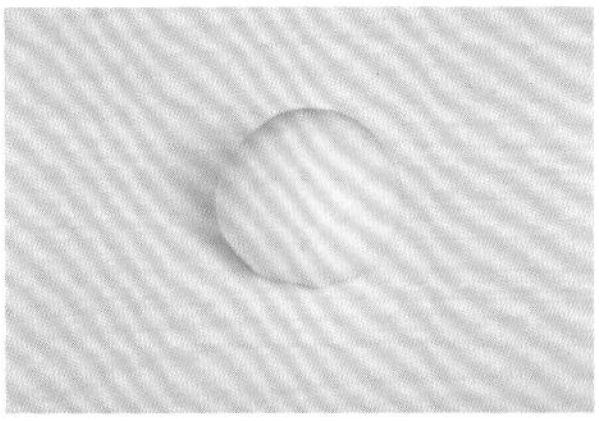

手刀微彎掌心靠於麵團兩側，手刀稍微往下施力畫圈，滾圓動作，使麵團呈現表面光滑狀態。

將滾圓好的麵團於28℃發酵15分鐘。

5 整型、最後發酵

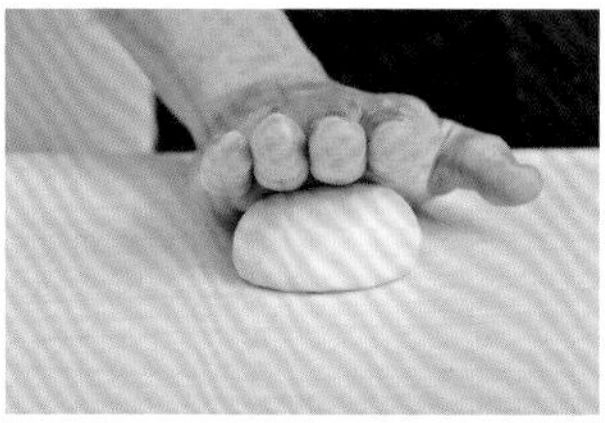
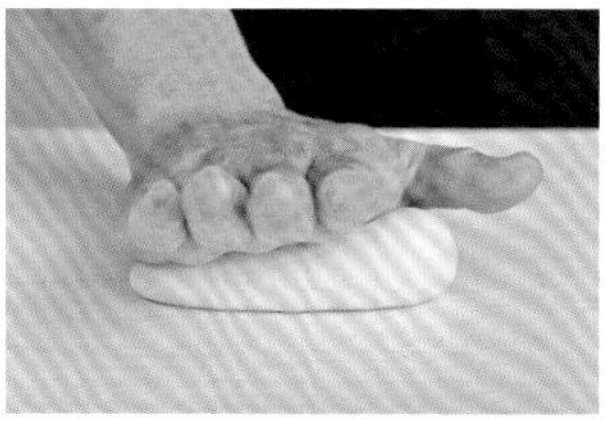
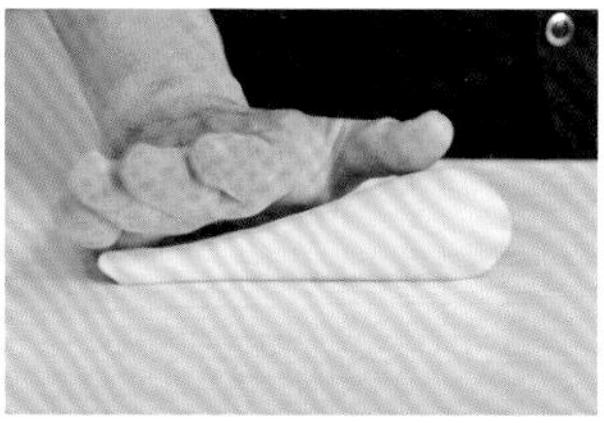
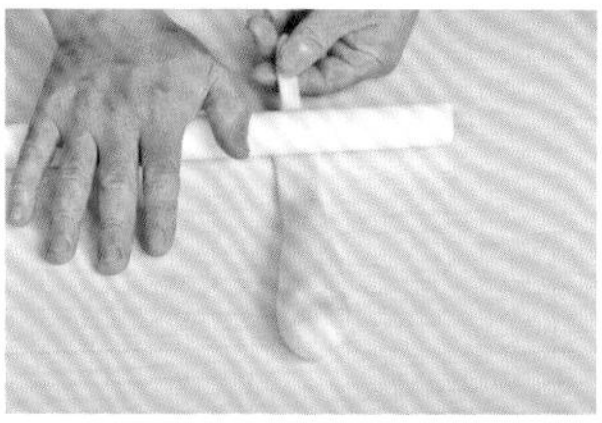
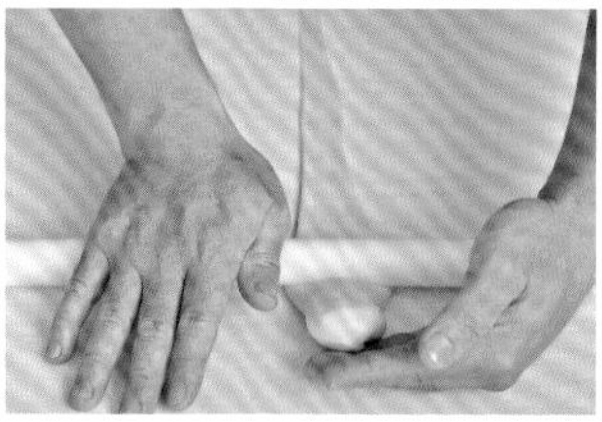
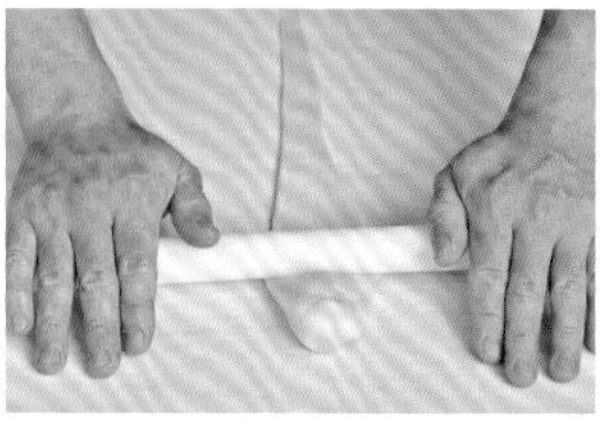

水滴狀：將麵團搓成水滴狀約15cm長，一手輕拉水滴尖型部位，先從中間朝下擀薄，再從中間朝上擀開約留5cm圓頭麵團。

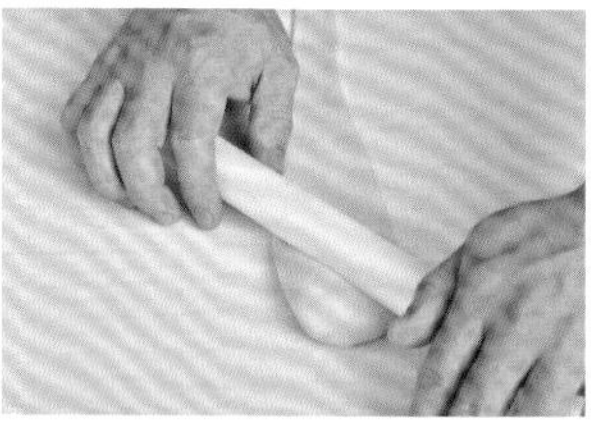
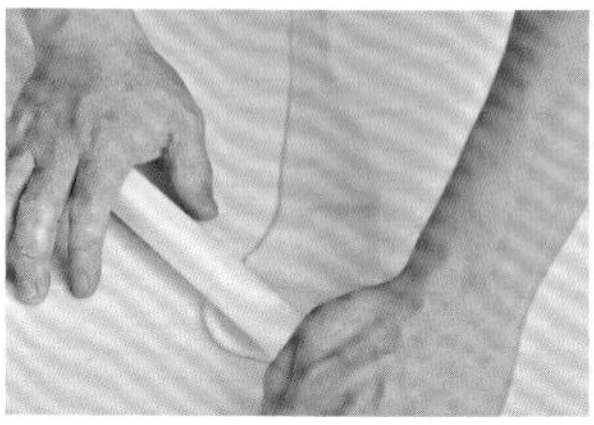
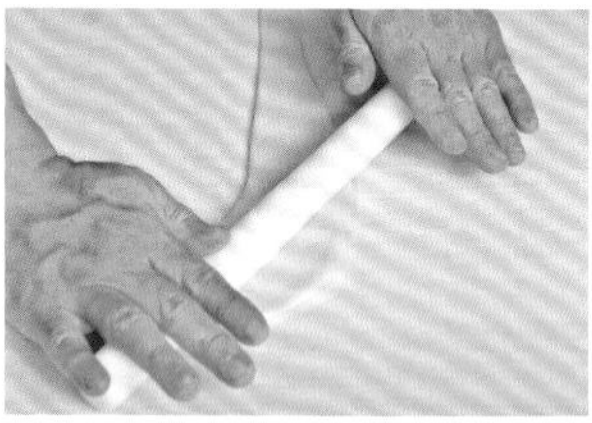
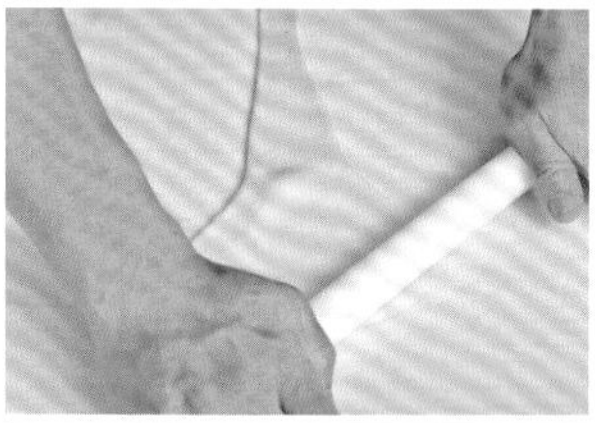
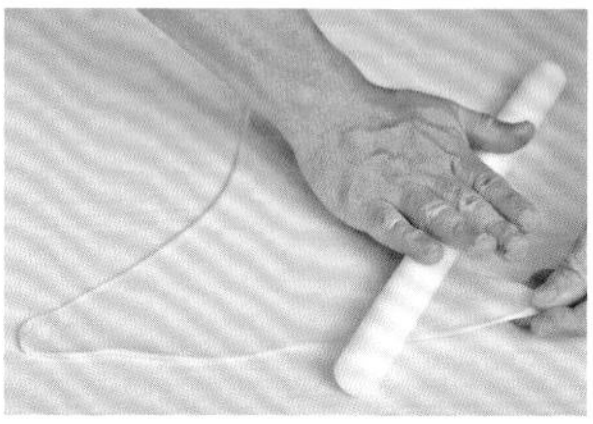
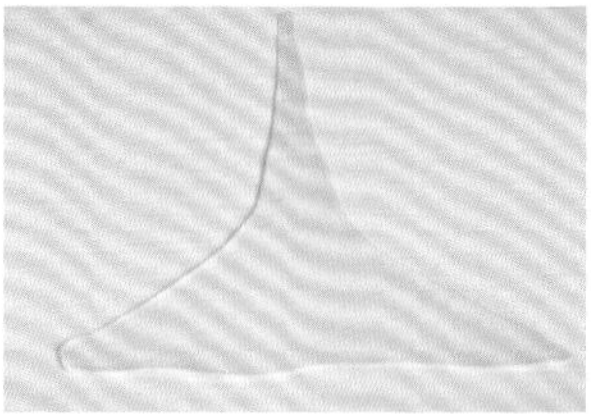

三角形：由5cm圓頭麵團上方的左右擀開，邊擀邊拉成寬約23cm、長23cm的厚薄度一致三角形。

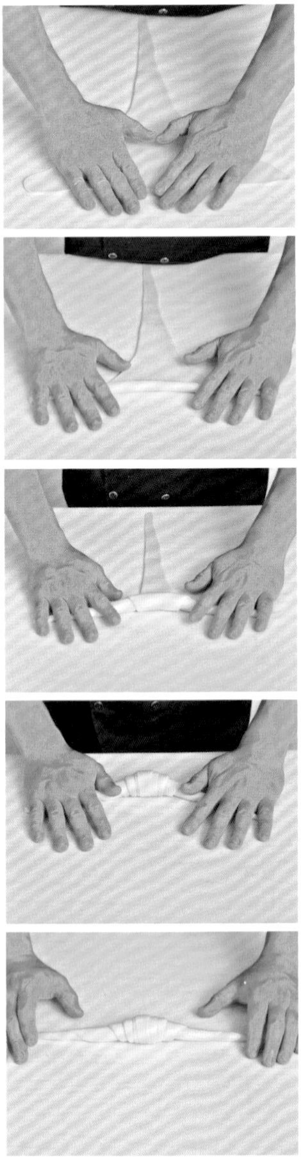

捲起：雙手由上方中間呈外八，往下順勢捲起。

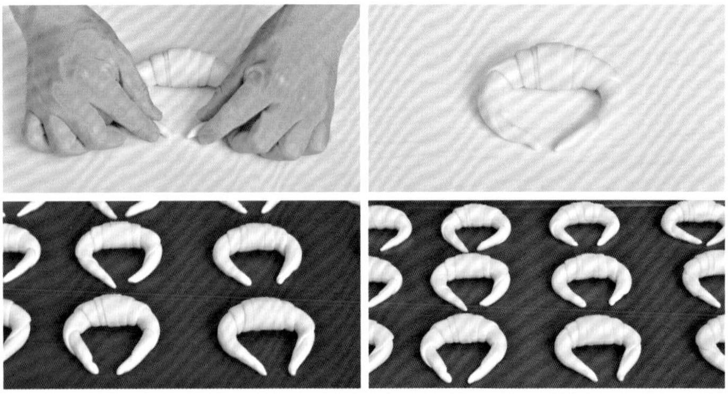

將整型好的麵團彎成牛角型，放入烤盤中，共完成20個，麵團於32℃發酵30分鐘。

6 烤前裝飾

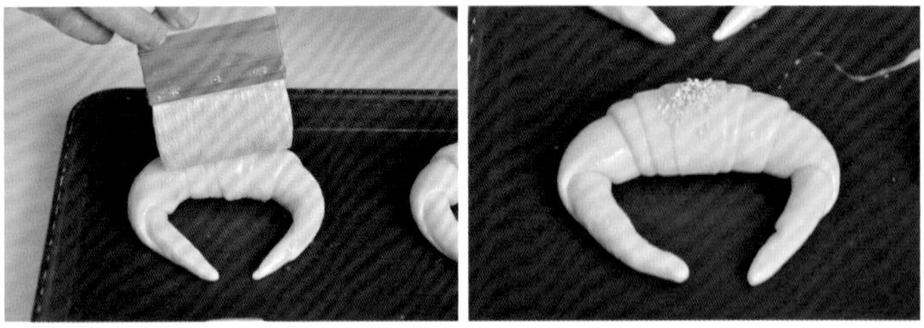

表面刷上全蛋液，每個撒上熟白芝麻2.5g。

7 烤焙

放入烤箱，用上火220℃、下火200℃，烤焙12分鐘，倒入無水奶油，繼續烤焙6分鐘，出爐後放涼。

Flavor

香芋起司
金牛角麵包

金牛角麵團包入芋頭餡和起司片，綿密的芋泥餡和起司碰撞不違和，再搭配起司粉，營造出多層次口感。

[材料 Ingredients]

製作量 ▸ 20 個

老麵法	百分比%	重量 g
A 高筋麵粉	70	588
低筋麵粉	30	252
上白糖	18	151
鹽	1	8
奶粉	3	25
起司粉	2	17
老麵種→ P.16	50	420
全蛋	10	84
奶水	20	168
鮮奶	20	168
B 發酵奶油	20	168
合計	244%	2049g

[工序 Process]

製作工法
老麵法

種溫
20℃

麵團終溫
26℃

基本發酵
28℃ / 15 分鐘

分割重量
100g

中間發酵
28℃ / 15 分鐘

最後發酵
32℃ / 30 分鐘

發酵箱溫度／濕度
32℃ / 80%

烤焙溫度／時間
上火 220℃、下火 200℃ / 18 分鐘

[其他 Others]

芋頭餡 400g 、起司片 10 片、全蛋液 100g、熟黑芝麻 50g、無水奶油 200g

芋頭餡

保存 冷藏5天

材料 A 芋頭500g
B 上白糖100g、發酵奶油40g、動物鮮奶油40g、鹽1g

作法
1 芋頭洗淨除掉塵土，去皮切塊。
2 電鍋倒入200g水，鍋內放入芋頭塊，按下開關。
3 開關跳起時，可先用筷子插入芋頭塊測試，若可穿透表示熟透，即可取出。
4 將熟芋頭倒入攪拌缸，用槳狀攪拌至綿密，依序加入材料B混合拌勻，冷藏備用。

步驟 Step by step

1 前置準備

前一天製作老麵種。

2 攪拌製程

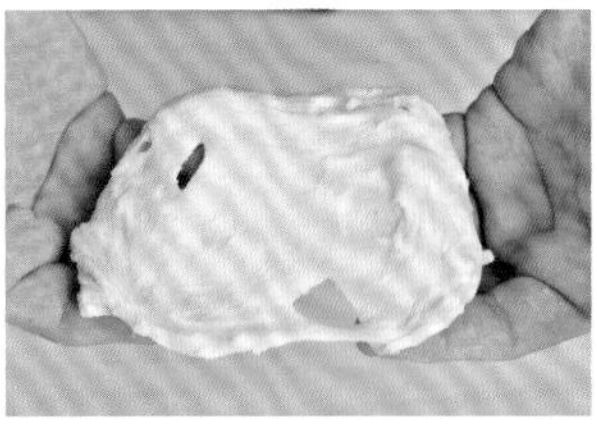

材料A放入攪拌缸，以慢速攪拌成團，轉換中速攪拌至擴展階段微薄膜狀。

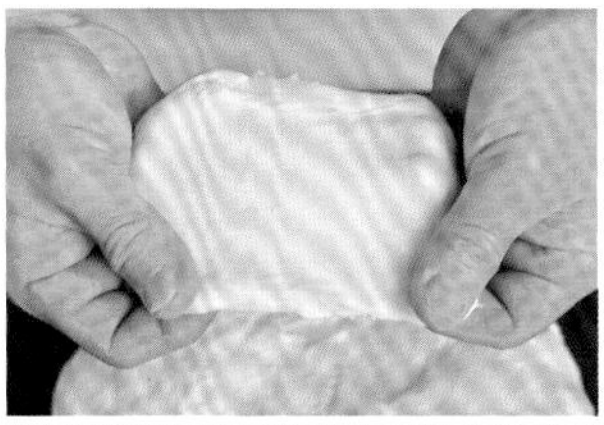

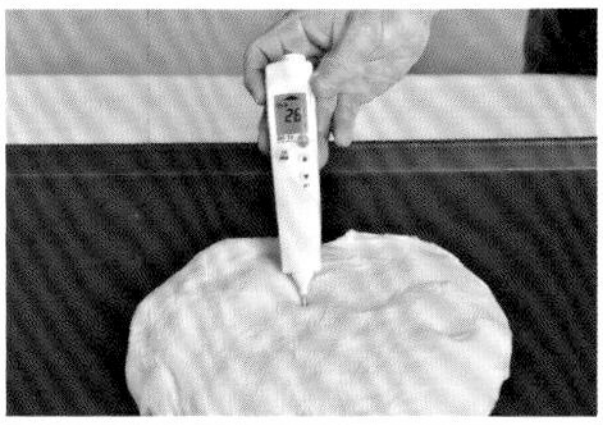

加入材料B，慢速攪拌均勻，轉換中速攪拌至擴展階段微薄膜狀態，終溫26℃。

3 基本發酵

麵團攪拌完成，於28℃發酵15分鐘。

4 分割、中間發酵

發酵完成的麵團分割成每個100g，共20個。

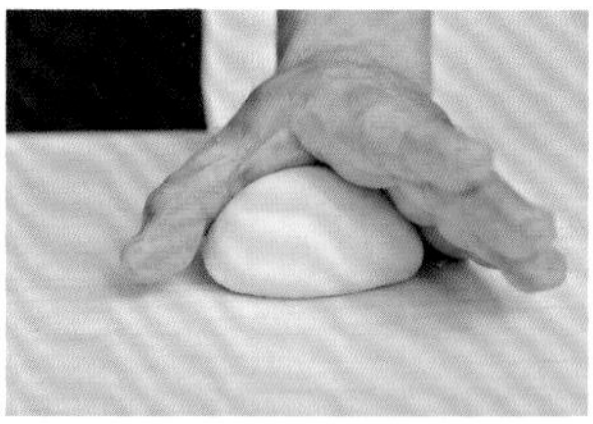

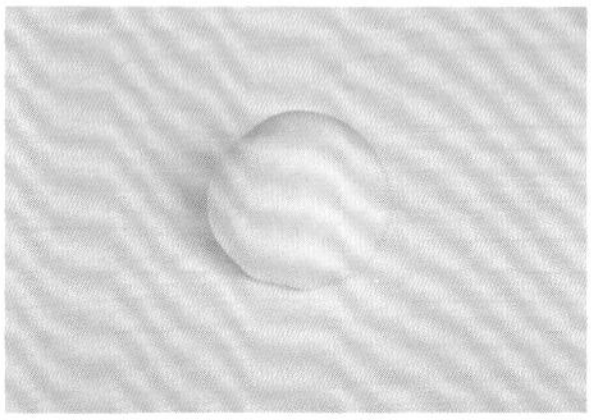

分別排氣折疊滾圓，將分割好的麵團於28℃發酵15分鐘。

5 整型、最後發酵

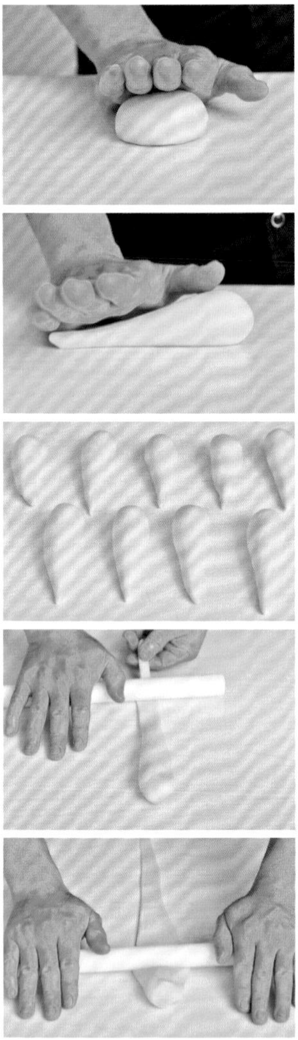

水滴狀：將麵團搓成水滴狀約15cm長，一手輕拉水滴尖型部位，先從中間朝下擀薄，再從中間朝上擀開約留5cm圓頭麵團。

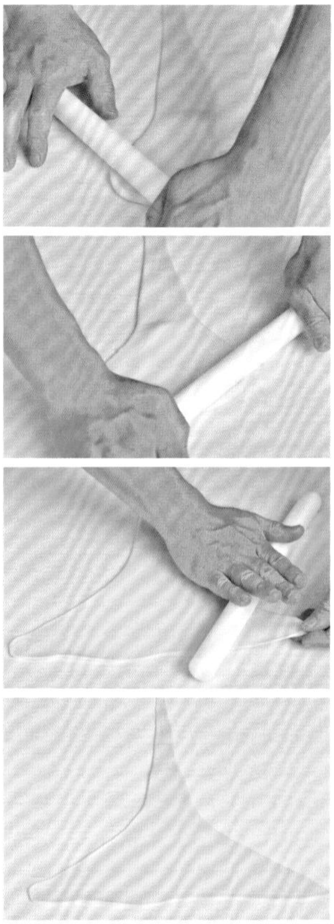

三角形：由5cm圓頭麵團上方的左右擀開，邊擀邊拉成寬約23cm、長23cm的厚薄度一致三角形。

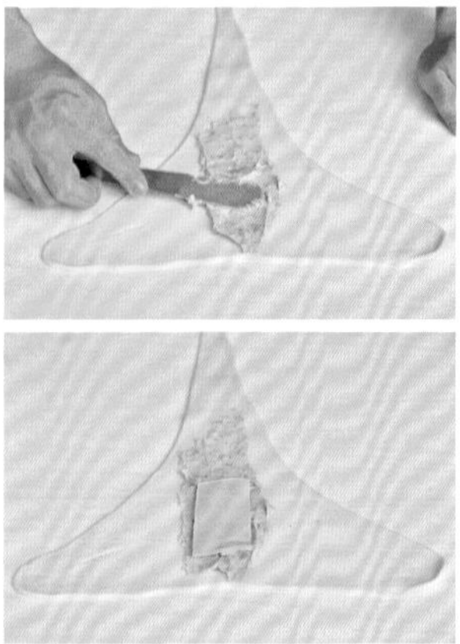

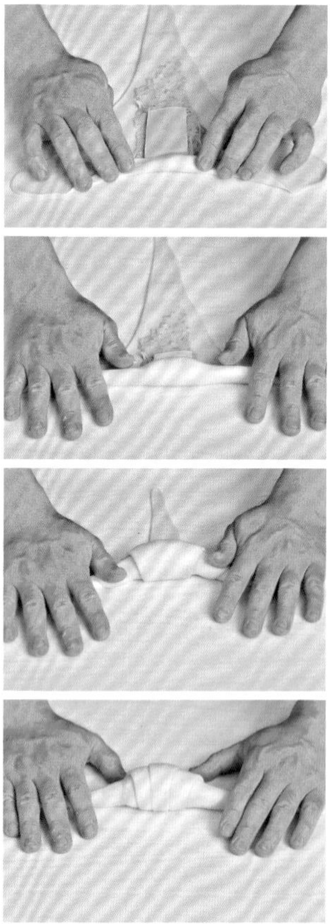

捲起：中間抹上芋頭餡20g，鋪半片起司片，雙手由上方中間呈外八，往下順勢捲起。

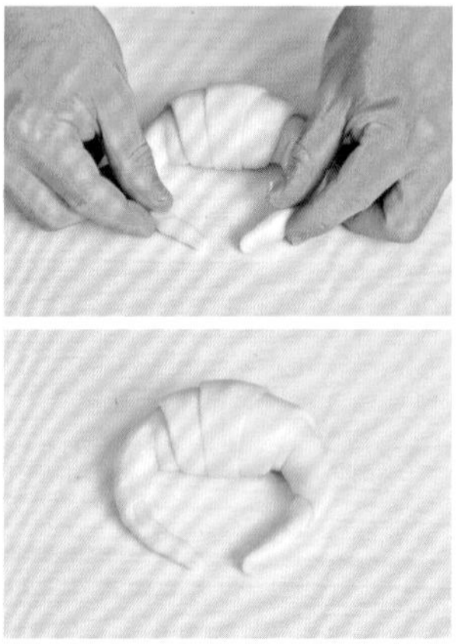

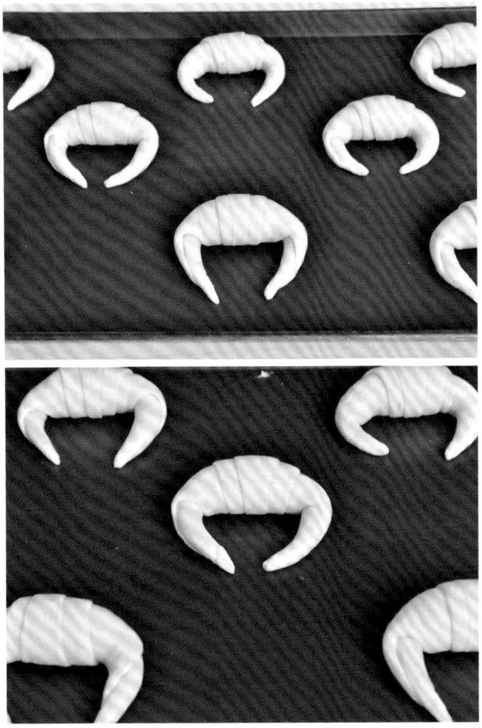

將整型好的麵團彎成牛角型，放入烤盤中，共完成20個，麵團於32℃發酵30分鐘。

6 烤前裝飾

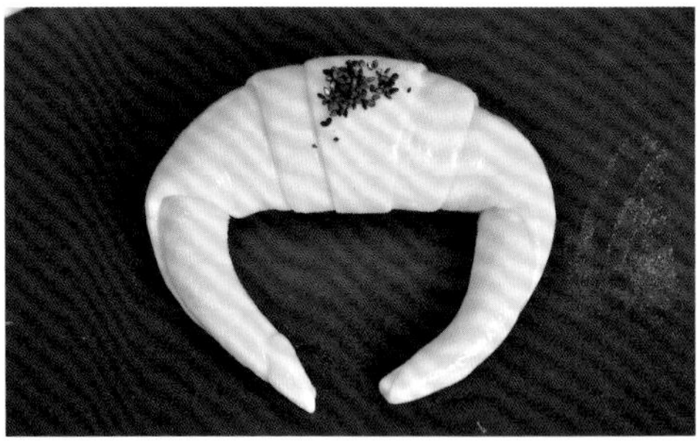

表面刷上全蛋液，每個撒上熟黑芝麻2.5g。

7 烤焙

放入烤箱，用上火220℃、下火200℃，烤焙12分鐘，倒入無水奶油，繼續烤焙6分鐘，出爐後放涼。

Points 重點筆記

- 芋頭餡易因季節性關係，製作出來的芋頭餡會比較濕軟；若芋頭餡偏濕軟，烤焙時需注意麵團熟成溫度。
- 判斷烤熟方法，看到麵團的外觀烤至金黃色，用手按壓兩個尖頭，若是硬的即可出爐。

起司紅莓金牛角麵包

Flavor

麵團捲入紅莓起司餡，表面撒上起司絲，微甜微酸的香酥口感，令人垂涎三尺，這款金牛角是喜歡起司與蔓越莓香氣的最佳選擇。

[材料 Ingredients]

製作量 ▸ 20 個

老麵法	百分比%	重量 g
A 高筋麵粉	70	588
低筋麵粉	30	252
上白糖	18	151
鹽	1	8
奶粉	3	25
起司粉	2	17
老麵種→ P.16	50	420
全蛋	10	84
奶水	20	168
鮮奶	20	168
B 發酵奶油	20	168
合計	244%	2049g

[其他 Others]

起司紅莓餡 500g、全蛋液 100g
起司絲 100g、無水奶油 200g

起司紅莓餡

保 存 冷藏7天

材 料 奶油起司500g、蔓越莓150g

作 法 將奶油起司與蔓越莓混合均勻。

[工序 Process]

製作工法
老麵法

種溫
20℃

麵團終溫
26℃

基本發酵
28℃ / 15 分鐘

分割重量
100g

中間發酵
28℃ / 15 分鐘

最後發酵
32℃ / 30 分鐘

發酵箱溫度／濕度
32℃ / 80%

烤焙溫度／時間
上火 220℃、下火 200℃ / 20 分鐘

Points 重點筆記

- 麵團整型時，紅莓起司餡不要擠太長，長度約 5cm 為宜，太長則內餡容易導致爆餡。

步驟 Step by step

1 前置準備

前一天製作老麵種。

2 攪拌製程

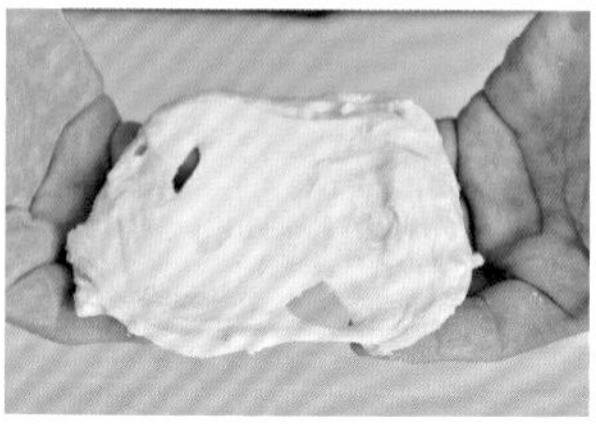

材料A放入攪拌缸，以慢速攪拌成團，轉換中速攪拌至擴展階段微薄膜狀。

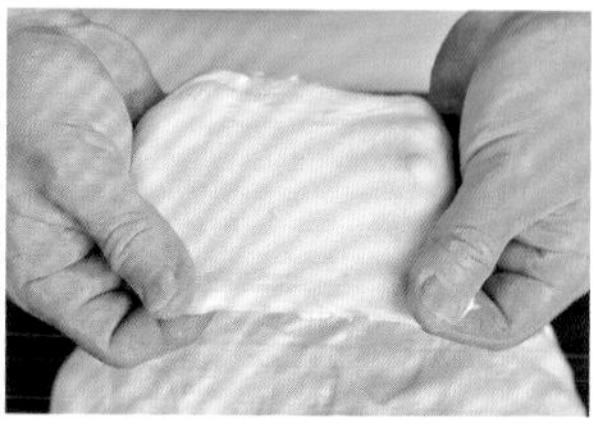

加入材料B，慢速攪拌均勻，轉換中速攪拌至擴展階段微薄膜狀態，終溫26℃。

3 基本發酵

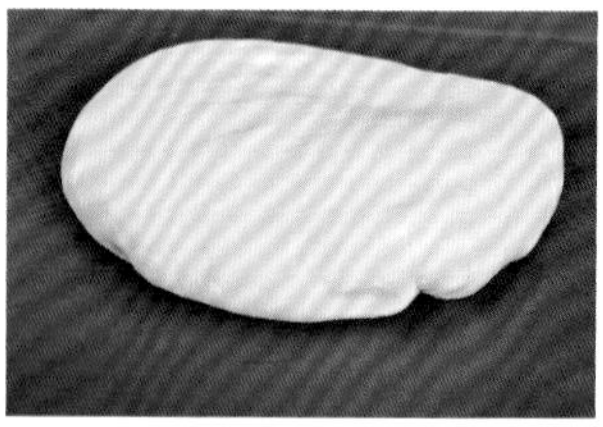

麵團攪拌完成，於28℃發酵15分鐘。

4 分割、中間發酵

發酵完成的麵團分割成每個100g，共20個。

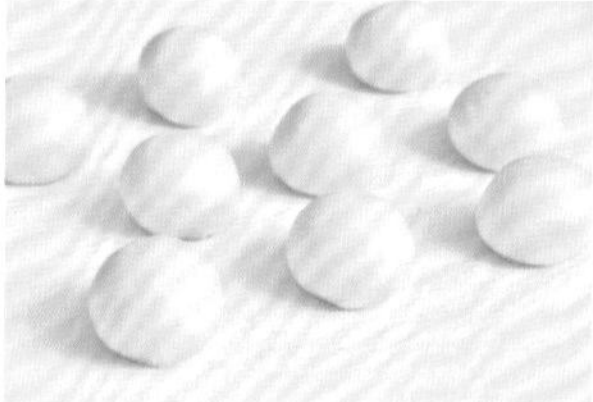

分別排氣折疊滾圓，將分割好的麵團於28℃發酵15分鐘。

5 整型、最後發酵

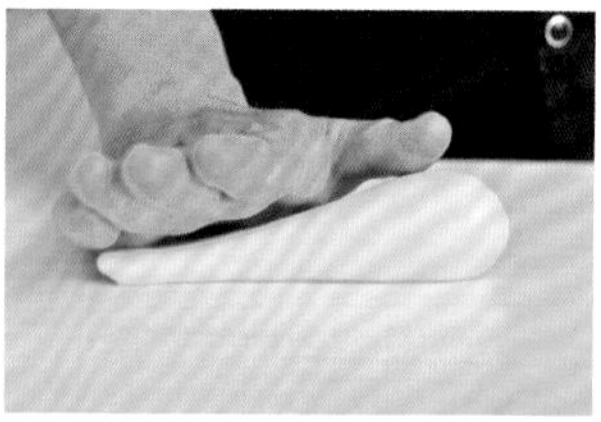

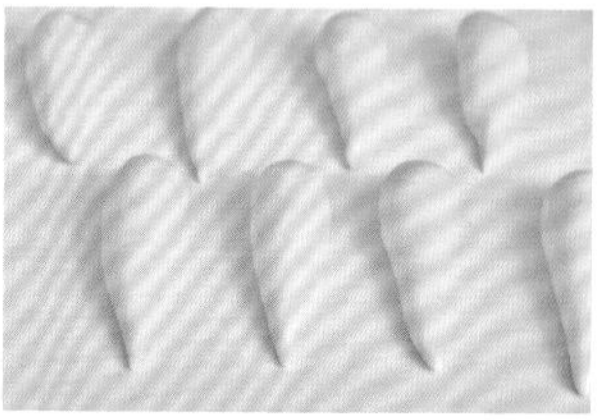

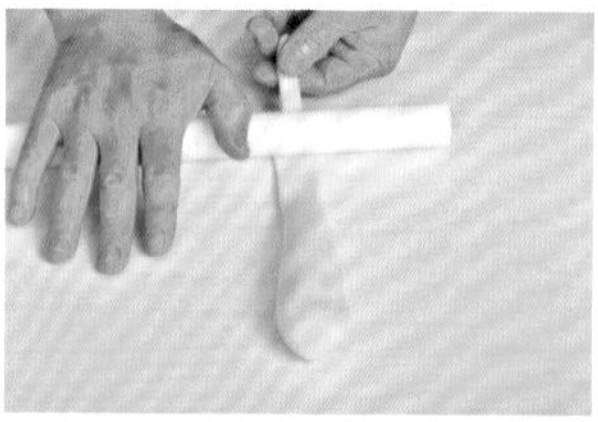

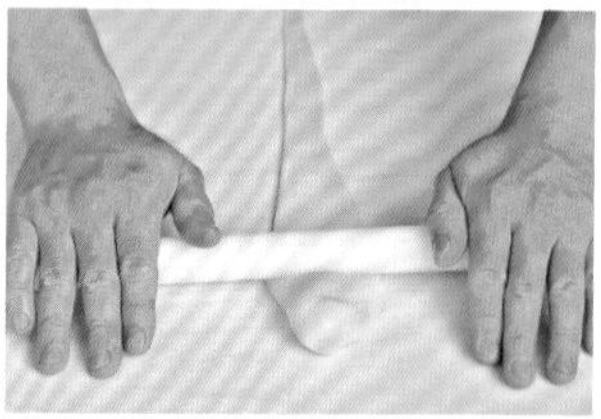

水滴狀：將麵團搓成水滴狀約15cm長，一手輕拉水滴尖型部位，先從中間朝下擀薄，再從中間朝上擀開約留5cm圓頭麵團。

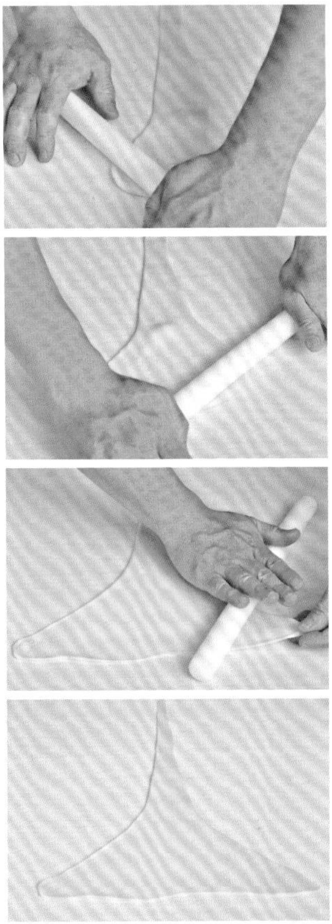

三角形：由5cm圓頭麵團上方的左右擀開，邊擀邊拉成寬約23cm、長23cm的厚薄度一致三角形。

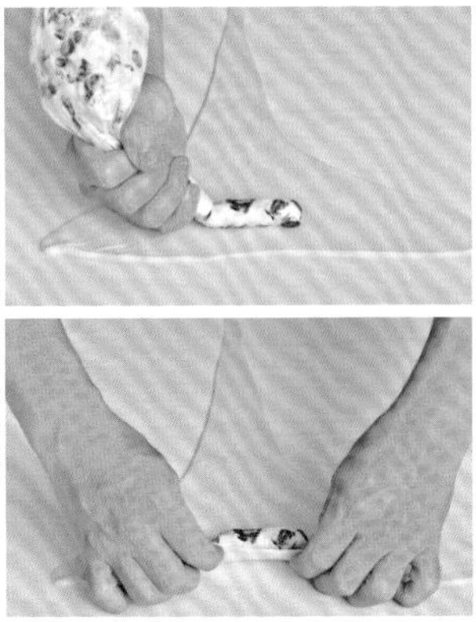

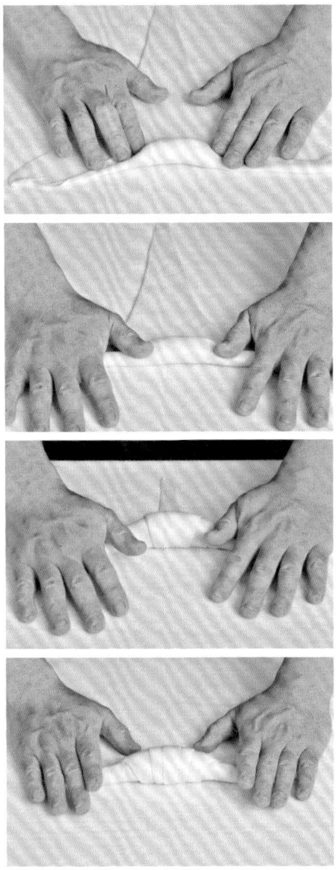

捲起：中間擠上紅莓起司餡25g，麵團將紅莓起司餡折起蓋上，雙手由上方中間呈外八，往下順勢捲起。

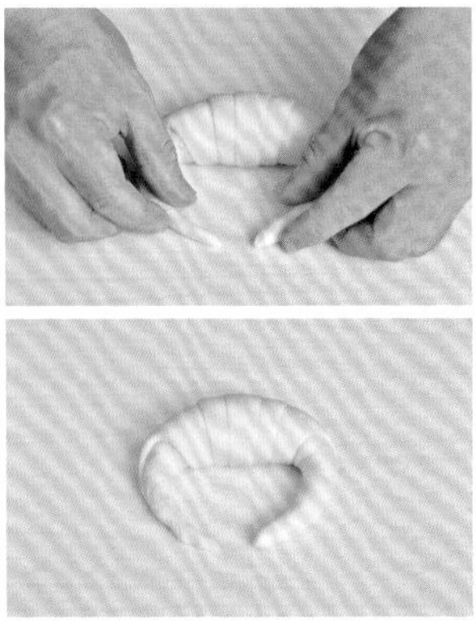

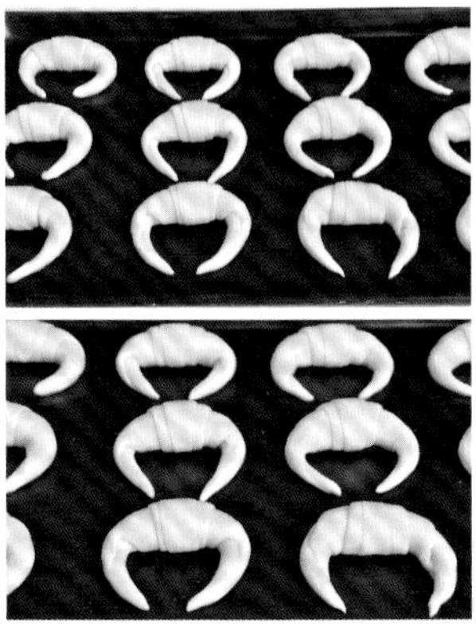

將整型好的麵團彎成牛角型，放入烤盤中，共完成20個，麵團於32℃發酵30分鐘。

6 烤前裝飾

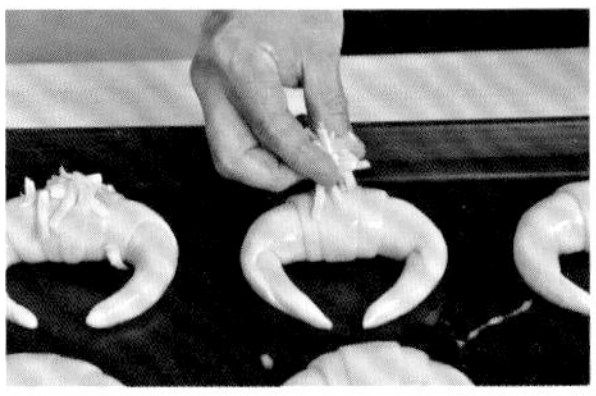

表面刷上全蛋液，每個撒上起司絲5g。

7 烤焙

放入烤箱，用上火220℃、下火200℃，烤焙12分鐘，倒入無水奶油，繼續烤焙8分鐘，出爐後放涼。

咖啡奶酥
金牛角麵包

Flavor

充滿咖啡香氣的金牛角，咖啡麵團包入奶酥餡，表面撒杏仁角，咖啡綜合了奶酥甜感，一口咬下，堅果咖啡奶酥融合在嘴裡，是一款意外合拍的組合。

[材料 Ingredients]

製作量 ▸ 20 個

老麵法	百分比%	重量 g
A 高筋麵粉	70	595
低筋麵粉	30	255
上白糖	13	111
黑糖	5	43
鹽	1	9
奶粉	3	26
即溶咖啡粉	1.5	13
老麵種→ P.16	50	425
全蛋	10	85
奶水	20	170
鮮奶	20	170
B 發酵奶油	20	170
合計	**243.5%**	**2072g**

[工序 Process]

製作工法
老麵法

種溫
20℃

麵團終溫
26℃

基本發酵
28℃ / 15 分鐘

分割重量
100g

中間發酵
28℃ / 15 分鐘

最後發酵
32℃ / 30 分鐘

發酵箱溫度／濕度
32℃ / 80%

烤焙溫度／時間
上火 220℃、下火 200℃ / 20 分鐘

[其他 Others]

奶酥餡 500g、全蛋液 100g、杏仁角 60g、無水奶油 200g

奶酥餡

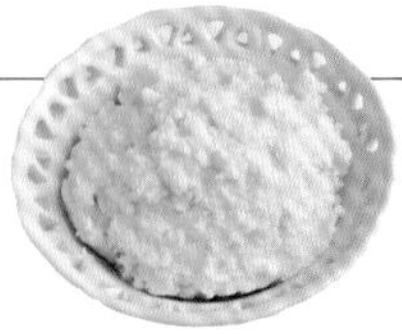

保存 冷藏14天

材料 發酵奶油225g、糖粉165g、全蛋150g、玉米粉50g、奶粉350g

作法
1. 將奶油與糖粉微打發，慢慢加入全蛋，打至膨發反白。
2. 再加入玉米粉與奶粉混合均勻即可使用。

Points 重點筆記

- 這款奶酥餡比製作軟式麵包的奶酥餡硬一些，因牛角麵團偏硬，奶酥餡若太軟，則內部不容易烤熟。
- 麵團配方中的咖啡粉和黑糖，可先與鮮奶、奶水混合均勻，再倒入攪拌缸，和麵團其他材料一起攪拌，如此咖啡粉與黑糖比較容易均勻。

步驟 *Step by step*

1 前置準備

前一天製作老麵種。

2 攪拌製程

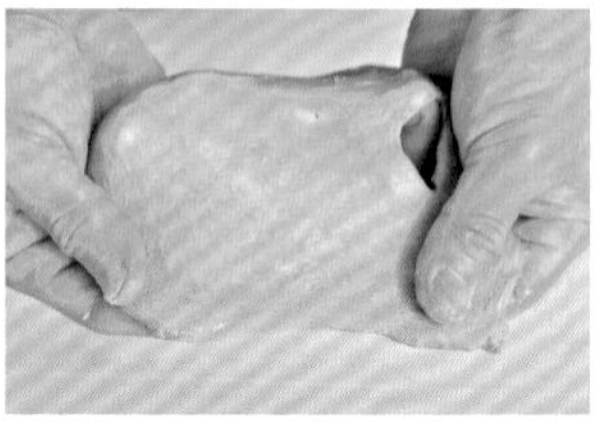

材料A放入攪拌缸，以慢速攪拌成團，轉換中速攪拌至擴展階段微薄膜狀。

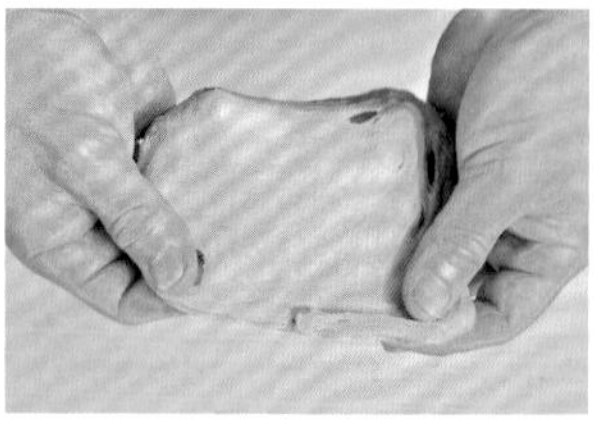

加入材料B，慢速攪拌均勻，轉換中速攪拌至擴展階段微薄膜狀態，終溫26℃。

3 基本發酵

麵團攪拌完成，於28℃發酵15分鐘。

4 分割、中間發酵

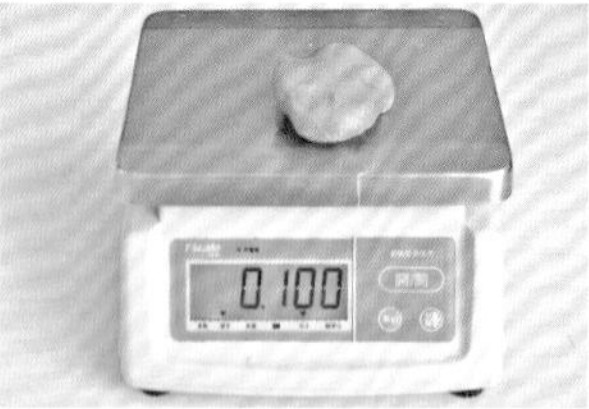

發酵完成的麵團分割成每個100g，共20個。

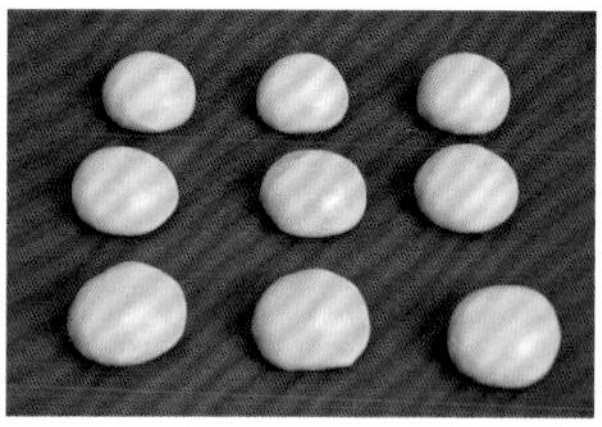

分別排氣折疊滾圓，將分割好的麵團於28℃發酵15分鐘。

5 整型、最後發酵

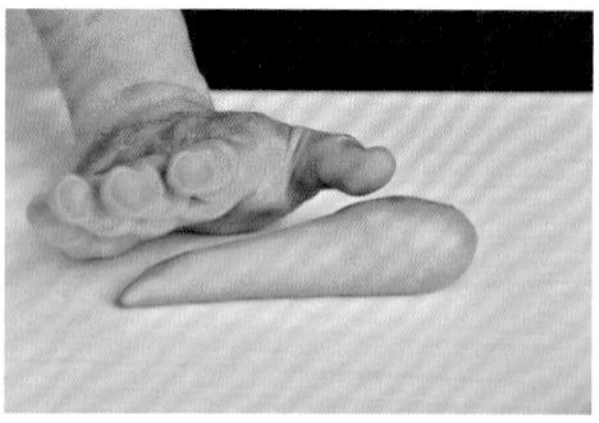

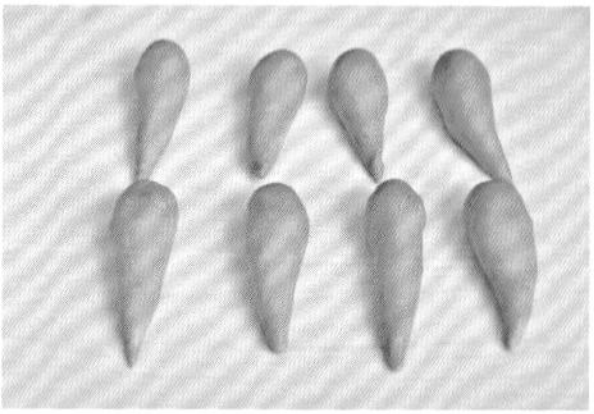

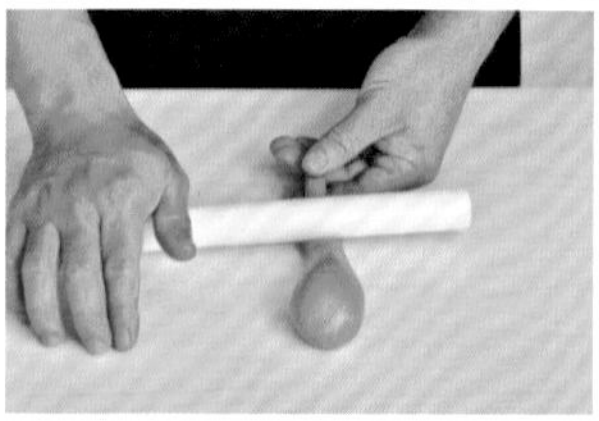

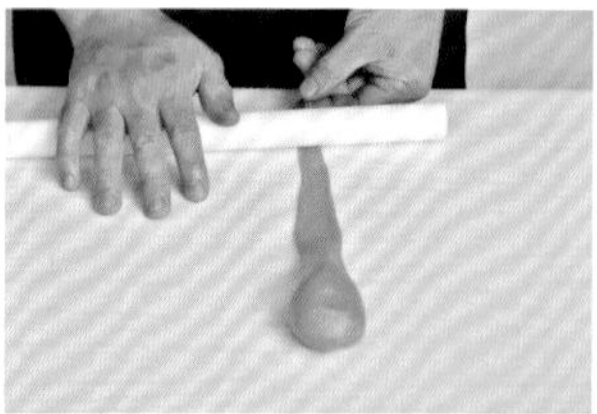

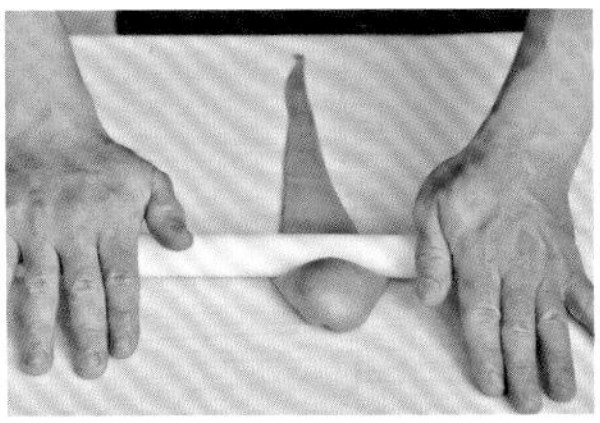

水滴狀：將麵團搓成水滴狀約15cm長，一手輕拉水滴尖型部位，先從中間朝下擀薄，再從中間朝上擀開約留5cm圓頭麵團。

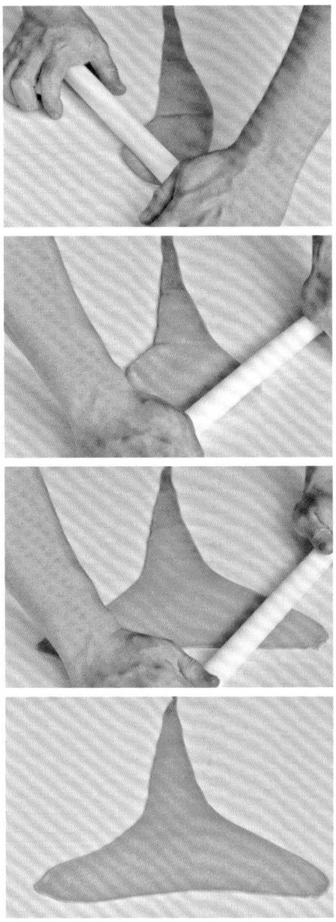

三角形：由5cm圓頭麵團上方的左右擀開，邊擀邊拉成寬約23cm、長23cm的厚薄度一致三角形。

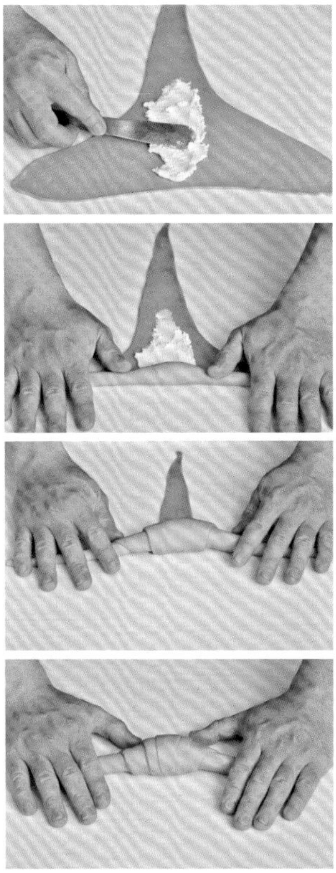

捲起：中間抹上奶酥餡25g，雙手由上方中間呈外八，往下順勢捲起。

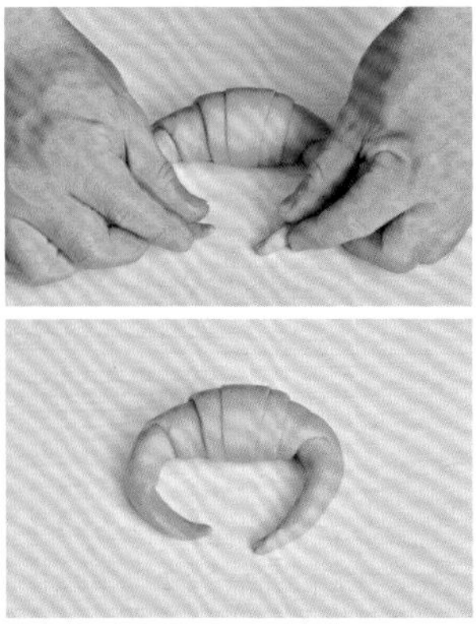

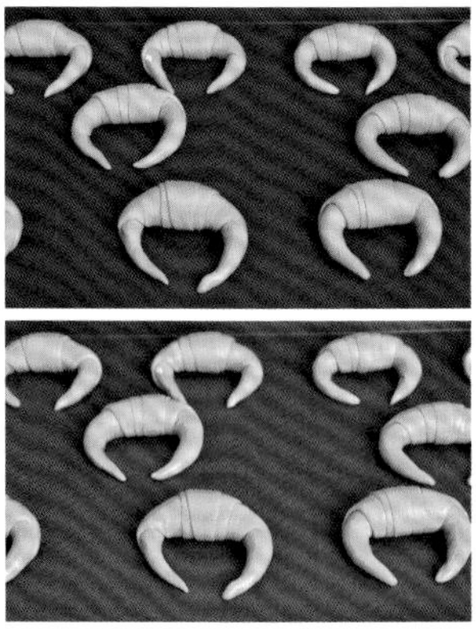

將整型好的麵團彎成牛角型，放入烤盤中，共完成20個，麵團於32℃發酵30分鐘。

6 烤前裝飾

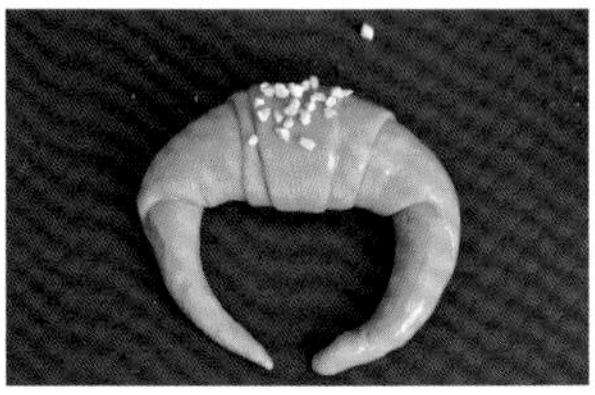

表面刷上全蛋液，每個撒上杏仁角3g。

7 烤焙

放入烤箱，用上火220℃、下火200℃，烤焙12分鐘，倒入無水奶油，繼續烤焙8分鐘，出爐後放涼。

可可酥菠蘿金牛角麵包

脆皮的外殼，搭配濃濃的巧克力香，再包入水滴巧克力，表面蓋上可可菠蘿餅乾皮，酥脆口感無法言喻。

[材料 *Ingredients*]

製作量 ▸ 20 個

老麵法	百分比%	重量 g
A 高筋麵粉	70	588
低筋麵粉	30	252
上白糖	18	151
鹽	1	8
可可粉	5	42
老麵種→ P.16	50	420
全蛋	10	84
奶水	20	168
鮮奶	22	185
B 發酵奶油	20	168
合計	246%	2066g

[其他 *Others*]

可可菠蘿皮 20 片（直徑 8cm）、水滴巧克力 100g、全蛋液 100g、無水奶油 200g

[工序 *Process*]

製作工法
老麵法

種溫
20℃

麵團終溫
26℃

基本發酵
28℃ / 15 分鐘

分割重量
100g

中間發酵
28℃ / 15 分鐘

最後發酵
32℃ / 30 分鐘

發酵箱溫度／濕度
32℃ / 80%

烤焙溫度／時間
上火 220℃、下火 200℃ / 20 分鐘

Points 重點筆記

- 麵團發酵完成，先刷一層全蛋液，能黏緊可可菠蘿皮，烤焙龜裂時比較漂亮。

可可菠蘿皮

保存 冷藏14天

材料 發酵奶油200g、糖粉350g、全蛋150g、可可粉40g、低筋麵粉450g

作法
1. 將奶油與糖粉混合均勻，全蛋慢慢加入混合均勻。
2. 接著加入可可粉與低筋麵粉拌勻即可，軟黏狀態為正常。
3. 分割成每個30g，放入平面塑膠袋，依序排開，壓模直徑8cm（大約39片），冷藏保存。

[步驟 Step by step]

1 前置準備

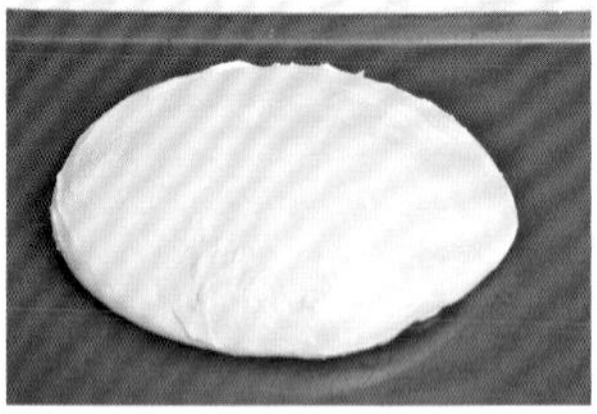

前一天製作老麵種。

2 攪拌製程

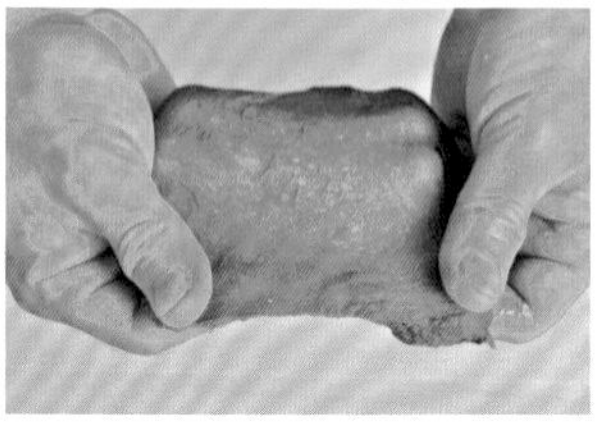

材料A放入攪拌缸，以慢速攪拌成團，轉換中速攪拌至擴展階段微薄膜狀。

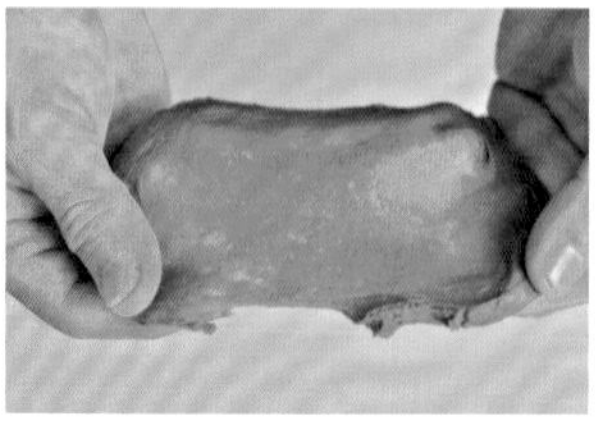

加入材料B，慢速攪拌均勻，轉換中速攪拌至擴展階段微薄膜狀態，終溫26℃。

3 基本發酵

麵團攪拌完成，於28℃發酵15分鐘。

4 分割、中間發酵

發酵完成的麵團分割成每個100g，共20個。

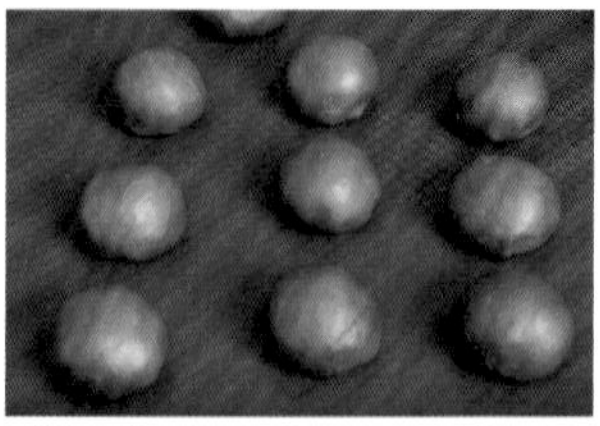

分別排氣折疊滾圓，將分割好的麵團於28℃發酵15分鐘。

5 整型、最後發酵

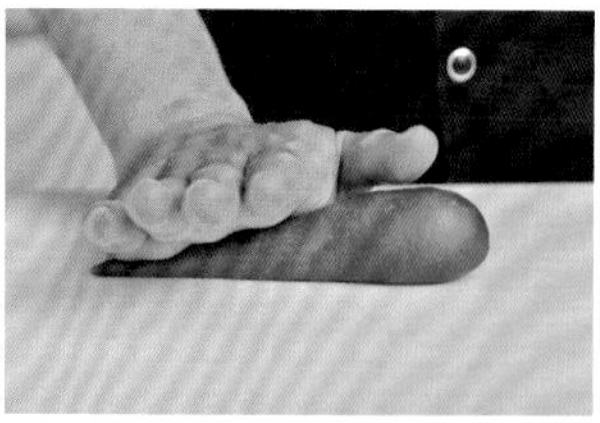

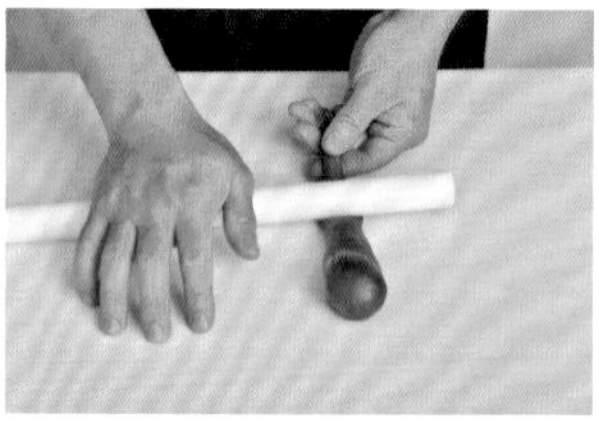

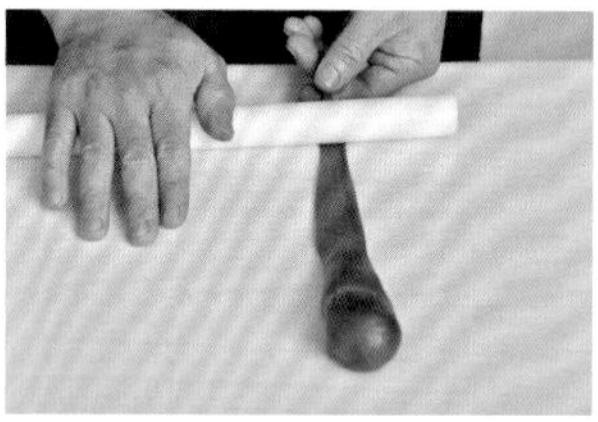

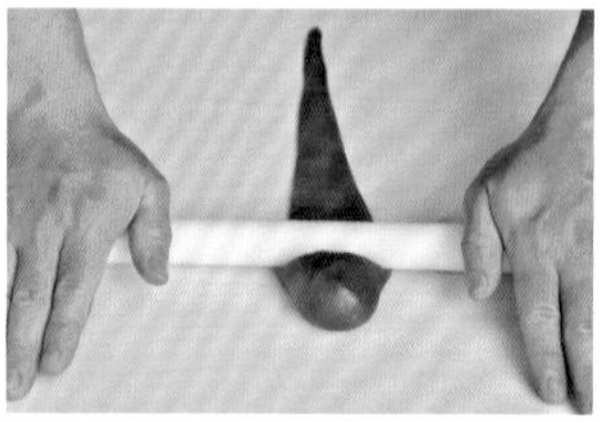

水滴狀：將麵團搓成水滴狀約15cm長，一手輕拉水滴尖型部位，先從中間朝下擀薄，再從中間朝上擀開約留5cm圓頭麵團。

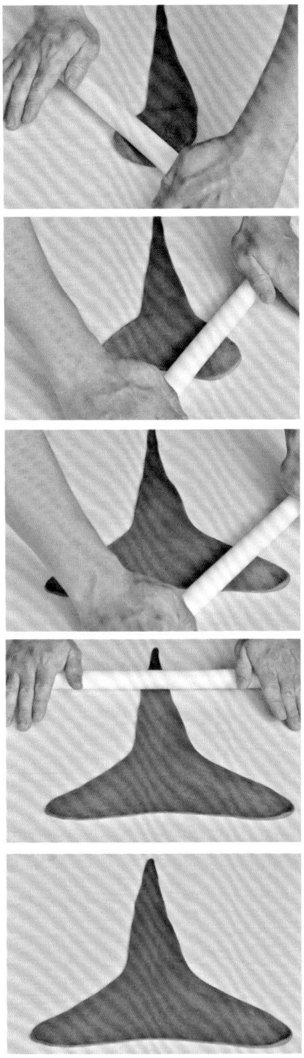

三角形：由5cm圓頭麵團上方的左右擀開，邊擀邊拉成寬約23cm、長23cm的厚薄度一致三角形。

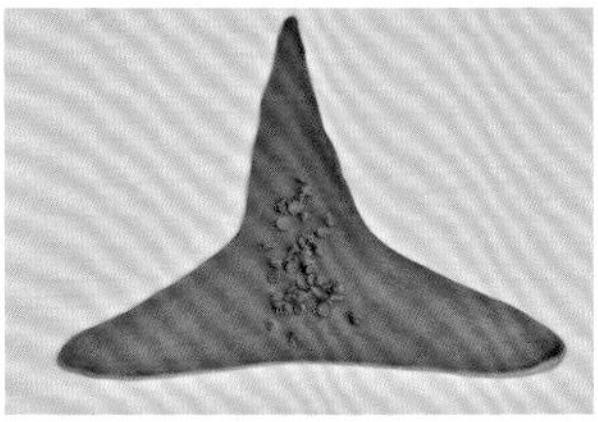

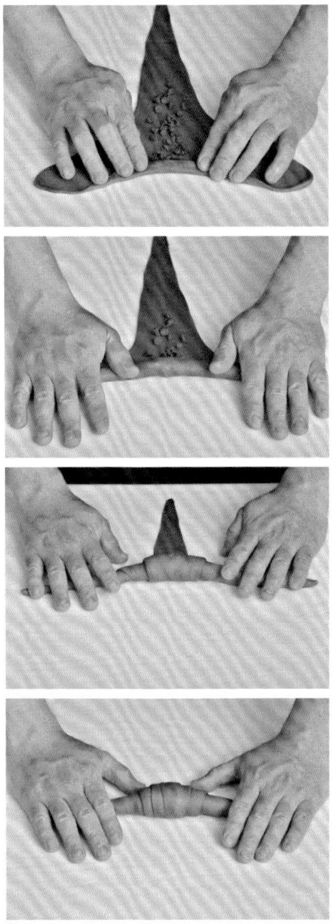

捲起：中間鋪上水滴巧克力5g，雙手由上方中間呈外八，往下順勢捲起。

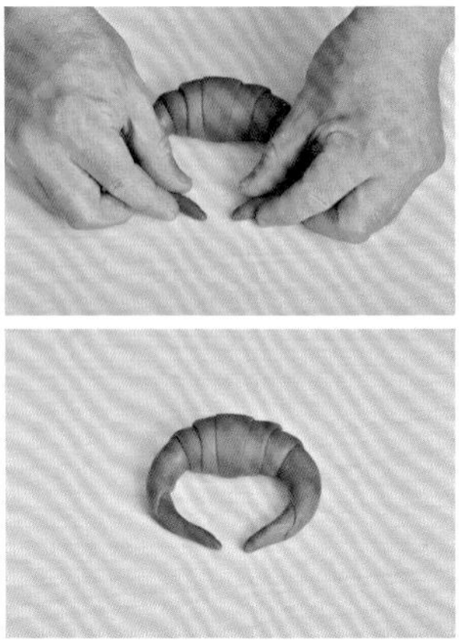

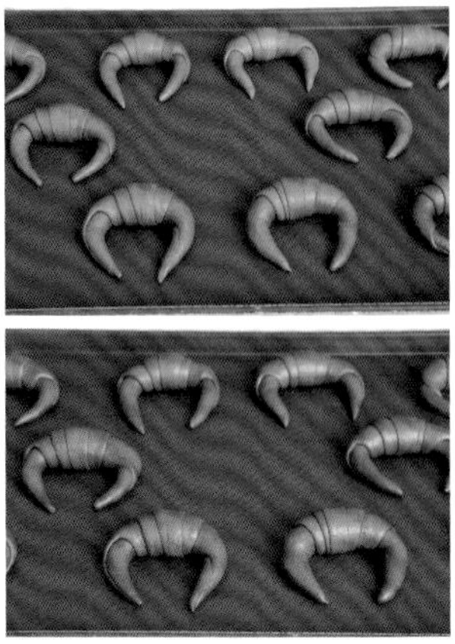

將整型好的麵團彎成牛角型，放入烤盤中，共完成20個，麵團於32℃發酵30分鐘。

6 烤前裝飾

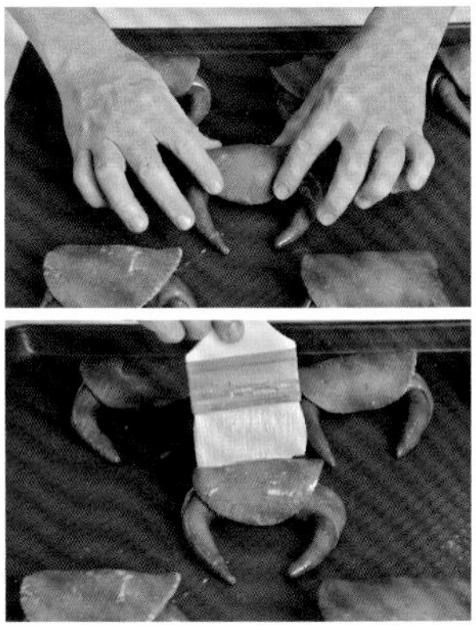

表面刷上全蛋液，蓋上可可菠蘿皮，再刷上全蛋液一次。

7 烤焙

放入烤箱，用上火220℃、下火200℃，烤焙12分鐘，倒入無水奶油，繼續烤焙8分鐘，出爐後放涼。

抹茶紅豆金牛角麵包

Flavor

抹茶和紅豆是絕配組合，滿滿的抹茶香，搭配蜜紅豆粒，同時有紅豆口感及抹茶香氣，這是抹茶控最愛的一款麵包。

[材料 Ingredients]

製作量 ▸ 20 個

老麵法	百分比%	重量 g
A 高筋麵粉	70	588
低筋麵粉	30	252
上白糖	18	151
鹽	1	8
奶粉	3	25
抹茶粉	2	17
老麵種→ P.16	50	420
全蛋	10	84
奶水	20	168
鮮奶	20	168
B 發酵奶油	20	168
合計	244%	2049g

[其他 Others]

蜜紅豆粒 400g、全蛋液 100g
無水奶油 200g

[工序 Process]

製作工法
老麵法

種溫
20℃

麵團終溫
26℃

基本發酵
28℃ / 15 分鐘

分割重量
100g

中間發酵
28℃ / 15 分鐘

最後發酵
32℃ / 30 分鐘

發酵箱溫度／濕度
32℃ / 80%

烤焙溫度／時間
上火 220℃、下火 200℃ / 18 分鐘

Points 重點筆記

- 整型時所鋪的蜜紅豆粒必須均勻鋪開，勿集中一起，因內部麵團與麵團中間蜜紅豆粒太多，麵團黏結性不佳，容易產生大孔洞。

[步驟 Step by step]

1 前置準備

前一天製作老麵種。

2 攪拌製程

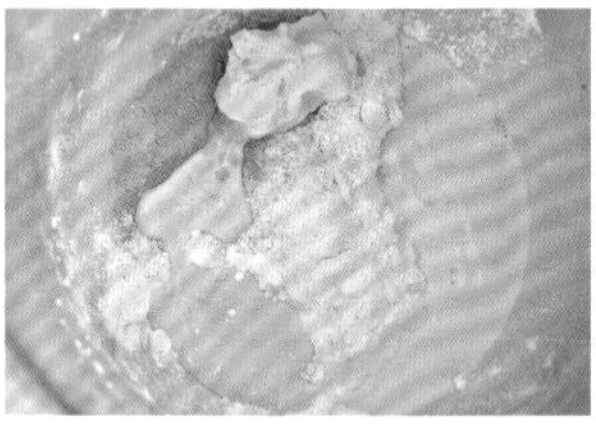

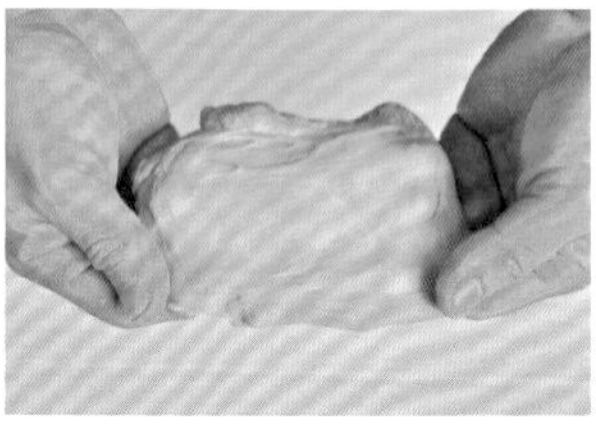

材料A放入攪拌缸，以慢速攪拌成團，轉換中速攪拌至擴展階段微薄膜狀。

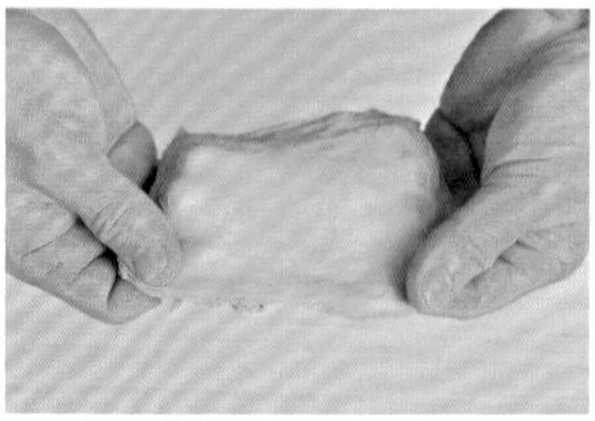

加入材料B，慢速攪拌均勻，轉換中速攪拌至擴展階段微薄膜狀態，終溫26℃。

3 基本發酵

麵團攪拌完成，於28℃發酵15分鐘。

4 分割、中間發酵

發酵完成的麵團分割成每個100g，共20個。

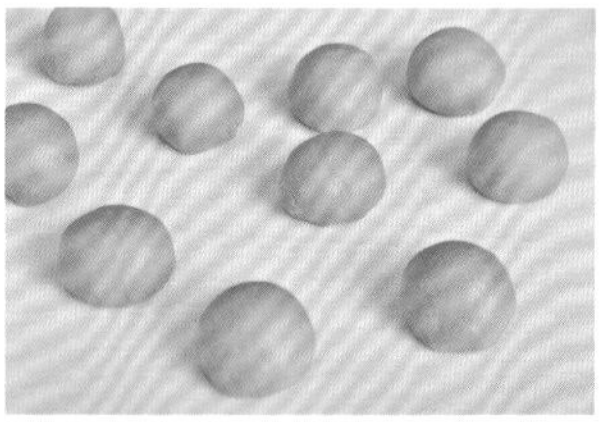

分別排氣折疊滾圓，將分割好的麵團於28℃發酵15分鐘。

5 整型、最後發酵

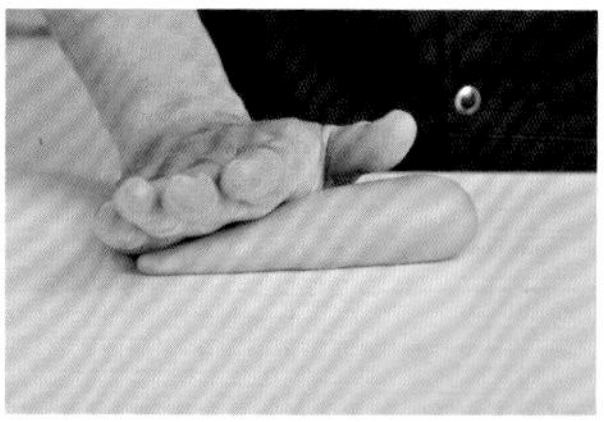

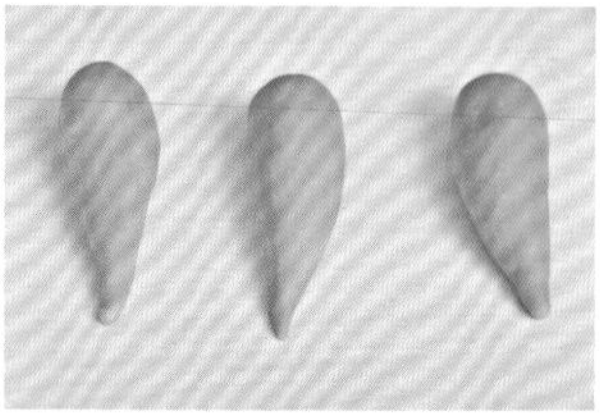

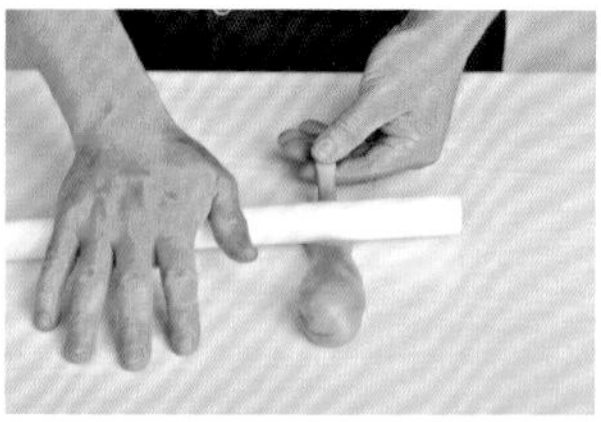

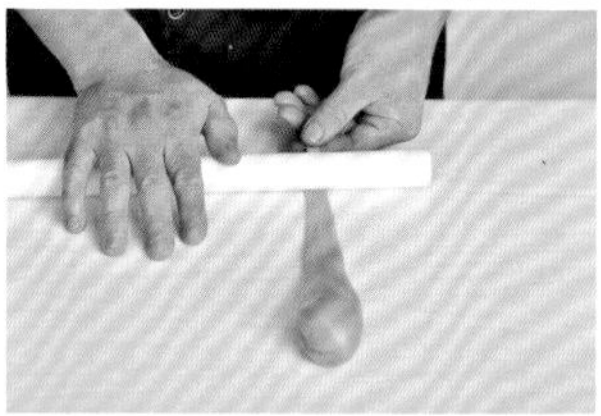

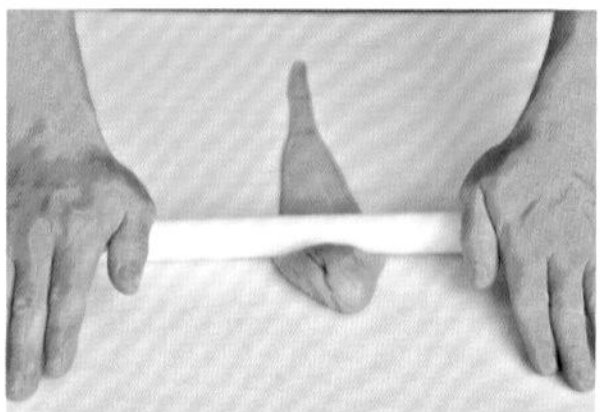

水滴狀：將麵團搓成水滴狀約15cm長，一手輕拉水滴尖型部位，先從中間朝下擀薄，再從中間朝上擀開約留5cm圓頭麵團。

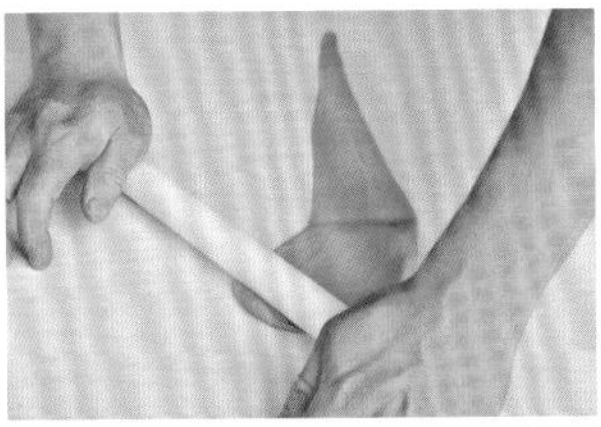
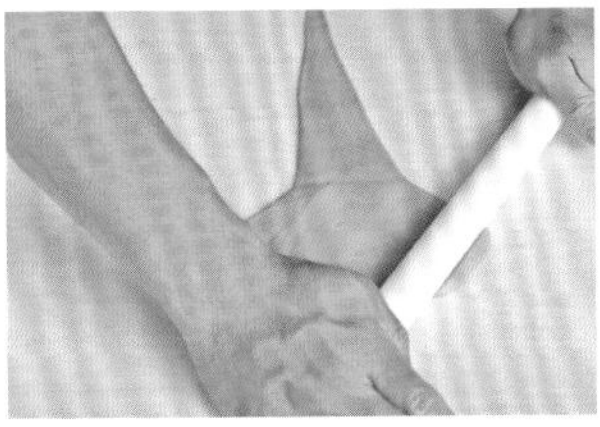
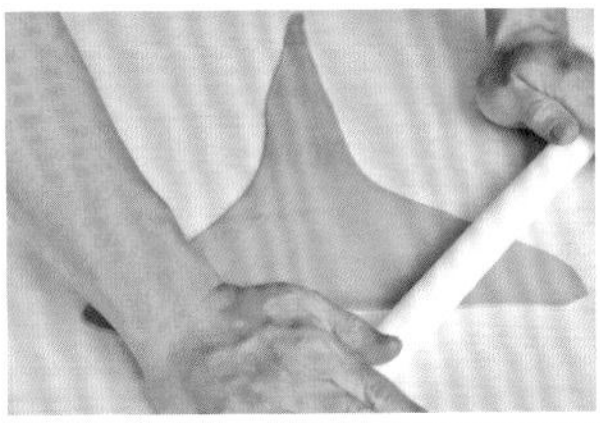
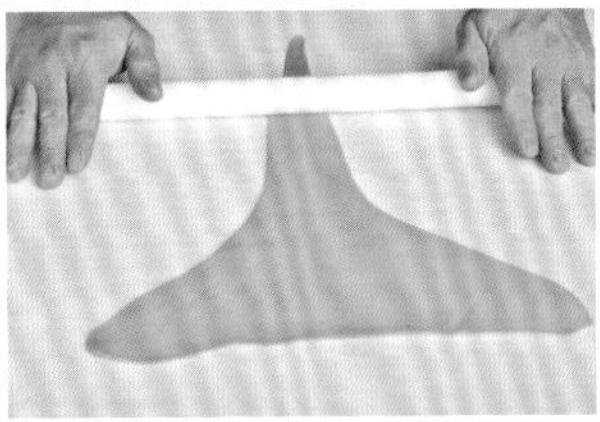

三角形：由5cm圓頭麵團上方的左右擀開，邊擀邊拉成寬約23cm、長23cm的厚薄度一致三角形。

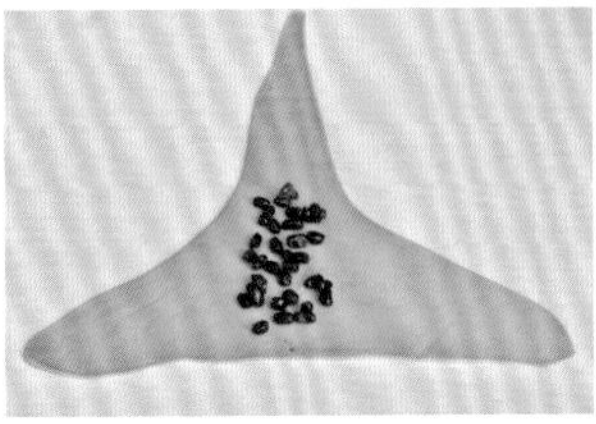

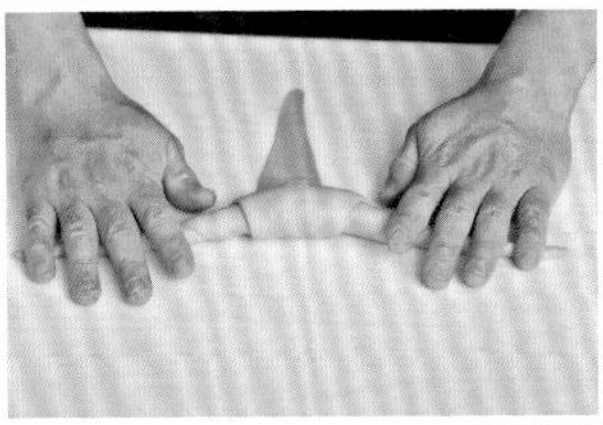
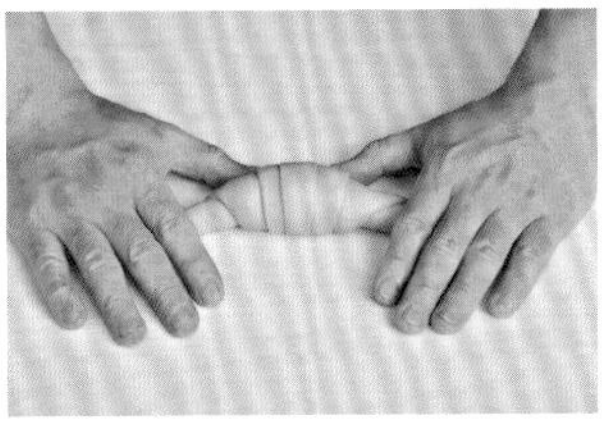

捲起：中間鋪上蜜紅豆粒20g，雙手由上方中間呈外八，往下順勢捲起。

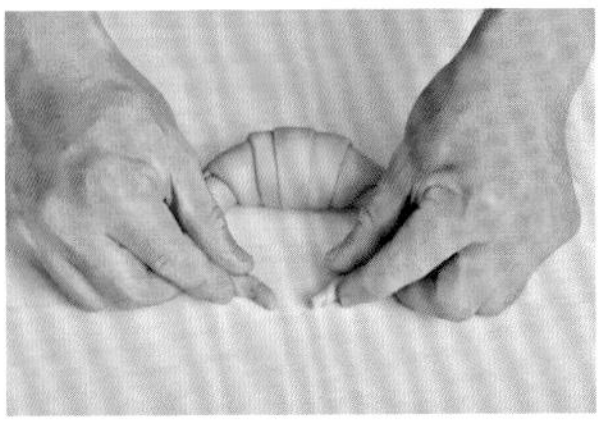
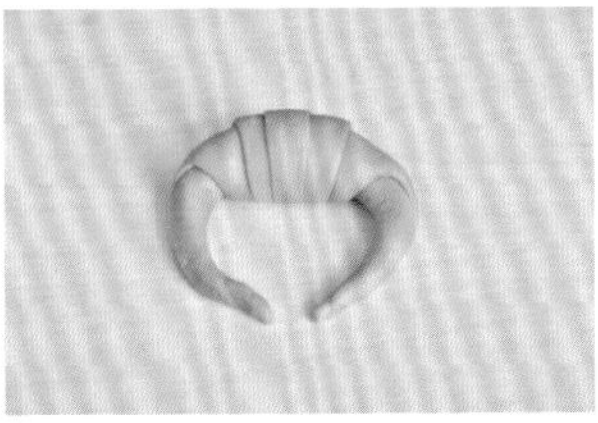

將整型好的麵團彎成牛角型，放入烤盤中，共完成20個，麵團於32℃發酵30分鐘。

6 烤前裝飾

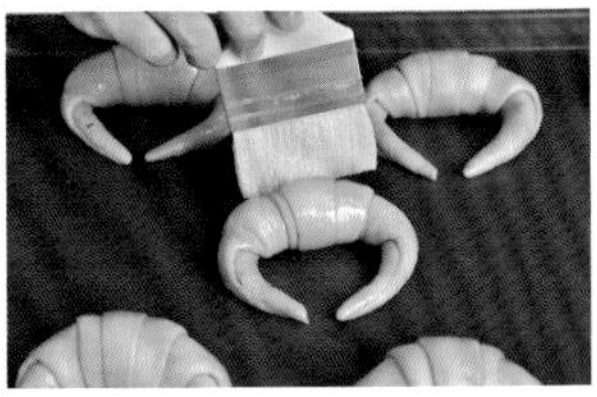

表面刷上全蛋液。

7 烤焙

放入烤箱，用上火220℃、下火200℃，烤焙12分鐘，倒入無水奶油，繼續烤焙6分鐘，出爐後放涼。

雪酥菠蘿金牛角麵包

Flavor

在原味金牛角麵團表面蓋上雪酥菠蘿，烤焙後酥脆又帶著濃郁奶香，成功擄獲大人和小孩的心。

[材料 *Ingredients*]

製作量 ▸ 20 個

老麵法	百分比%	重量 g
A 高筋麵粉	70	588
低筋麵粉	30	252
上白糖	18	151
鹽	1	8
奶粉	3	25
起司粉	2	17
老麵種→ P.16	50	420
全蛋	10	84
奶水	20	168
鮮奶	20	168
B 發酵奶油	20	168
合計	244%	2049g

[工序 *Process*]

製作工法
老麵法

種溫
20℃

麵團終溫
26℃

基本發酵
28℃ / 15 分鐘

分割重量
100g

中間發酵
28℃ / 15 分鐘

最後發酵
32℃ / 30 分鐘

發酵箱溫度／濕度
32℃ / 80%

烤焙溫度／時間
上火 220℃、下火 200℃ / 20 分鐘

[其他 *Others*]

雪酥菠蘿皮 20 片（直徑 8cm）→ P.71
全蛋液 100g、無水奶油 200g

Points 重點筆記

- 烤焙前，蓋上雪酥菠蘿皮可稍微等待 5 分鐘，讓菠蘿皮回軟再刷全蛋液，受熱會比較快，才不會影響表面上色。

步驟 Step by step

1 前置準備

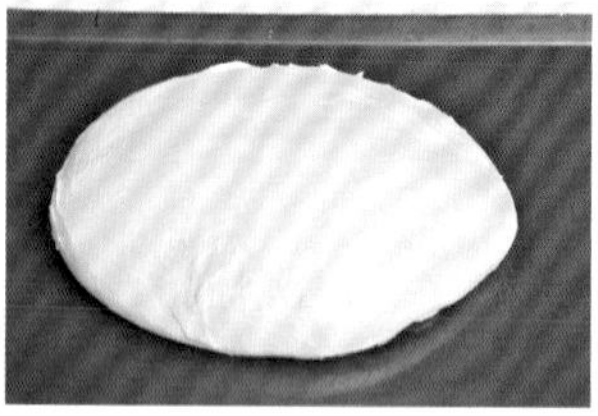

前一天製作老麵種。

2 攪拌製程

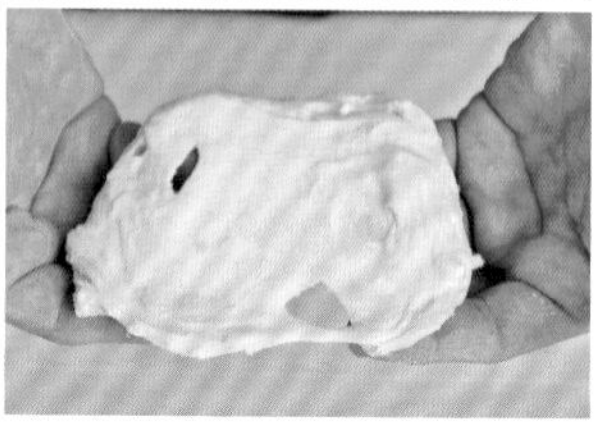

材料A放入攪拌缸，以慢速攪拌成團，轉換中速攪拌至擴展階段微薄膜狀。

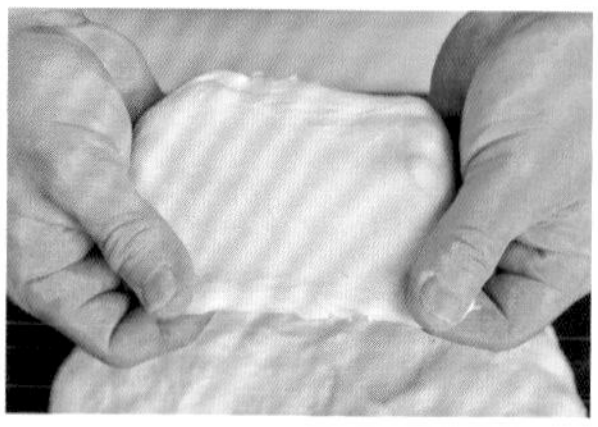

加入材料B，慢速攪拌均勻，轉換中速攪拌至擴展階段微薄膜狀態，終溫26℃。

3 基本發酵

麵團攪拌完成，於28℃發酵15分鐘。

4 分割、中間發酵

發酵完成的麵團分割成每個100g，共20個。

分別排氣折疊滾圓，將分割好的麵團於28℃發酵15分鐘。

5 整型、最後發酵

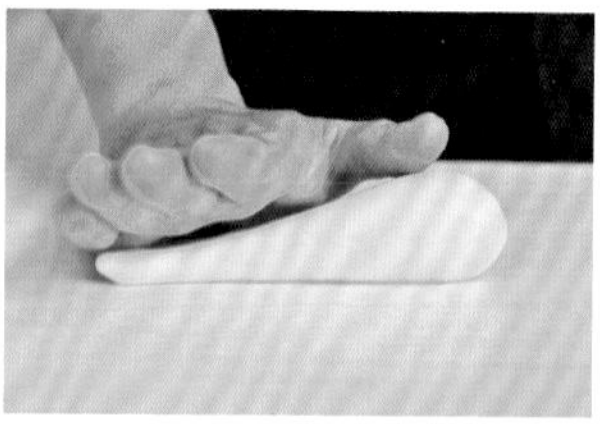

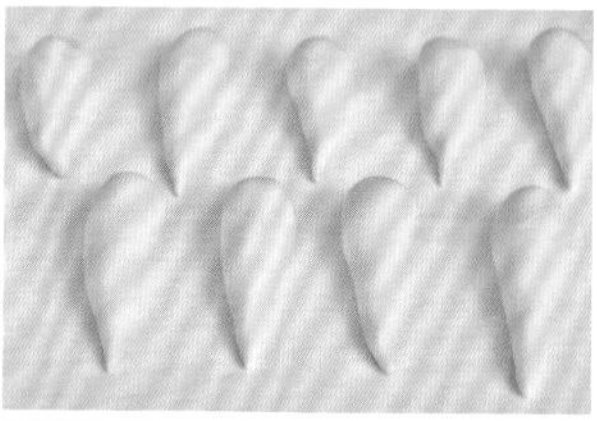

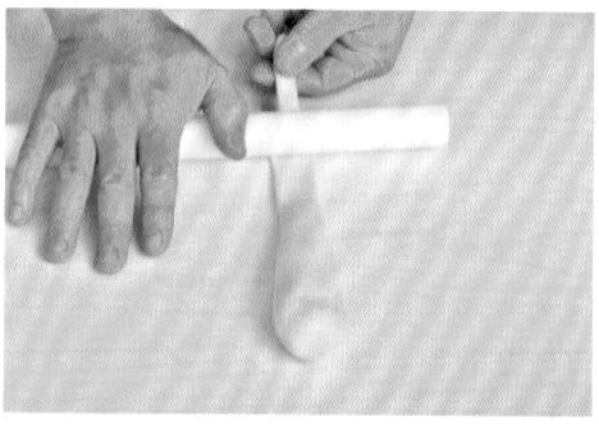

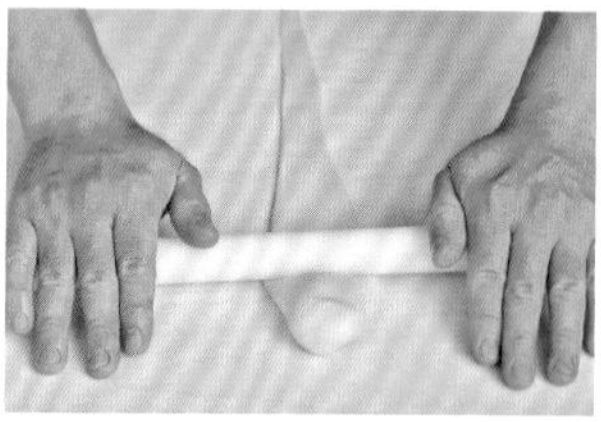

水滴狀：將麵團搓成水滴狀約15cm長，一手輕拉水滴尖型部位，先從中間朝下擀薄，再從中間朝上擀開約留5cm圓頭麵團。

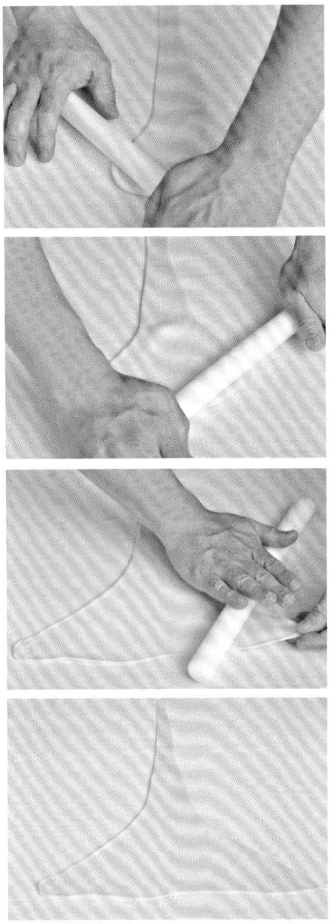

三角形：由5cm圓頭麵團上方的左右擀開，邊擀邊拉成寬約23cm、長23cm的厚薄度一致三角形。

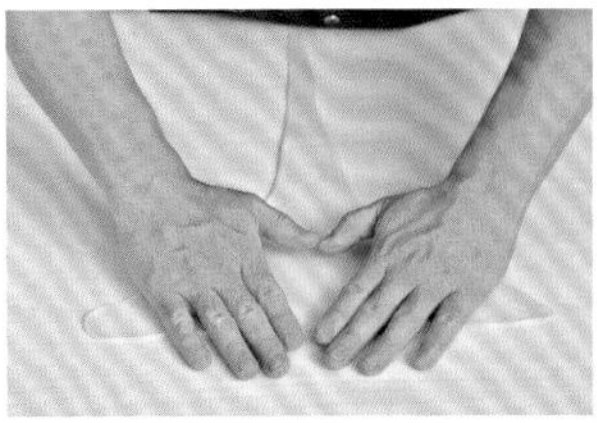

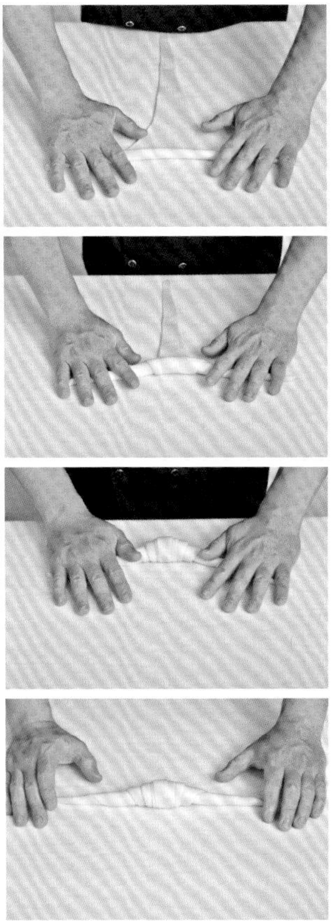

捲起：雙手由上方中間呈外八，往下順勢捲起。

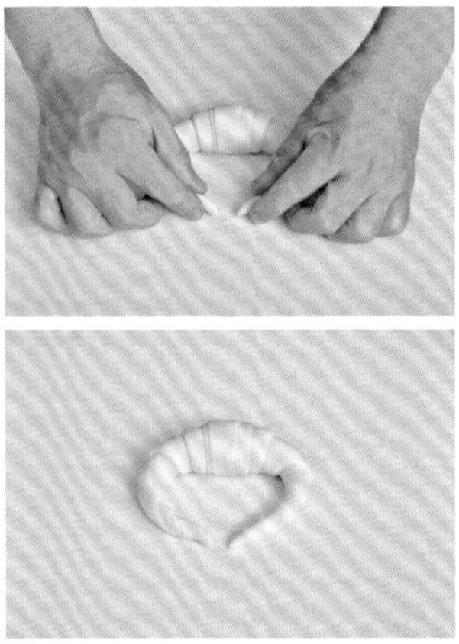

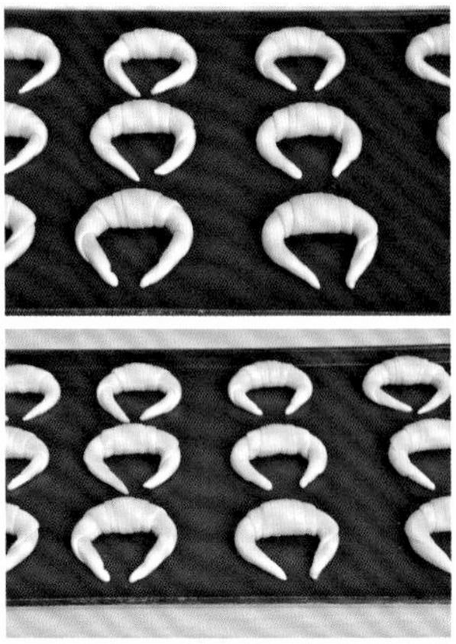

將整型好的麵團彎成牛角型，放入烤盤中，共完成20個，麵團於32℃發酵30分鐘。

6 烤前裝飾

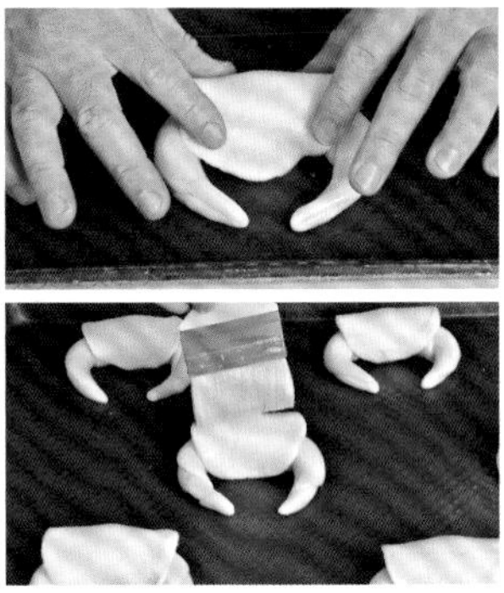

表面刷上全蛋液，蓋上雪酥菠蘿皮，再刷上全蛋液一次。

7 烤焙

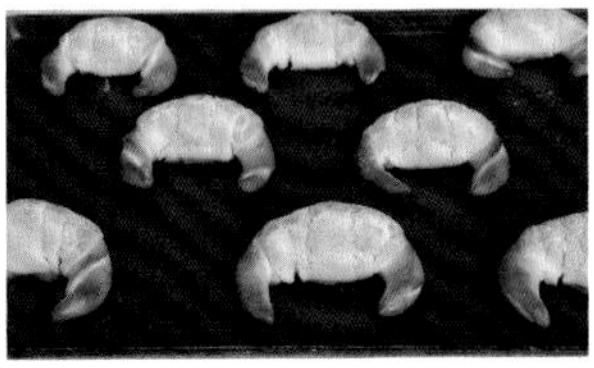

放入烤箱，用上火220℃、下火200℃，烤焙12分鐘，倒入無水奶油，繼續烤焙8分鐘，出爐後放涼。

肉桂糖
金牛角麵包

Flavor

變化款金牛角，將麵團包入特殊香氣的肉桂糖，表面也裝飾肉桂糖，瞬間喚醒肉桂控的靈魂。

[材料 Ingredients]

製作量 ▸ 20 個

老麵法	百分比%	重量 g
A 高筋麵粉	70	595
低筋麵粉	30	255
上白糖	18	153
鹽	1	9
奶粉	3	26
肉桂粉	1	9
老麵種→ P.16	50	425
全蛋	10	85
奶水	20	170
鮮奶	20	170
B 發酵奶油	20	170
合計	243%	2067g

[工序 Process]

製作工法
老麵法

種溫
20℃

麵團終溫
26℃

基本發酵
28℃ / 15 分鐘

分割重量
100g

中間發酵
28℃ / 15 分鐘

最後發酵
32℃ / 30 分鐘

發酵箱溫度／濕度
32℃ / 80%

烤焙溫度／時間
上火 220℃、下火 200℃ / 18 分鐘

[其他 Others]

肉桂糖 160g、全蛋液 100g、無水奶油 200g

肉桂糖

保 存 現拌即用

材 料 黑糖 150g、肉桂粉 15g

作 法 將黑糖與肉桂粉混合均勻。

Points 重點筆記

- 肉桂糖在烤焙時會溶解，不適合鋪太多，會導致烤焙時流出而容易焦化。

步驟 *Step by step*

1 前置準備

前一天製作老麵種。

2 攪拌製程

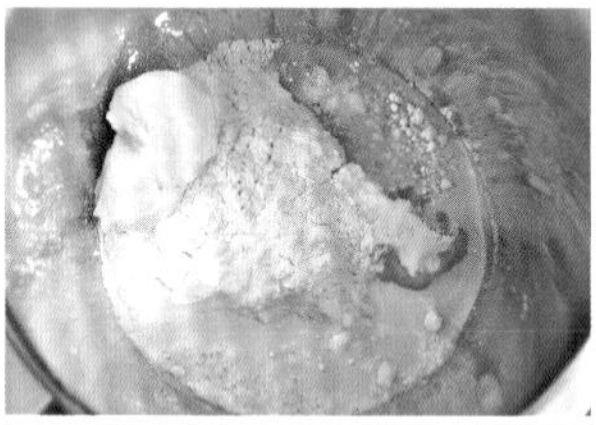

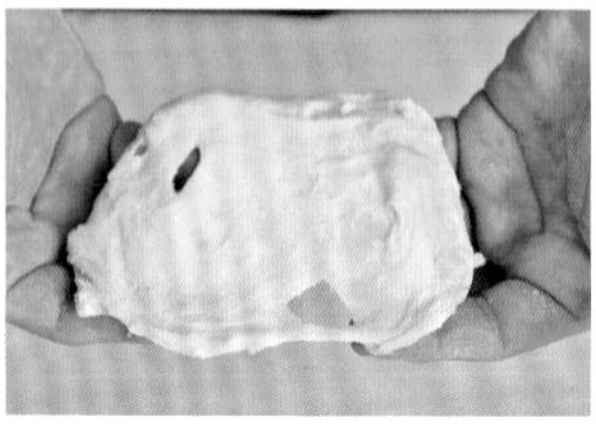

材料A放入攪拌缸，以慢速攪拌成團，轉換中速攪拌至擴展階段微薄膜狀。

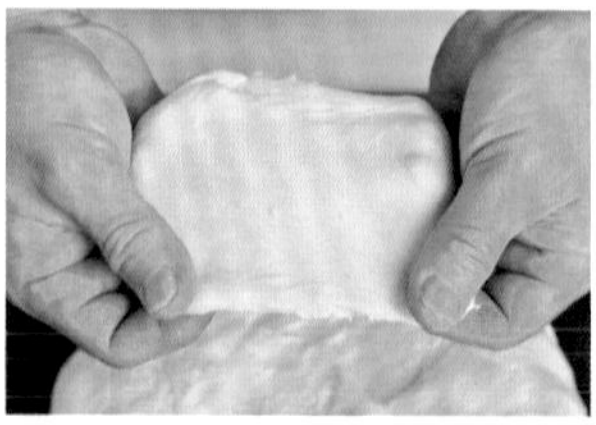

加入材料B，慢速攪拌均勻，轉換中速攪拌至擴展階段微薄膜狀態，終溫26℃。

3 基本發酵

麵團攪拌完成，於28℃發酵15分鐘。

4 分割、中間發酵

發酵完成的麵團分割成每個100g，共20個。

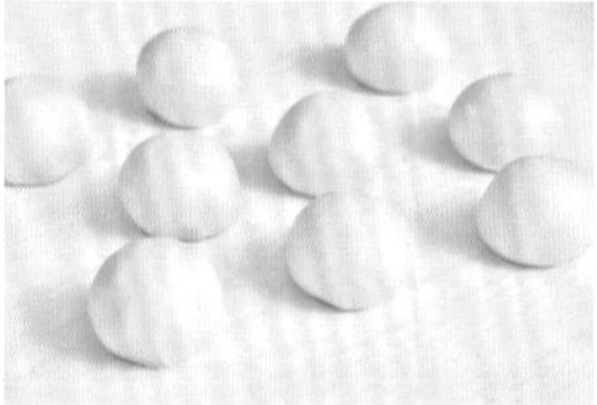

分別排氣折疊滾圓，將分割好的麵團於28℃發酵15分鐘。

5 整型、最後發酵

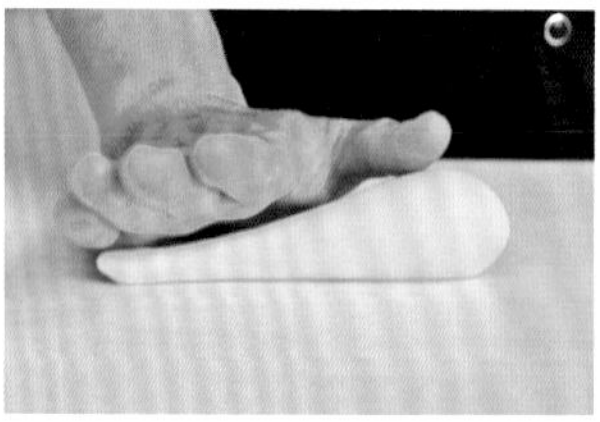

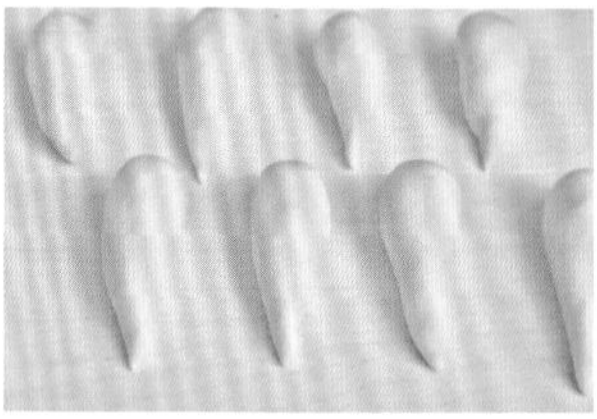

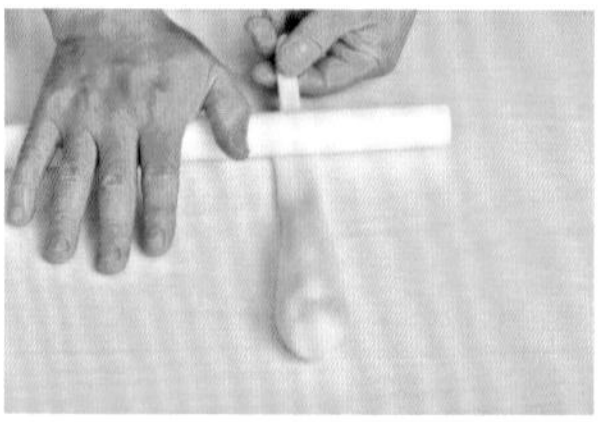

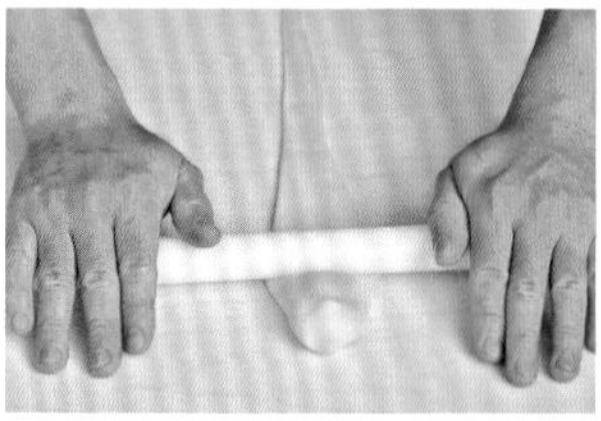

水滴狀：將麵團搓成水滴狀約15cm長，一手輕拉水滴尖型部位，先從中間朝下擀薄，再從中間朝上擀開約留5cm圓頭麵團。

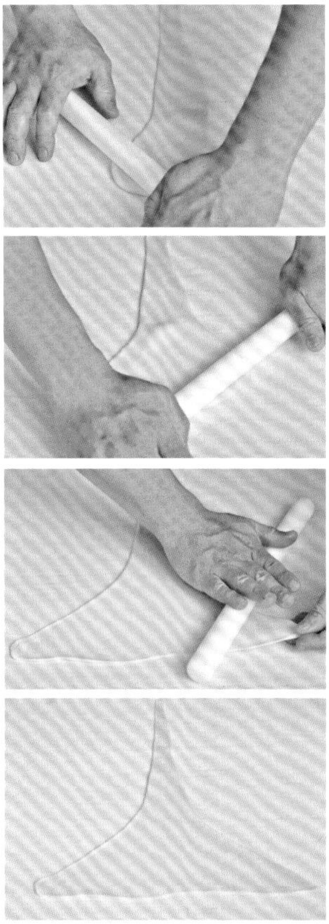

三角形：由5cm圓頭麵團上方的左右擀開，邊擀邊拉成寬約23cm、長23cm的厚薄度一致三角形。

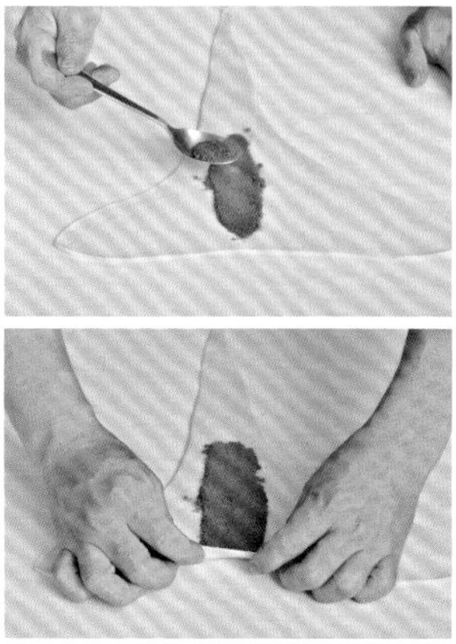

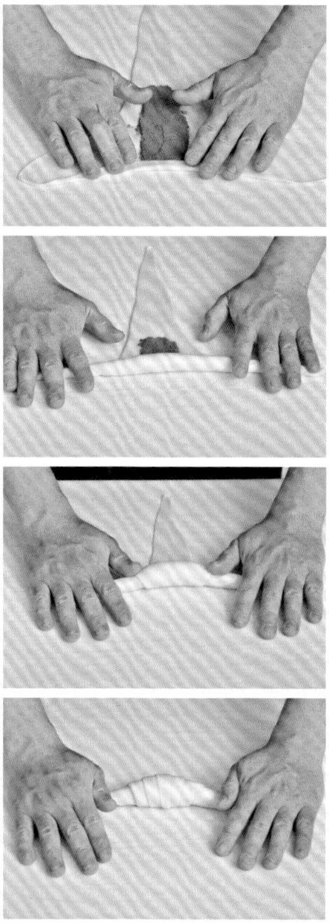

捲起：中間撒上肉桂糖5g，雙手由上方中間呈外八，往下順勢捲起。

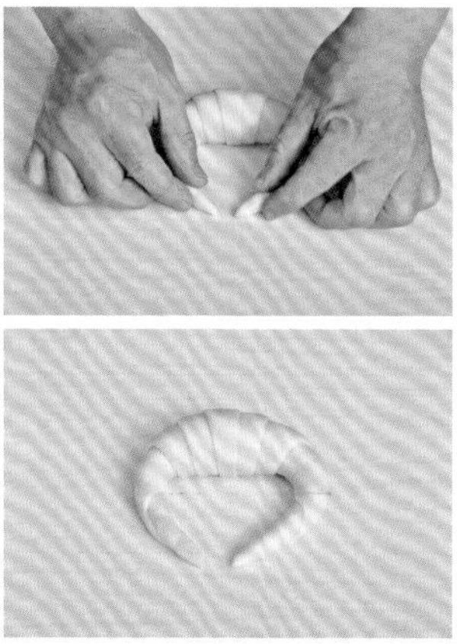

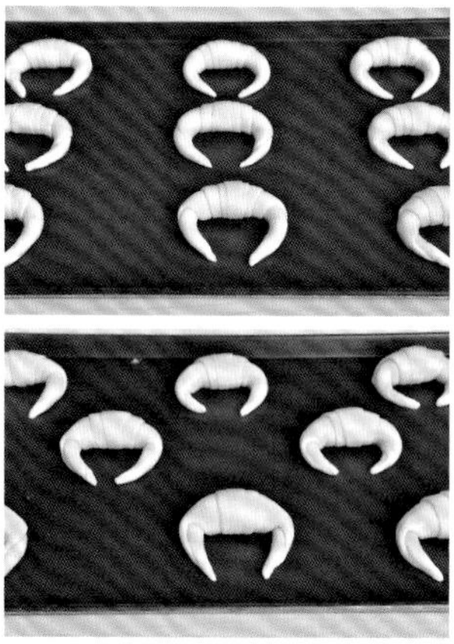

將整型好的麵團彎成牛角型，放入烤盤中，共完成20個，麵團於32℃發酵30分鐘。

6 烤前裝飾

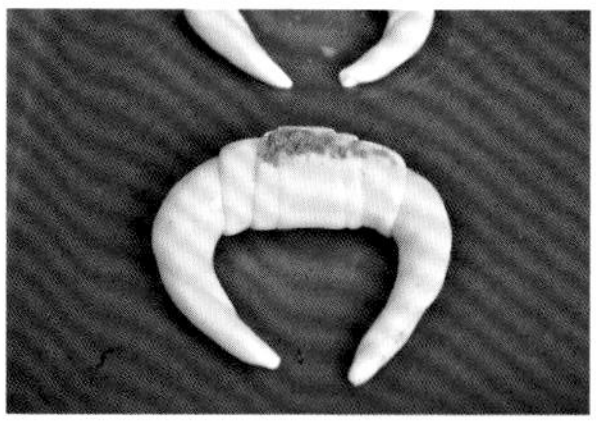

表面刷上全蛋液，每個撒肉桂糖3g。

7 烤焙

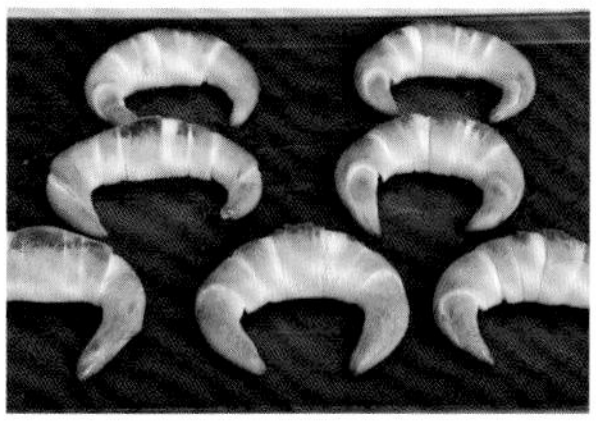

放入烤箱，用上火220℃、下火200℃，烤焙12分鐘，倒入無水奶油，繼續烤焙6分鐘，出爐後放涼。

Chapter 4

網購人氣貝果

Bagel Flavor

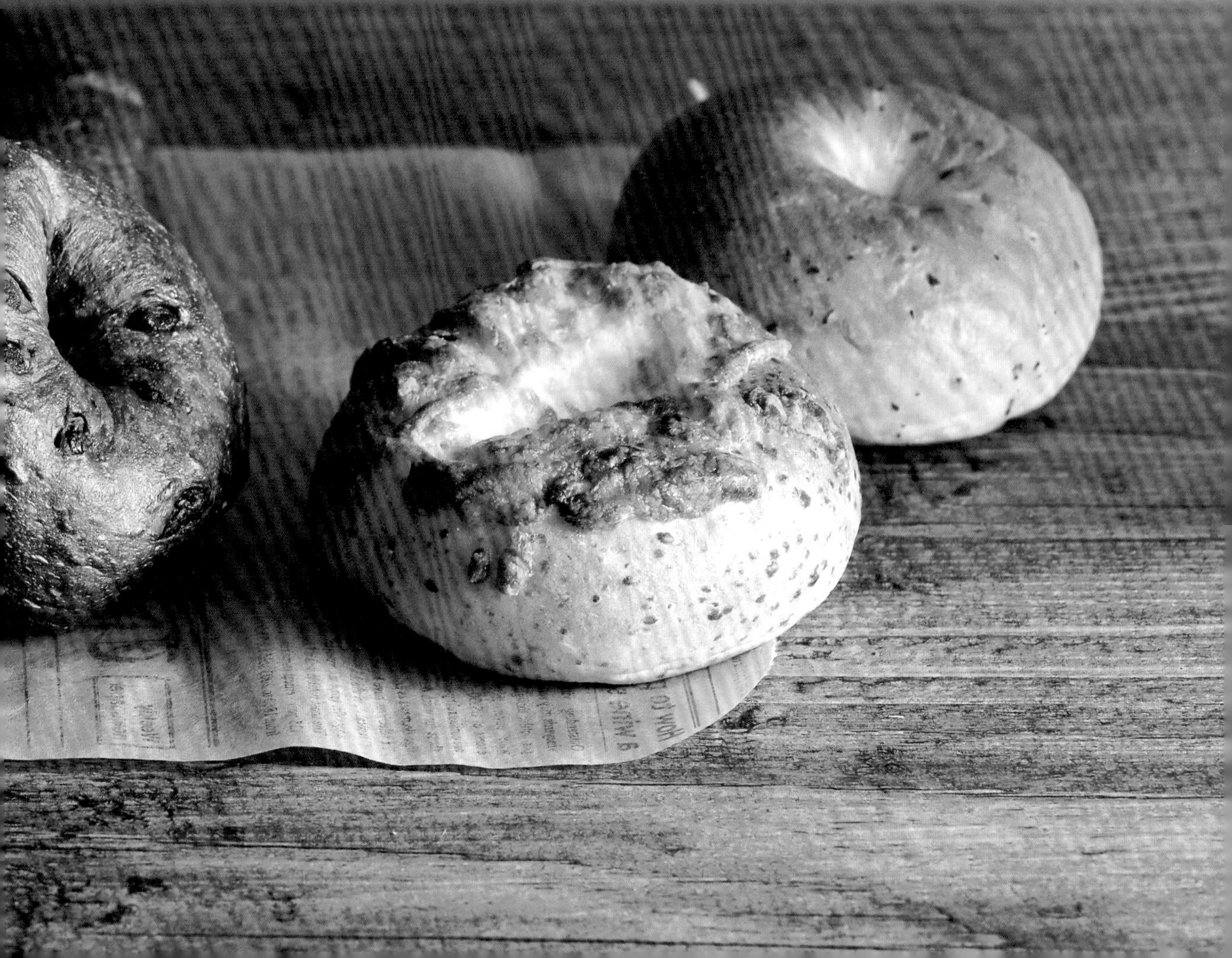

Bagel Flavor

貝果風味變化美學

[主要材料組成]

由最簡單的材料高筋麵粉、糖、鹽、酵母、水、奶油所組成，特高筋麵粉與高筋麵粉可調整麵包的 Q 度與紮實度，酵母量也減少許多。

[優格冰種增加保濕度]

配方的水分在烘焙百分比中占比約 45～55%，麵包體偏乾、老化快，在配方中加入優格冰種烘焙百分比 20～50%，可使麵包體增加 Q 度與保濕度。

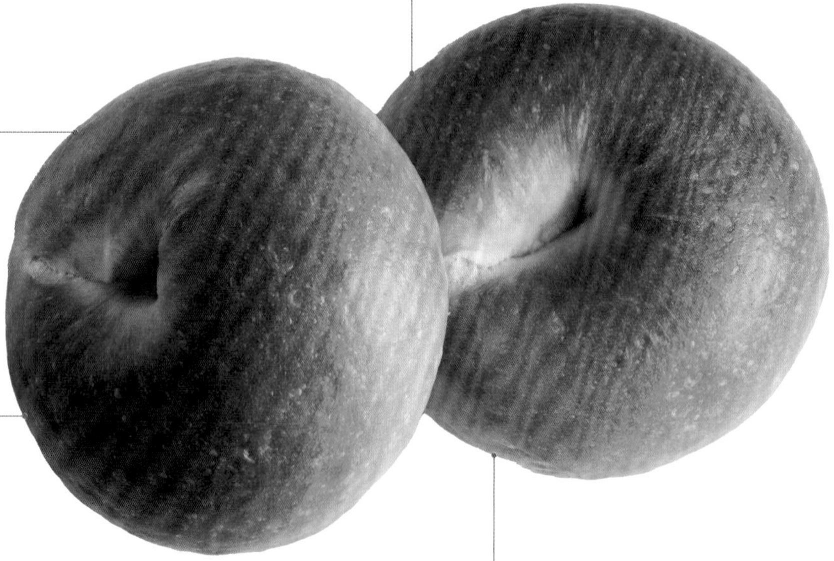

[燙麵水溫影響組織]

燙麵目的主要是糊化麵團表面，使麵包體變得 Q 彈有嚼勁；若發酵過度，則麵包體會變得膨鬆。水溫也是關鍵，一般水溫保持在 85～95℃之間，溫度太低則表面較無光澤；溫度太高，則容易使表面烤焙脆化龜裂，燙麵水中加入蜂蜜，能增加香氣與光澤。

[紮實口感與內餡層次]

貝果具有獨特的魅力，書中貝果組織紮實又有彈性，若有加入內餡，則多了層次感與風味，只要改變材料的比例，則能做出許多變化。

以「經典原味貝果」示意說明

貝果速配吃法

飲品速配組合

早餐吃貝果是最幸福的事，可搭配一杯手沖咖啡或黑豆漿、蔬果汁、優格飲，都是不錯的選擇，再食用一些蔬菜，健康營養滿分。

抹醬夾餡美味加分

貝果可回烤或是直接吃皆美味，也可夾入果醬（例如：藍莓醬、草莓醬），再搭配新鮮水果可酸甜中和；喜歡奶香味重一些，則夾入奶油起司、馬斯卡邦、法式奶酥醬都適合。

簡餐店、咖啡廳、貝果專賣店都喜歡這樣夾，清爽生菜、蘿蔓生菜、酪梨，配上番茄起司歐姆蛋，再搭配主菜（例如：培根、豬肉排、牛肉排、燻雞肉、煙燻鮭魚），淋上特調沙拉醬汁，讓貝果增加更多層次風味，滿足您的味蕾。

麵團裝飾升級

茶類增加淡雅香氣

近年來，烘焙業慢慢將茶葉加入蛋糕與麵包烘焙中，基礎款麵團可加入茶粉類變化，比如鐵觀音粉、焙茶粉、抹茶粉、伯爵茶粉，烏龍茶粉等，可讓貝果增加風味與價值感。也可運用天然色粉和麵團拌勻，做出繽紛色彩的貝果。

表面裝飾豐富口感

在貝果表面裝飾，可於燙麵完成後撒上像黃豆粉、細砂糖、鹽之花、起司絲、帕瑪森起司粉，白醬焗烤等，能增加視覺的驚喜與多層次口感。

經典原味貝果

Flavor

麵團中加入優格冰種使口感軟Q不乾硬，原味貝果變化性高，可剖開抹上果醬，亦能夾入雞肉、酪梨、蔬菜，即成一道輕食午晚餐，也是野餐的好朋友。

[材料 Ingredients]

製作量 ▸ 20 個

直接法	百分比%	重量 g
A 特高筋麵粉	60	504
高筋麵粉	40	336
上白糖	5	42
鹽	1.6	13
高糖乾酵母	0.6	5
優格冰種→ P.17	30	252
水	55	462
B 發酵奶油	4	34
合計	196.2%	1648g

[其他 Others]

燙麵水 1080g

燙麵水

保 存 現煮即用

材 料 水1000g、蜂蜜80g

作 法 水與蜂蜜煮至95℃即可使用。

- 燙麵水比例是水100：蜂蜜8。燙麵水加入蜂蜜，能增加香氣與光澤，燙麵目的主要是糊化麵團表面，使麵包體變得Q彈有嚼勁；若發酵過度，則麵包體會變得膨鬆。
- 水溫也是關鍵，一般水溫保持在85～95℃之間，溫度太低則表面較無光澤；溫度太高，容易使表面烤焙脆化龜裂。

[工序 Process]

製作工法
直接法＋優格冰種

種溫
20℃

麵團終溫
26℃

基本發酵
28℃ / 30 分鐘

分割重量
80g

中間發酵
28℃ / 20 分鐘

最後發酵
32℃ / 30 分鐘

發酵箱溫度／濕度
32℃ / 80%

烤焙溫度／時間
上火 240℃、下火 220℃ / 14 分鐘

Points 重點筆記

- 麵團勿攪拌至完全擴展，麵團筋度過高，則整型時擀捲收縮力道大，不易塑型。
- 貝果製作時間非常短，基本發酵和最後發酵都在 30 分鐘，一旦發酵過度，會影響口感。在中間發酵過程若來不及整型，可將麵團冰入冷藏，防止麵團過發。
- 留意燙麵水溫是否達到 85～95℃，再進行燙麵，接著盡快進入烤箱烤焙，以免麵團因燙麵溫度升高，導致發酵速度變快，即未立刻烤焙將導致過發。
- 燙麵水溫在 95℃時放入麵團進行燙麵，此時水溫會往下降，注意溫度勿低於 85℃，要稍微控制火候。

[步驟 Step by step]

1 前置準備

前一天製作優格冰種。

2 攪拌製程

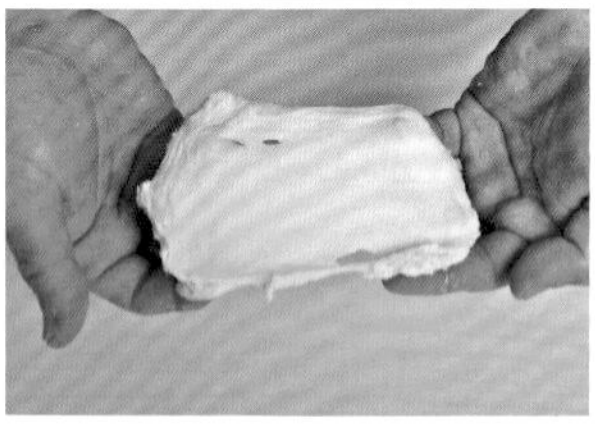

材料A放入攪拌缸，以慢速攪拌成團，轉換中速攪拌至擴展階段微薄膜狀態。

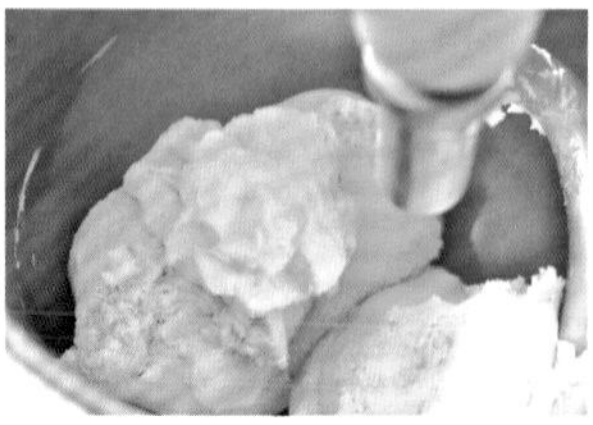

加入材料B，慢速攪拌均勻，轉換中速攪拌至擴展階段微薄膜狀態，終溫26℃。

3 基本發酵

麵團攪拌完成，於28℃發酵30分鐘。

4 分割、中間發酵

發酵完成的麵團分割成每個80g，共20個。

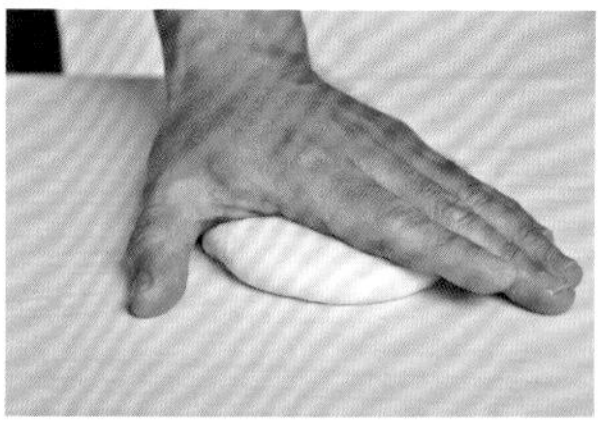

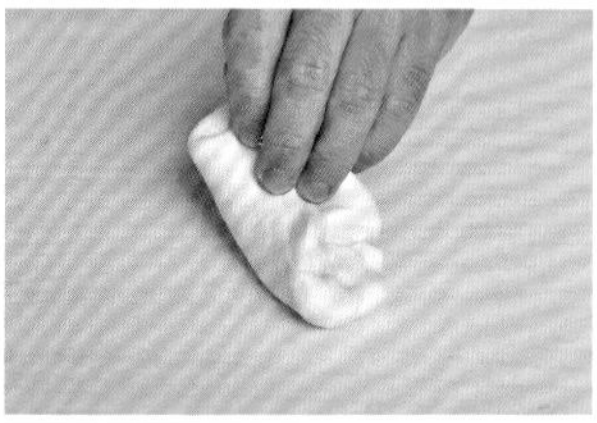

分別排氣折疊滾圓，光滑面朝上，用手將麵團輕拍讓空氣排出，翻面底部朝上，拉起對折上面蓋過下面麵團，再轉向，重複拉起對折上面蓋過下面麵團。

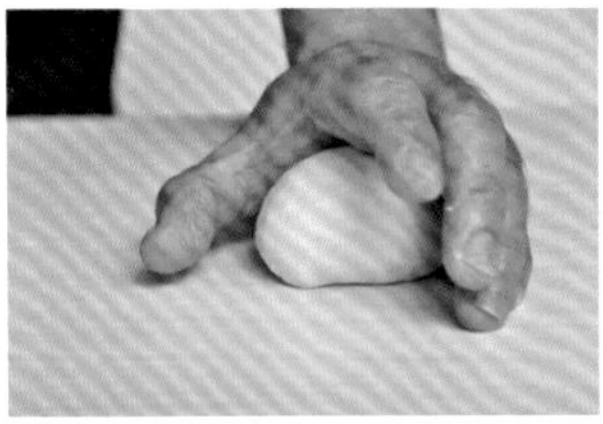

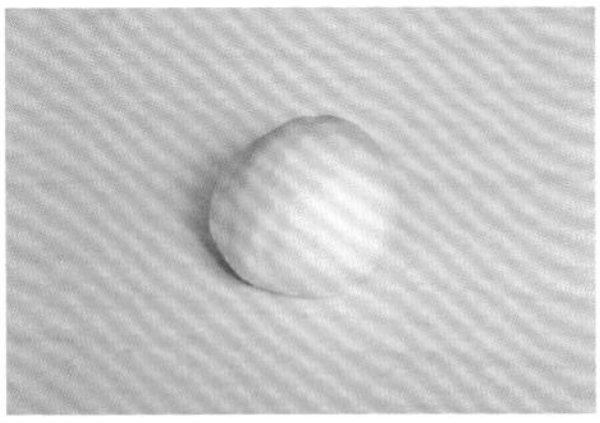
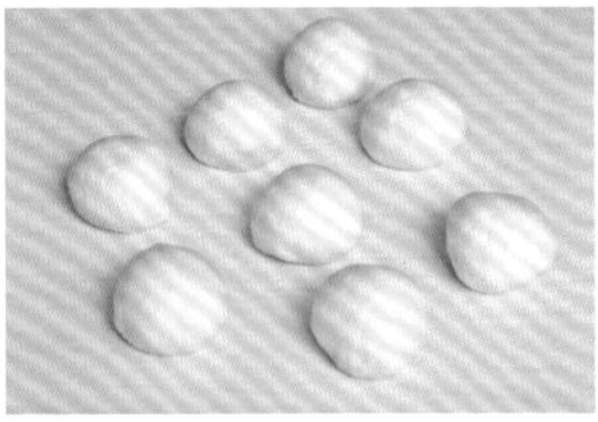

手刀微彎掌心靠於麵團兩側，手刀稍微往下施力畫圈，滾圓動作，使麵團呈現表面光滑狀態。

將滾圓好的麵團於28℃發酵20分鐘。

5 整型、最後發酵

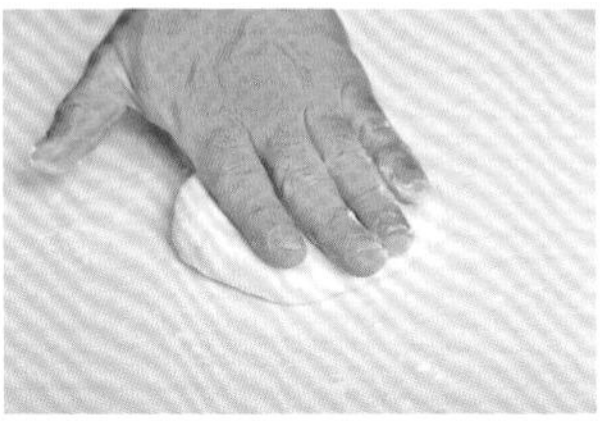
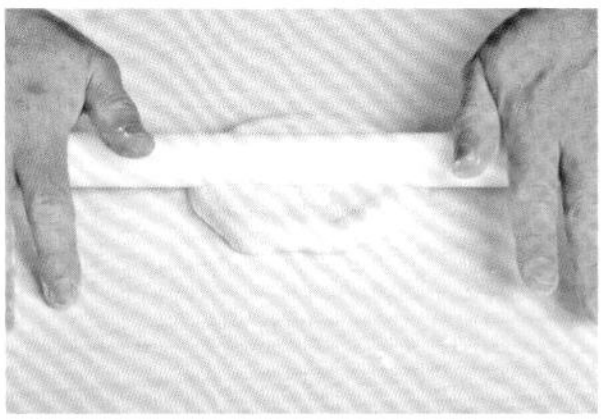
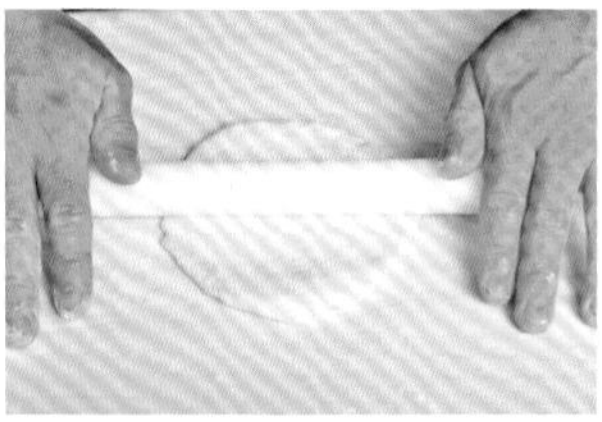

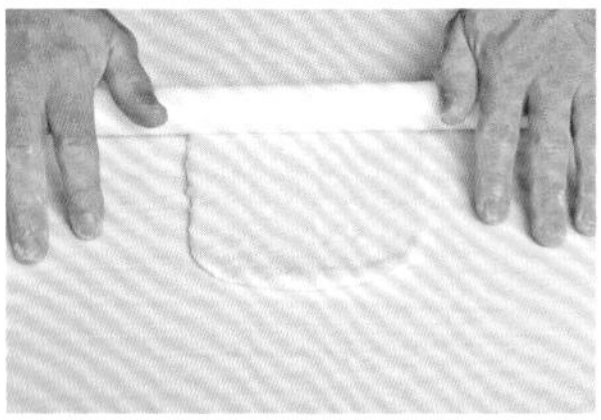
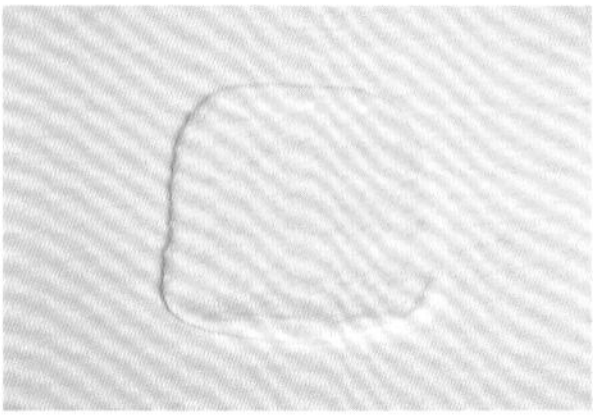

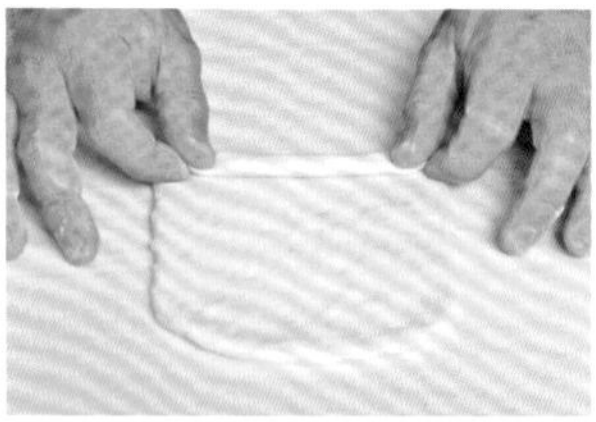
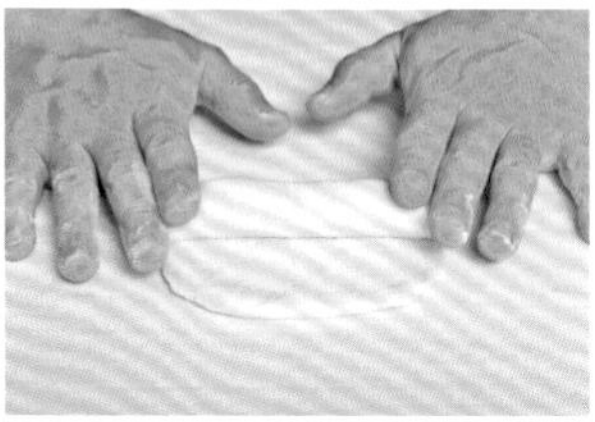
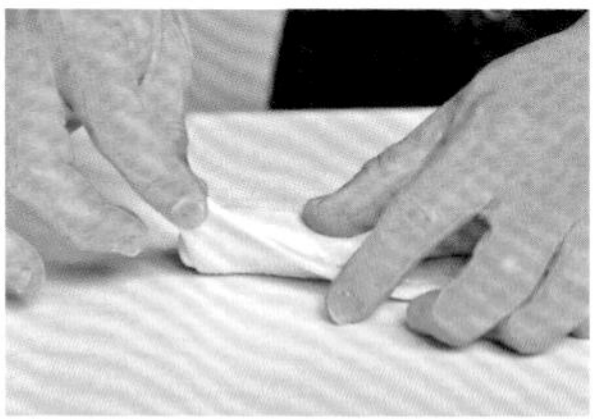
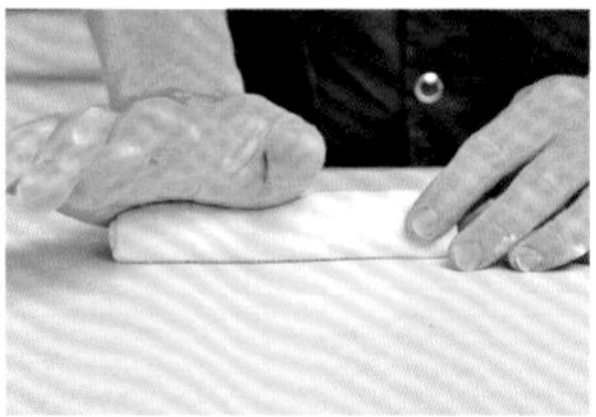

捲成長圓柱：將麵團兩面沾高筋麵粉，再輕壓麵團排氣，從中間朝上下擀開，再翻面重複動作2至3次，擀成厚薄一致的長方形，長16cm、寬13cm，往上順勢捲起，尾端麵皮拉起後黏合成圓柱狀，用手壓一壓收口更黏合。

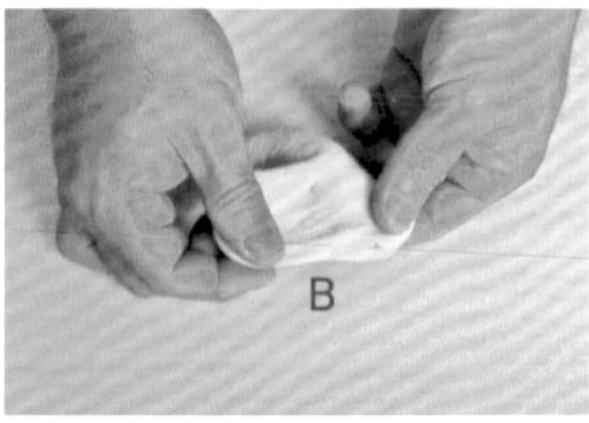

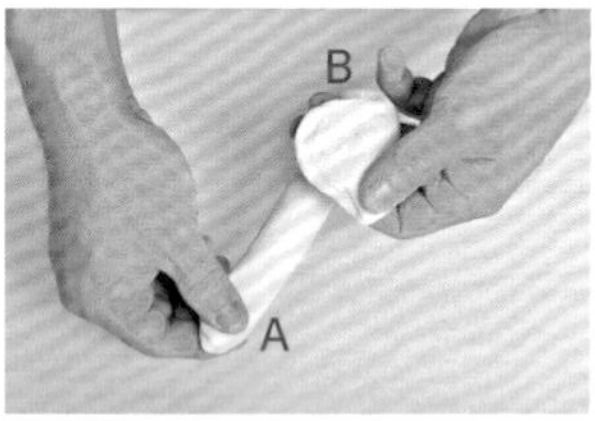

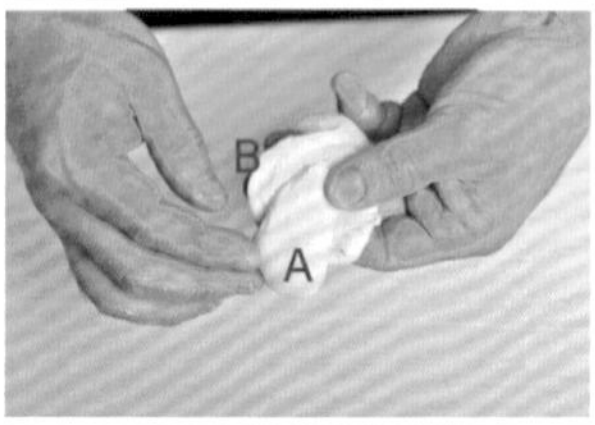

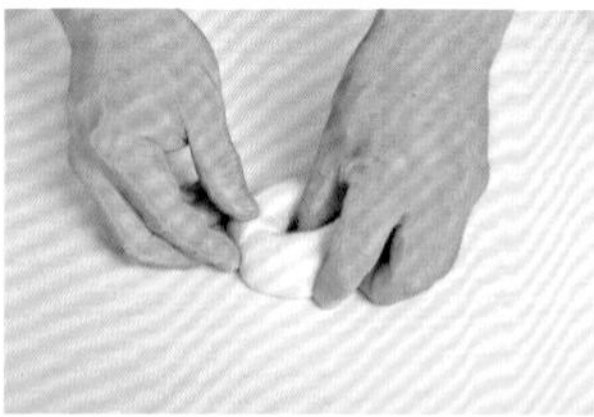

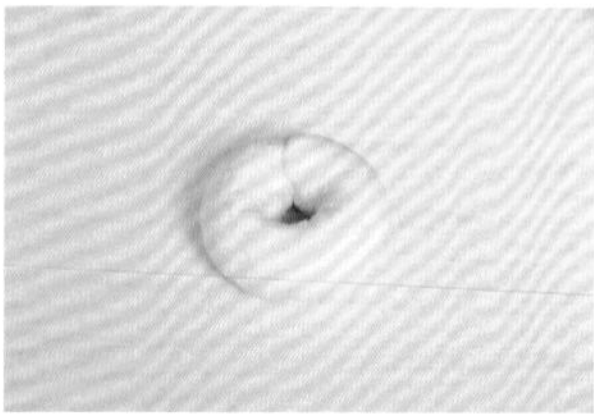

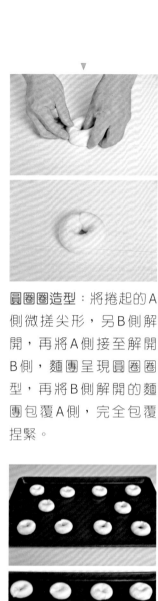

圓圈圈造型：將捲起的A側微搓尖形，另B側解開，再將A側接至解開B側，麵團呈現圓圈圈型，再將B側解開的麵團包覆A側，完全包覆捏緊。

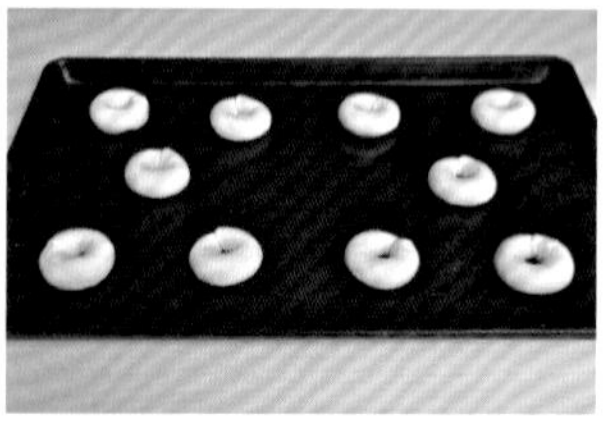

將整型好的麵團放入烤盤中，共完成20個，麵團於32℃發酵30分鐘。

6 水煮燙麵

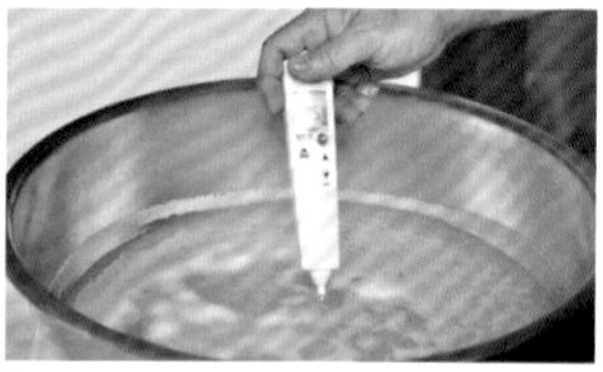

燙麵水溫加熱至95℃，在燙麵過程水溫保持85～95℃，麵團正反面各燙麵30秒鐘，撈起後瀝乾，再排入烤盤中。

7 烤焙

直接進入烤箱，用上火240℃、下火220℃，烤焙14分鐘，出爐後放涼。

Flavor

彩虹繽紛貝果

這款繽紛的貝果靈感來自美國彩虹貝果老店，運用四種天然色粉組成，把複雜程序簡單化，讓大家好上手，烤後夾入優格起司餡，是一款創意麵包。

[材料 Ingredients]

製作量 ▸ 20 個

直接法	百分比%	重量 g
A 特高筋麵粉	50	375
法國麵粉	50	375
海藻糖	8	60
鹽	1.8	14
高糖乾酵母	0.6	5
優格冰種→ P.17	50	375
水	55	413
發酵奶油	4	30
合計	219.4%	1647g

[其他 Others]

優格起司餡 700g、、燙麵水 1080g → P.117

優格起司餡

保 存 冷藏7天

材 料 奶油起司500g、優格75g、煉乳150g

作 法
1 將奶油起司拌軟，加入優格混合均勻。
2 最後加入煉乳拌勻即可使用。

[工序 Process]

製作工法
直接法＋優格冰種

種溫
20℃

麵團終溫
26℃

基本發酵
28℃ / 30 分鐘

分割重量
紅色 40g、黃色 40g、綠色 40g、紫色 40g（4 色一組 2 個）

中間發酵
28℃ / 20 分鐘

最後發酵
32℃ / 30 分鐘

發酵箱溫度／濕度
32℃ / 80%

烤焙溫度／時間
上火 190℃、下火 220℃ / 14 分鐘

Points 重點筆記

- 調色醬使用橄欖油或沙拉油皆可，天然色粉大部分都含花青素，因在加熱過程中氧化褪色比較快。使用液態油先與色粉混合均勻，油脂包覆色粉，氧化褪色速度較慢，可以保留顏色時間較長。
- 配方中加入海藻糖，海藻糖甜度約砂糖45%，主要降低糖度比例，延緩上色速度，使糖還沒產生梅納反應（焦糖化）就讓麵團先熟化，則顏色能呈現彩色表面。若是使用一般砂糖，甜度為100%，降低砂糖比例，上色也會延緩，但是相對同等糖量不足，麵包的保濕度也會不佳。

麵團調色醬比例

A 甜菜根粉（紅色），每1g麵團加入0.02g色粉。
橄欖油，每1g色粉加入2g橄欖油。

B 薑黃粉（黃色），每1g麵團加入0.013g色粉。
橄欖油，每1g色粉加入3g橄欖油。

C 抹茶粉（綠色），每1g麵團加入0.013g色粉。
橄欖油，每1g色粉加入3g橄欖油。

D 蝶豆花粉（藍色），每1g麵團加入0.0053g色粉。
橄欖油，每1g色粉加入7.5g橄欖油。

• 色粉和橄欖油計算方式

例如：將白色麵團400g調色為紅色
麵團400g×甜菜根粉0.02g=8g（色粉）（四捨五入）
色粉8g×橄欖油2g=16g（橄欖油）（四捨五入）
紅色調色醬：甜菜根粉8g與橄欖油16g混合均勻，再加入原味麵團400g拌勻。

• 麵團配調醬換算

紅色麵團40g×10個=400g（原味麵團）
原味麵團400g+紅色調色醬：甜菜根粉8g、橄欖油16g

黃色麵團40g×10個=400g（原味麵團）
原味麵團400g+黃色調色醬：薑黃粉5g、橄欖油15g

綠色麵團40g×10個=400g（原味麵團）
原味麵團400g+綠色調色醬：抹茶粉5g、橄欖油15g

藍色麵團40g×10個=400g（原味麵團）
原味麵團400g+藍色調色醬：蝶豆花粉2g、橄欖油15g

紅色　黃色　綠色　藍色

[步驟 Step by step]

1 前置準備

前一天製作優格冰種。

2 攪拌製程

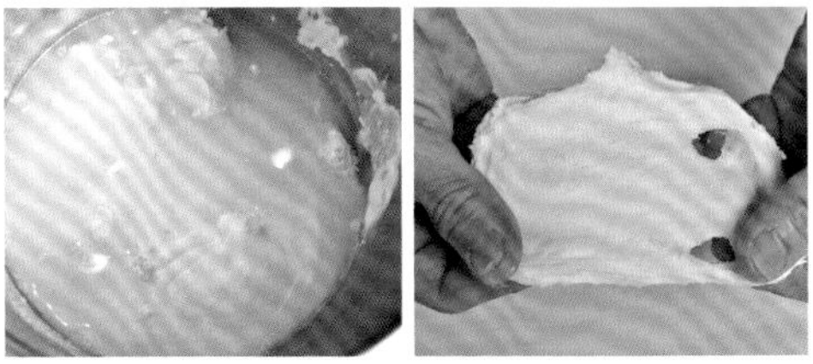

材料A放入攪拌缸，以慢速攪拌成團，轉換中速攪拌至擴展階段微薄膜狀態。

麵團分割成4份，即1份原味麵團400g（拌入紅色調色醬）、1份原味麵團400g（拌入黃色調色醬）、1份原味麵團400g（拌入綠色調色醬）、1份原味麵團400g（拌入藍色調色醬），分別混合均勻，終溫26℃。

3 基本發酵

麵團攪拌完成，於28℃發酵30分鐘。

4 分割、中間發酵

發酵完成的麵團紅色、黃色、綠色、藍色，各別分割成每個40g，一色各10顆。

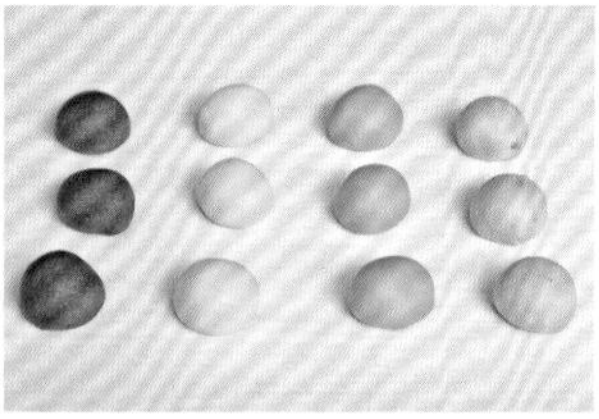

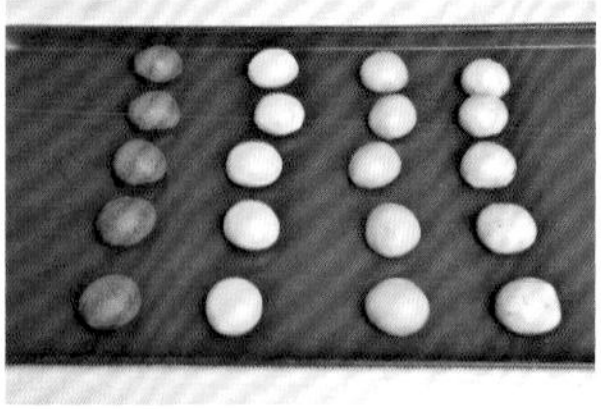

分別排氣折疊滾圓，將分割好的麵團於28℃發酵20分鐘。

5 整型、最後發酵

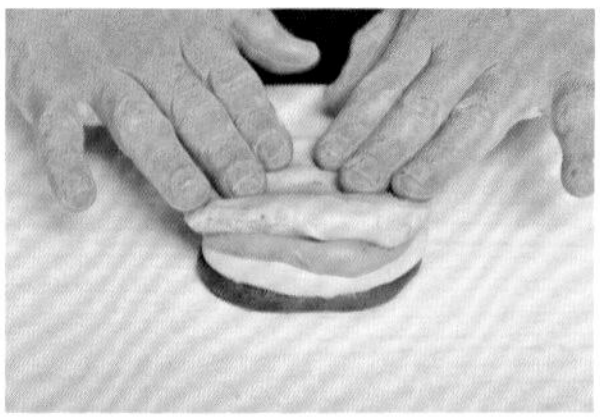

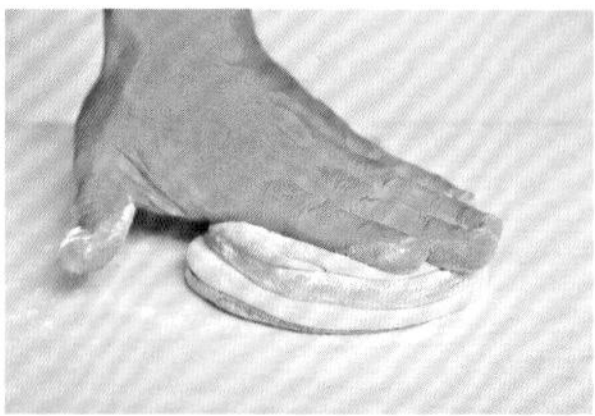

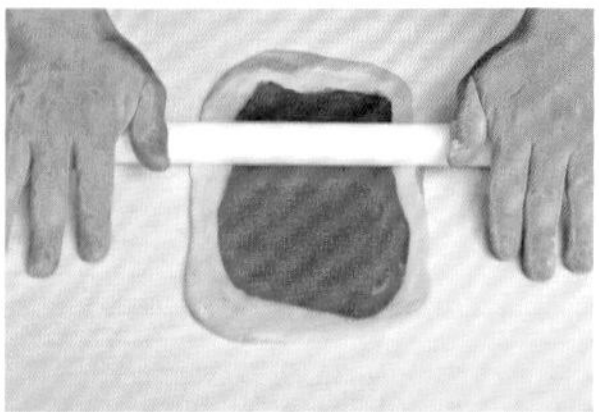

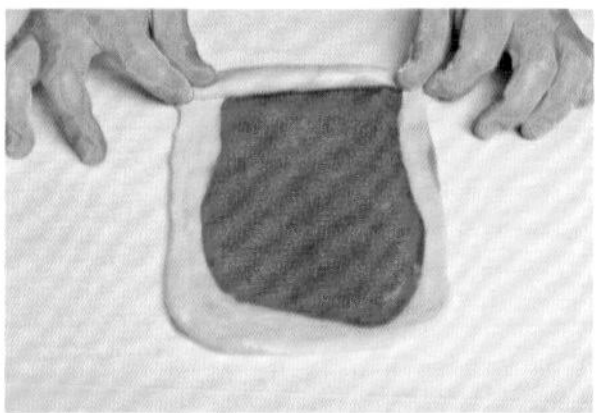

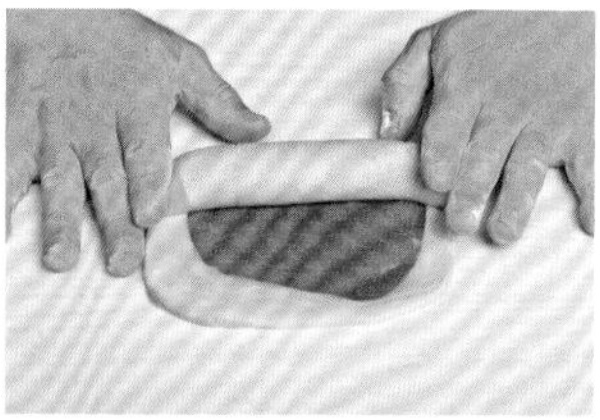

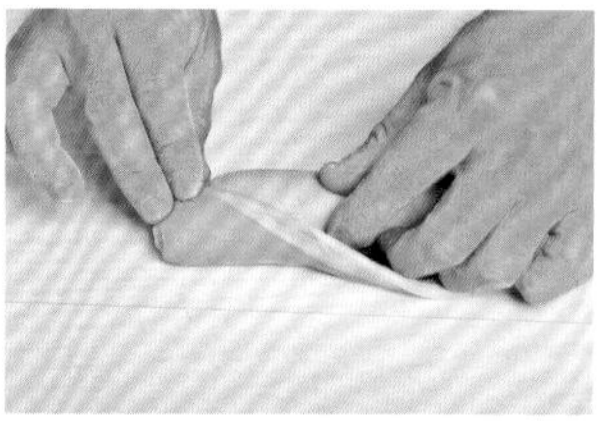

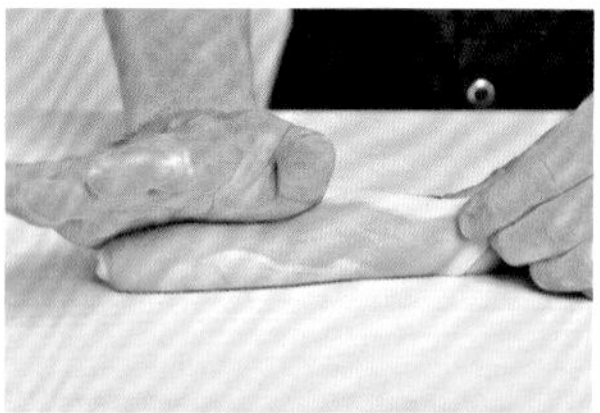

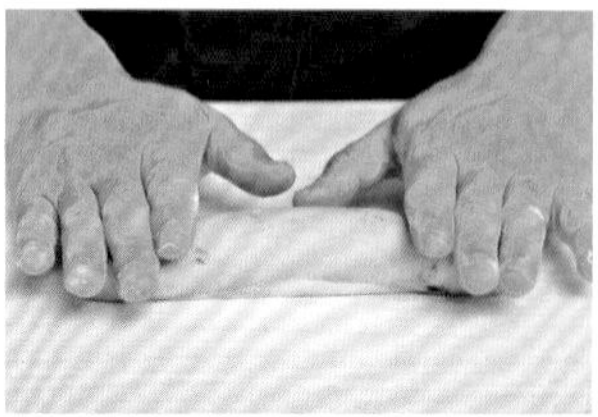

捲成長圓柱：將麵團依序由紅色、黃色、綠色、藍色疊起輕輕壓扁，兩面沾高筋麵粉，從中間朝上下擀開，再翻面重複動作2至3次，擀成厚薄一致的長方形，長16cm、寬13cm，往上順勢捲起，紅色在內、藍色在外，尾端麵皮拉起後黏合，用手壓一壓收口更黏合，再發酵10分鐘。

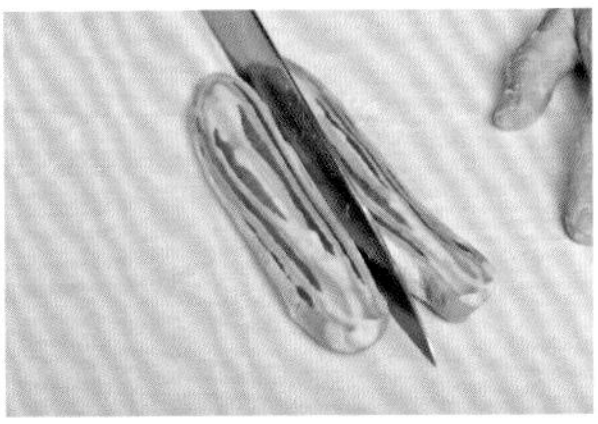

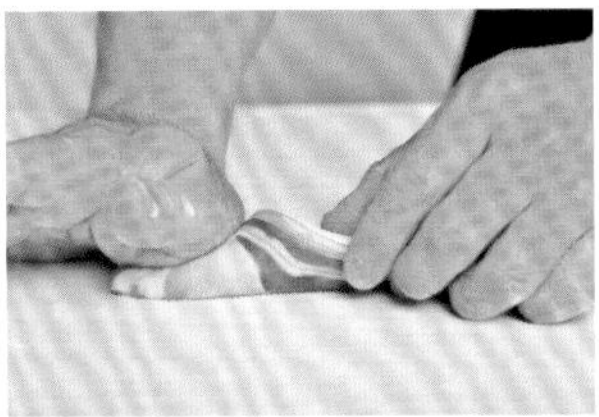

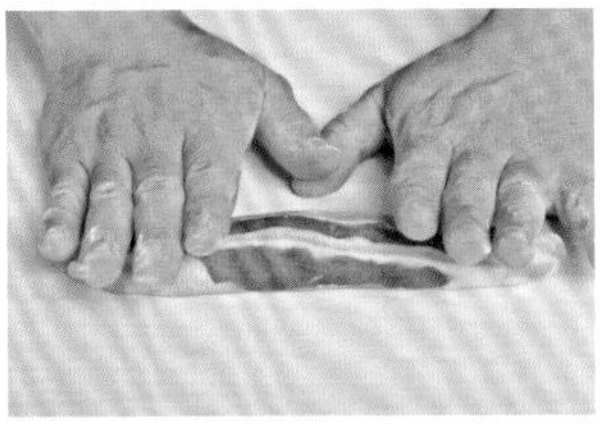

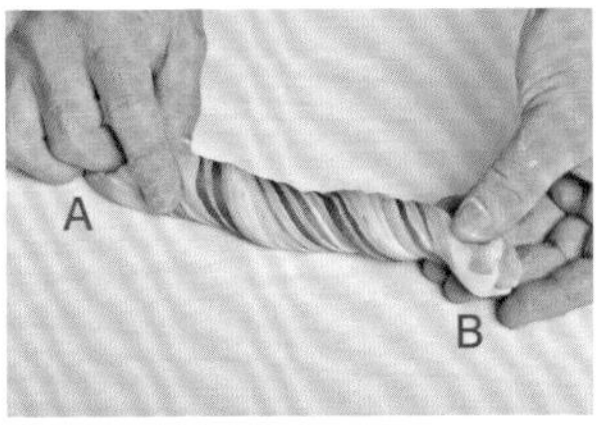

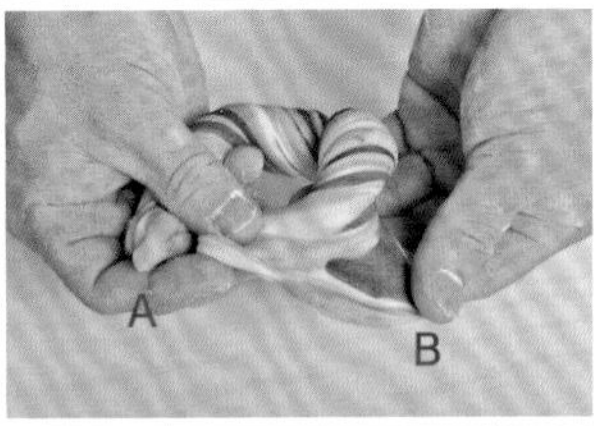

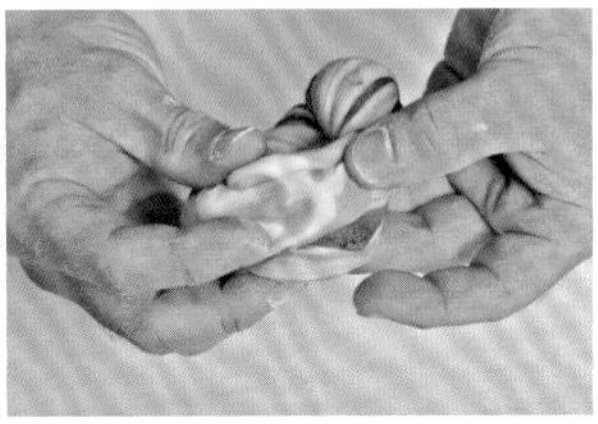

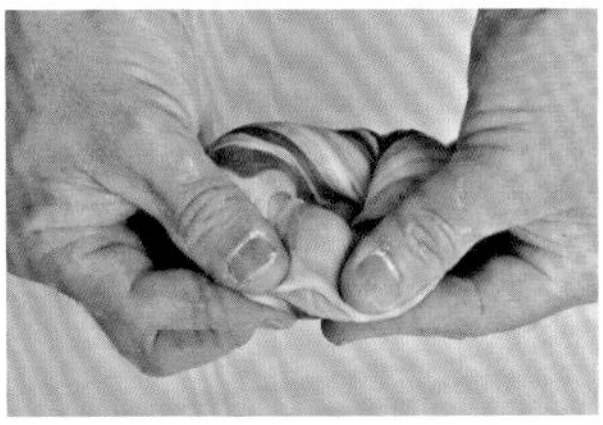

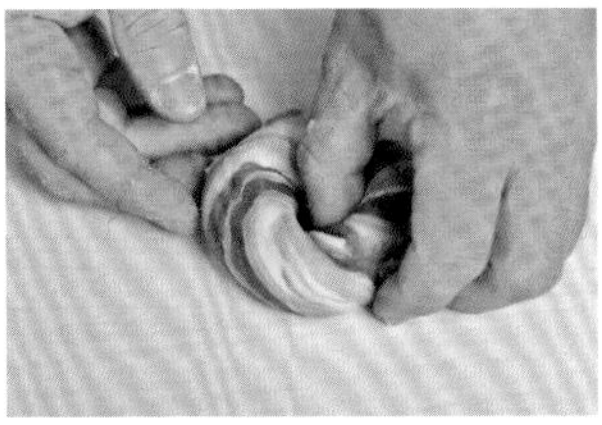

圓圈圈造型：將長圓柱切成對半成2個，藍色面朝上，壓扁再對折，層次面在外，再轉螺旋狀，將捲起的A側微搓尖形，另B側解開，再將A側接至解開B側，麵團呈現圓圈圈型，再將B側解開的麵團包覆A側，完全包覆捏緊，共2個。

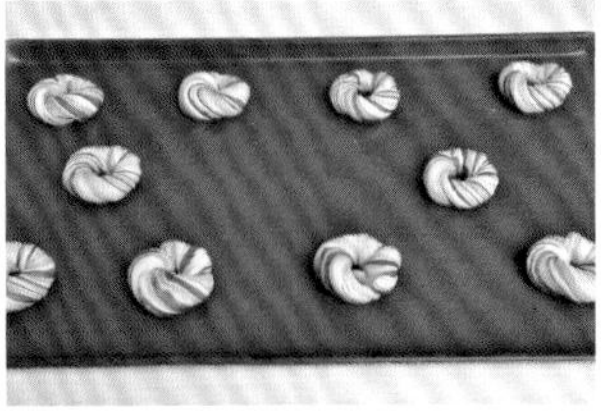

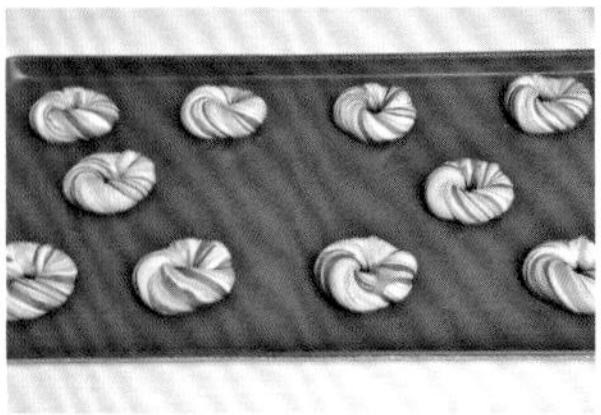

將整型好的麵團放入烤盤中，共完成20個，麵團於32℃發酵30分鐘。

6 水煮燙麵

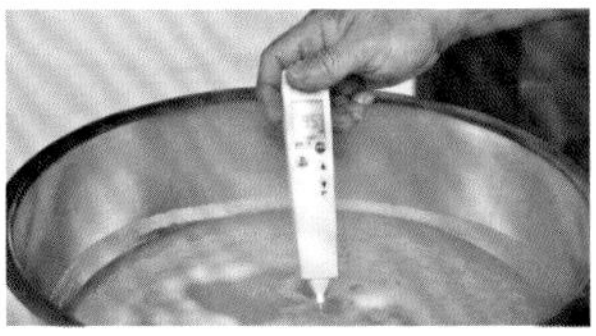

燙麵水溫加熱至95℃，在燙麵過程水溫保持85～95℃，麵團正反面各燙麵30秒鐘，撈起後瀝乾，再排入烤盤中。

7 烤焙

直接進入烤箱，用上火190℃、下火220℃，烤焙14分鐘，出爐後放涼。

8 烤後處理

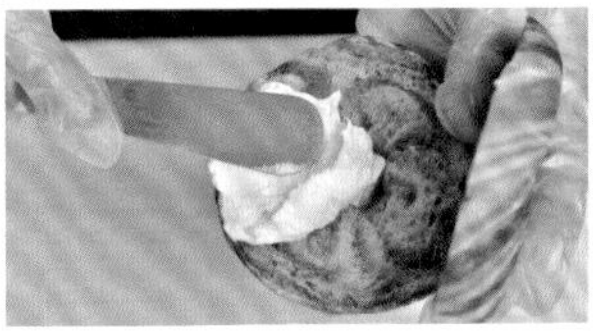

麵包冷卻後，麵包側邊切開，抹入優格起司餡35g即完成。

巧達起司貝果

Flavor

經典原味變化款，表面撒上起司絲烤焙，再夾入自製巧達起司醬，鹹甜融合，口感Q軟不紮實，一直吃不膩。

[材料 Ingredients]

製作量 ▸ 20 個

直接法	百分比%	重量 g
A 特高筋麵粉	60	492
高筋麵粉	40	328
上白糖	5	41
鹽	1.6	13
高糖乾酵母	0.6	5
優格冰種→ P.17	30	246
水	55	451
B 發酵奶油	4	33
C 帕瑪森起司粉	4	33
合計	200.2%	1642g

[其他 Others]

巧達起司醬 700g、起司絲 160g
燙麵水 1080g → P.117

[工序 Process]

▸ **製作工法**
直接法＋優格冰種

▸ **種溫**
20℃

▸ **麵團終溫**
26℃

▸ **基本發酵**
28℃ / 30 分鐘

▸ **分割重量**
80g

▸ **中間發酵**
28℃ / 20 分鐘

▸ **最後發酵**
32℃ / 30 分鐘

▸ **發酵箱溫度／濕度**
32℃ / 80%

▸ **烤焙溫度／時間**
上火 240℃、下火 220℃ / 15 分鐘

巧達起司醬

保存 冷藏 14 天

材料 A 起司片 200g、動物鮮奶油 200g、上白糖 150g
B 奶油起司 500g

作法 1 材料 A 隔水加熱至起司片熔化。
2 材料 B 倒入攪拌缸打軟，將材料 A 慢慢加入混合均勻。

Points 重點筆記

- 巧達起司餡抹入貝果，封裝完成可冷凍保存 3 星期。
- 麵團燙麵完成後再鋪上起司絲，勿先鋪起司絲再燙麵，如此起司絲會溶解於水中。
- 攪拌好的麵團可以先切塊，再和材料 C 帕瑪森起司粉一起攪拌，如此能讓材料攪拌更均勻。

步驟 Step by step

1 前置準備

前一天製作優格冰種。

2 攪拌製程

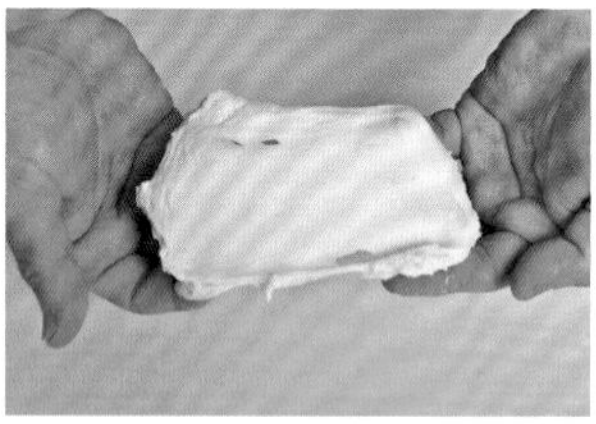

材料A放入攪拌缸，以慢速攪拌成團，轉換中速攪拌至擴展階段微薄膜狀態。

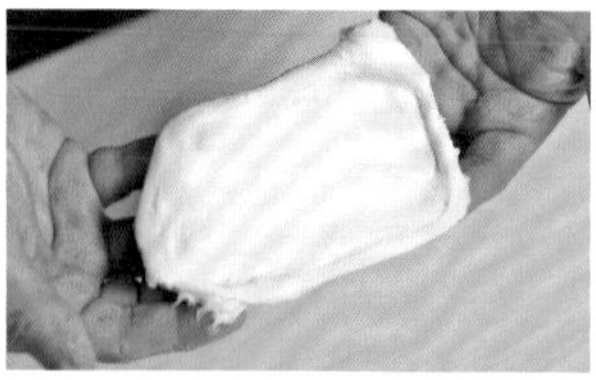

加入材料B，慢速攪拌均勻，轉換中速攪拌至擴展階段微薄膜狀態。

再加入材料C攪拌均勻，終溫26℃。

3 基本發酵

麵團攪拌完成，於28℃發酵30分鐘。

4 分割、中間發酵

發酵完成的麵團分割成每個80g，共20個。

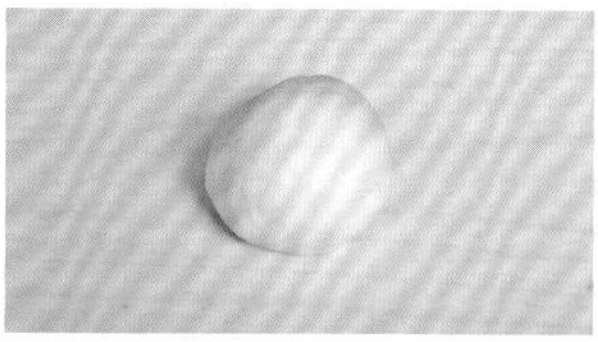

分別排氣折疊滾圓，將分割好的麵團於28℃發酵20分鐘。

5 整型、最後發酵

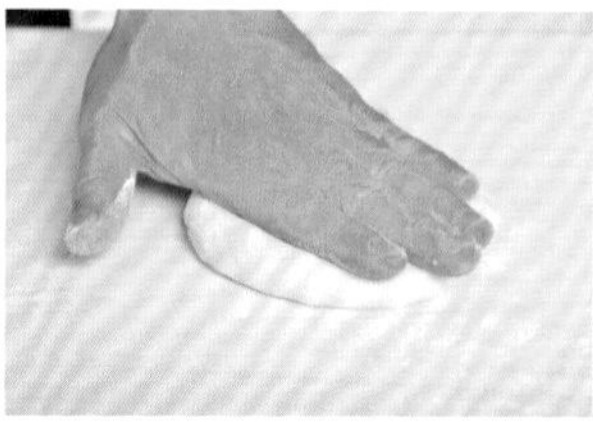

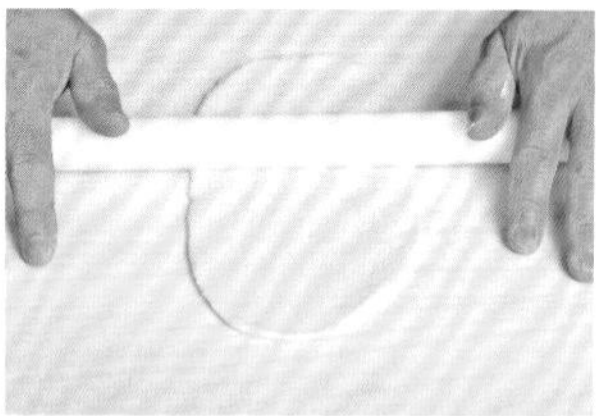

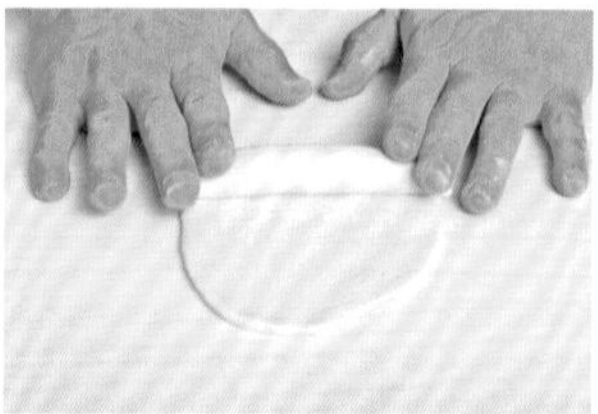

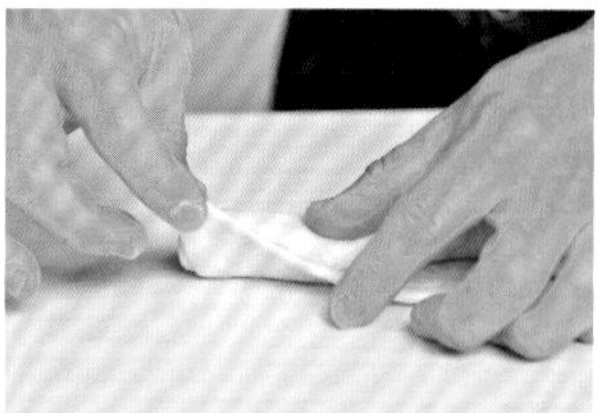

▼

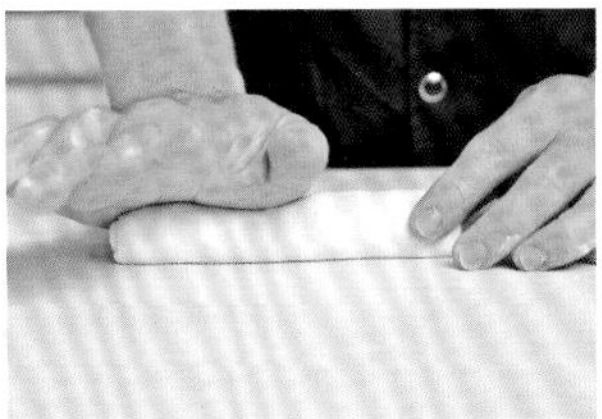

捲成長圓柱：將麵團兩面沾高筋麵粉，再輕壓麵團排氣，從中間朝上下擀開，再翻面重複動作2至3次，擀成厚薄一致的長方形，長16cm、寬13cm，往上順勢捲起，尾端麵皮拉起後黏合成圓柱狀，用手壓一壓收口更黏合。

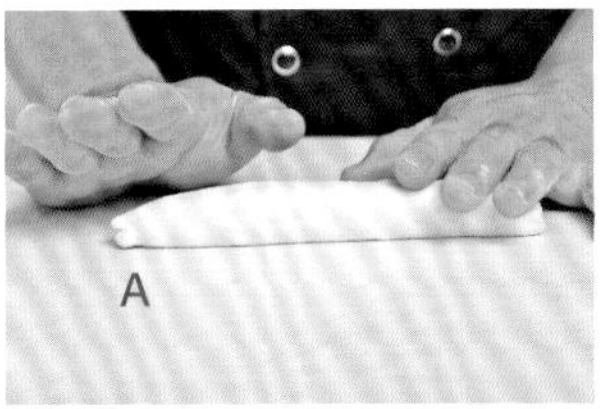

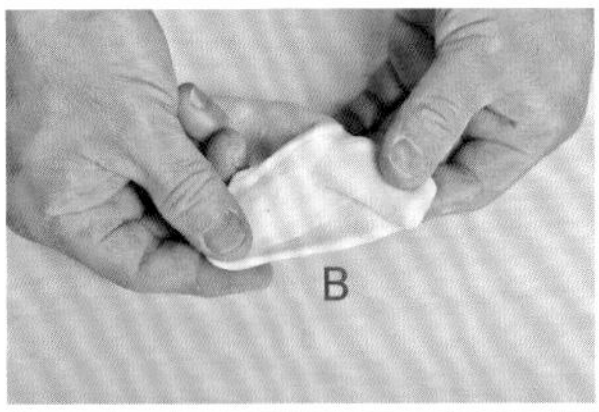

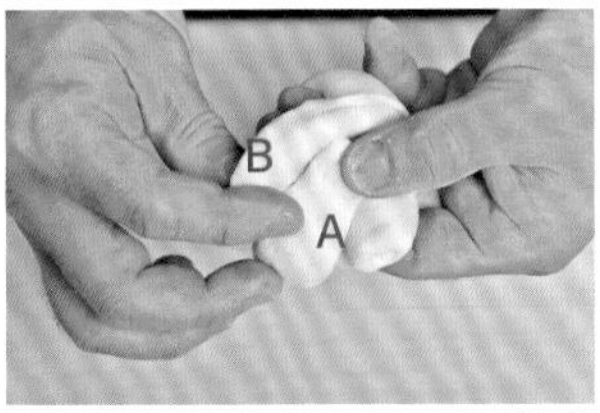

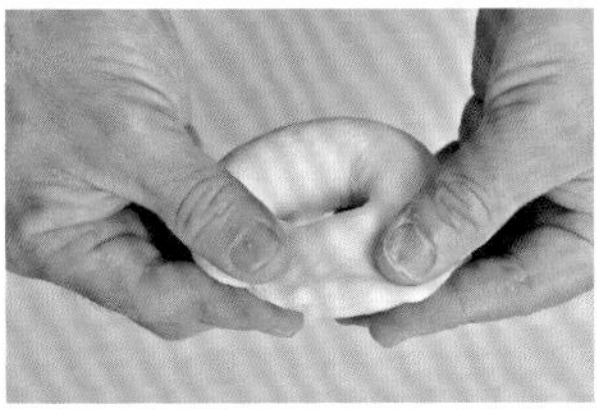

▼
▼

▼

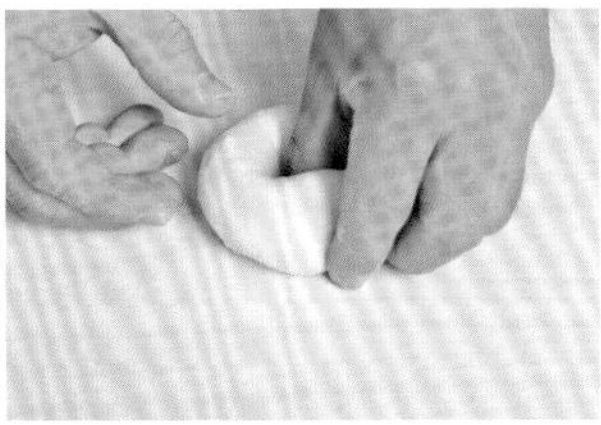

圓圈圈造型：將捲起的A側微搓尖形，另B側解開，再將A側接至解開B側，麵團呈現圓圈圈型，再將B側解開的麵團包覆A側，完全包覆捏緊。

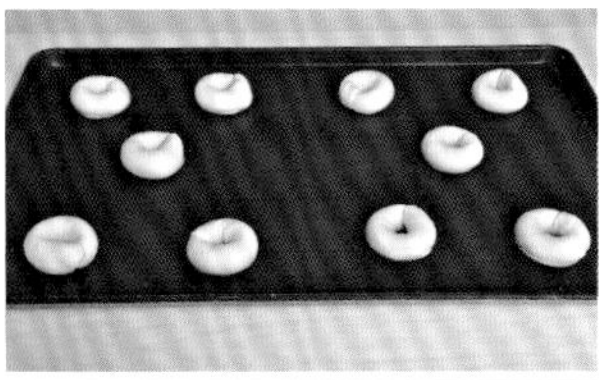

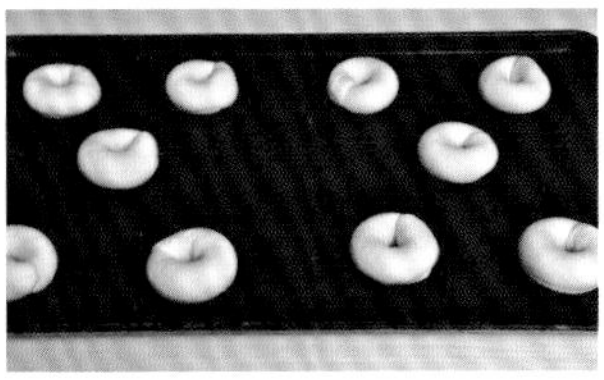

將整型好的麵團放入烤盤中，共完成20個，麵團於32℃發酵30分鐘。

6 水煮燙麵

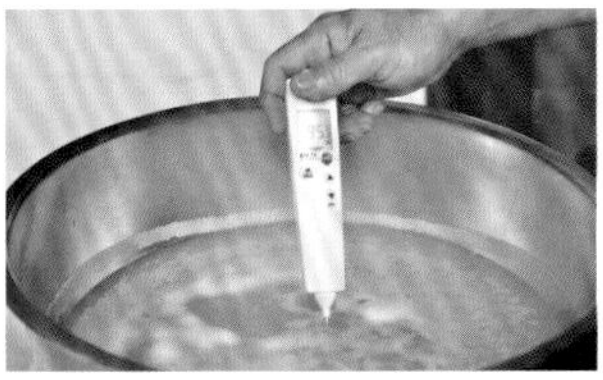

▼
▼

▼

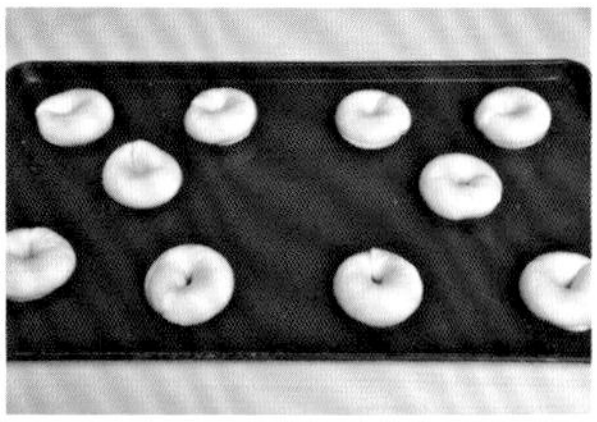

燙麵水溫加熱至95℃，在燙麵過程水溫保持85～95℃，麵團正反面各燙麵30秒鐘，撈起後瀝乾，再排入烤盤中，每個鋪上起司絲8g。

7 烤焙

直接進入烤箱，用上火240℃、下火220℃，烤焙15分鐘，出爐後放涼。

8 烤後處理

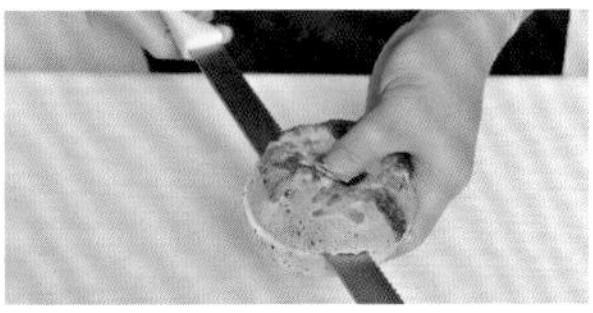

麵包冷卻後，麵包側邊切開，抹上巧達起司餡35g即完成。

紅藜麥起司貝果

Flavor

穀類紅寶石的紅藜麥搭配起司丁，增加營養價值，口感Q彈，是一款含豐富膳食纖維、蛋白質的養生健康貝果。

[材料 Ingredients]

製作量 ▶ 20 個

直接法	百分比%	重量 g
A 特高筋麵粉	60	486
高筋麵粉	40	324
上白糖	5	41
鹽	1.6	13
高糖乾酵母	0.6	5
優格冰種→ P.17	30	243
水	55	446
B 發酵奶油	4	32
C 熟紅藜麥	8	65
合計	204.2%	1655g

[其他 Others]

起司丁 400g、燙麵水 1080g → P.117

[工序 Process]

製作工法
直接法＋優格冰種

種溫
20℃

麵團終溫
26℃

基本發酵
28℃ / 30 分鐘

分割重量
80g

中間發酵
28℃ / 20 分鐘

最後發酵
32℃ / 30 分鐘

發酵箱溫度／濕度
32℃ / 80%

烤焙溫度／時間
上火 240℃、下火 220℃ / 15 分鐘

熟紅藜麥

保存 冷凍30天

材料 紅藜麥100g、水200g

作法
1 紅藜麥泡水30分鐘再清洗2～3次，主要除掉紅藜麥的皂素，防止脹氣，紅藜麥泡水時會吸入水重。
2 泡水清洗完成後，紅藜麥和水總重量為300g，倒入鍋內，再放入電鍋中，外鍋約200g水。
3 蓋上鍋蓋，按下開關，待跳起後開蓋，將紅藜麥拌鬆，冷卻即可使用。

Points 重點筆記

- 麵團加入熟紅藜麥，因熟紅藜麥內部有水分，整型擀捲會帶些沾黏感，可沾適量高筋麵粉（手粉）較容易操作。
- 紅藜麥含豐富的膳食纖維與抗氧化功能，營養價值高。烹煮紅藜麥時，需要先泡水，紅藜麥的外皮含有天然皂素，若沒有泡水清洗，容易產生脹氣，紅藜麥也是現代人的養生聖品。

步驟 *Step by step*

1 前置準備

前一天製作優格冰種。

2 攪拌製程

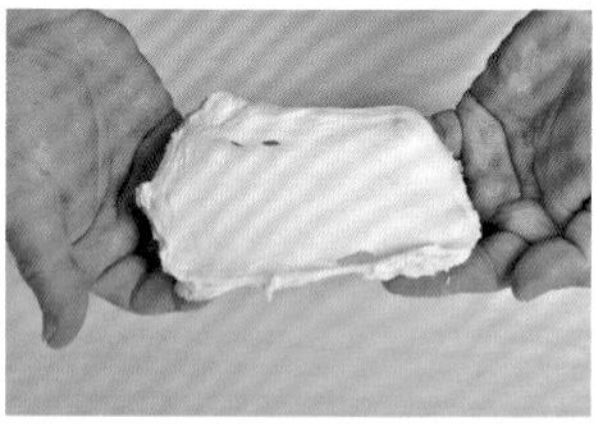

材料A放入攪拌缸，以慢速攪拌成團，轉換中速攪拌至擴展階段微薄膜狀態。

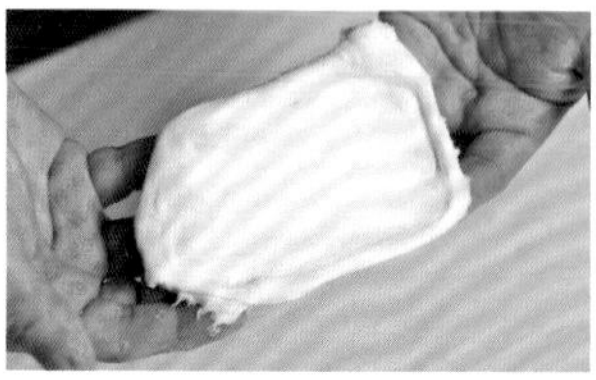

加入材料B，慢速攪拌均勻，轉換中速攪拌至擴展階段微薄膜狀態。

再加入材料C攪拌均勻，終溫26℃。

3 基本發酵

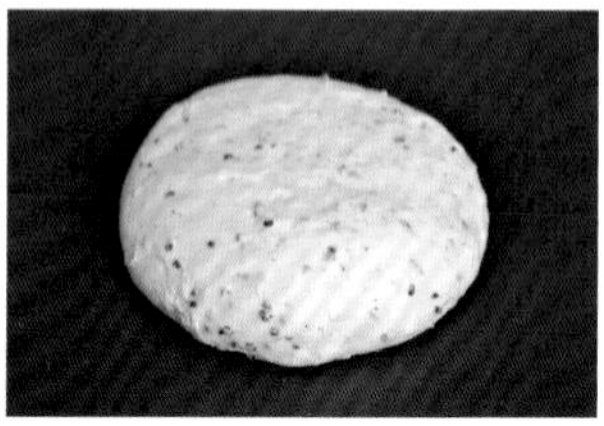

麵團攪拌完成，於28℃發酵30分鐘。

4 分割、中間發酵

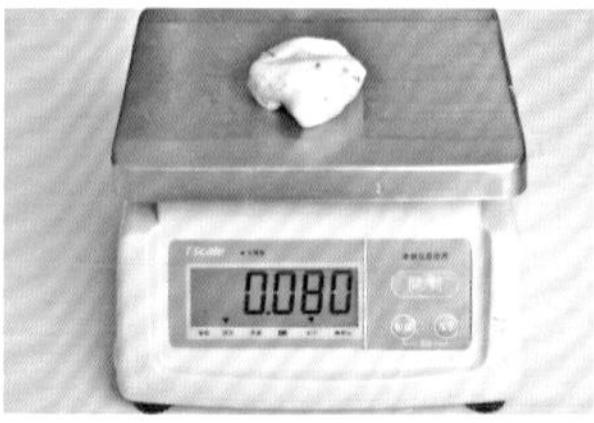

發酵完成的麵團分割成每個80g，共20個。

分別排氣折疊滾圓，將分割好的麵團於28℃發酵20分鐘。

5 整型、最後發酵

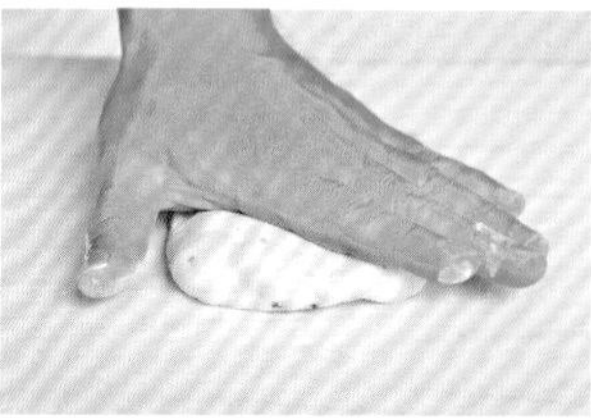

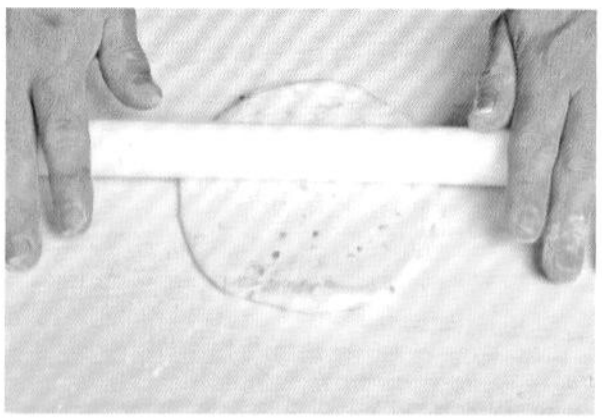

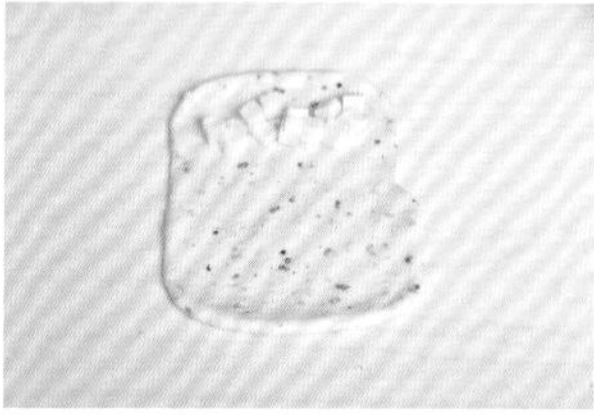

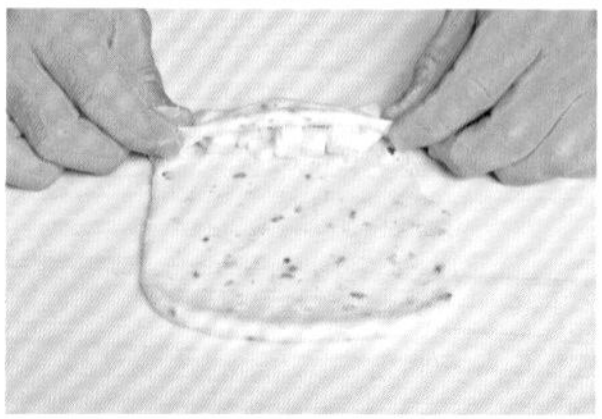

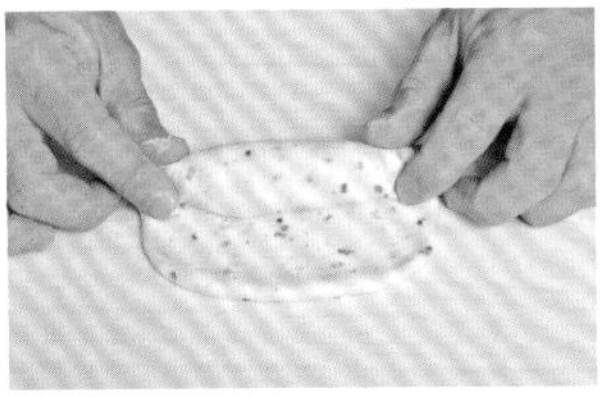

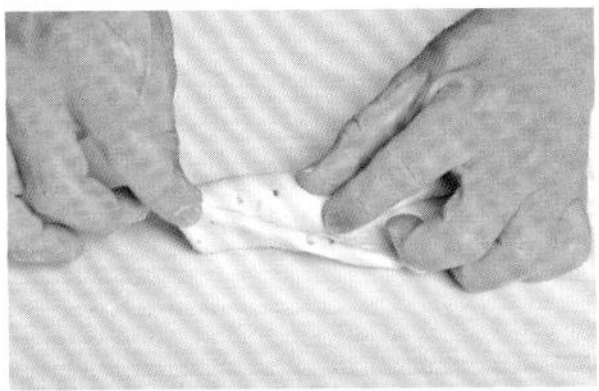

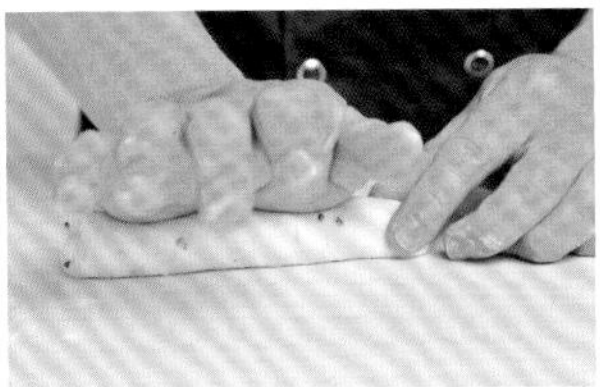

捲成長圓柱：將麵團兩面沾高筋麵粉，再輕壓麵團排氣，從中間朝上下擀開，再翻面重複動作2至3次，擀成厚薄一致的長方形，長16cm、寬13cm，鋪上起司丁20g，往上順勢捲起，尾端麵皮拉起後黏合成圓柱狀，用手壓一壓收口更黏合。

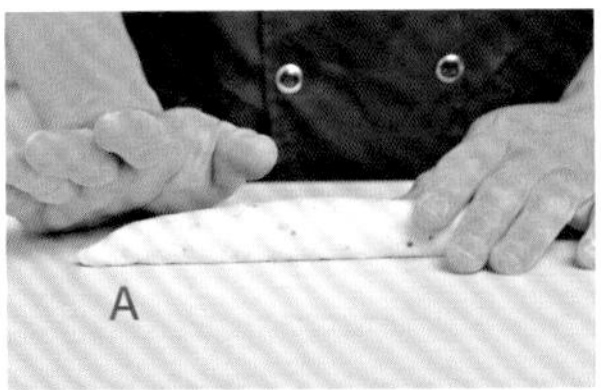

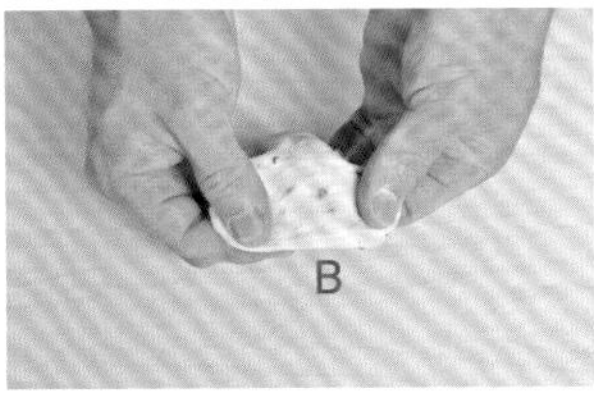

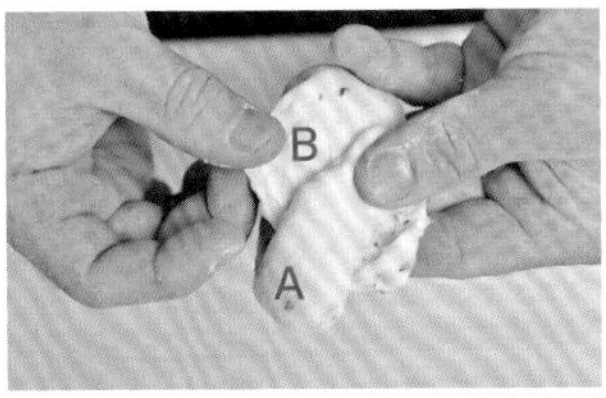

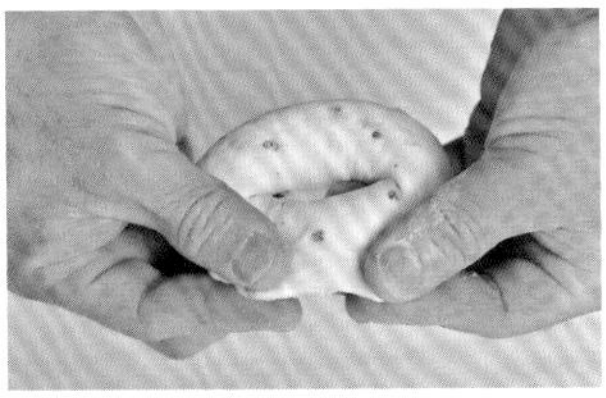

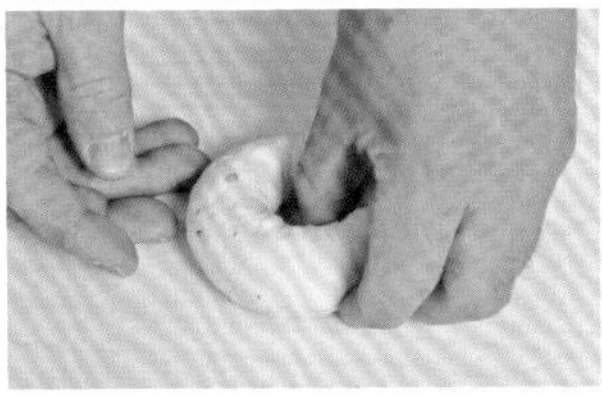

圓圈圈造型：將捲起的A側微搓尖形，另B側解開，再將A側接至解開B側，麵團呈現圓圈圈型，再將B側解開的麵團包覆A側，完全包覆捏緊。

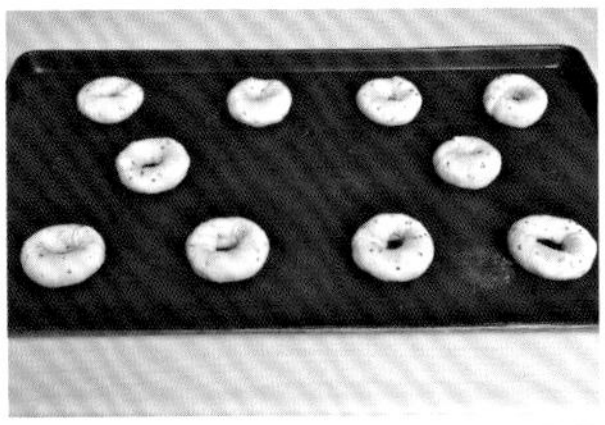

將整型好的麵團放入烤盤中，共完成20個，麵團於32℃發酵30分鐘。

6 水煮燙麵

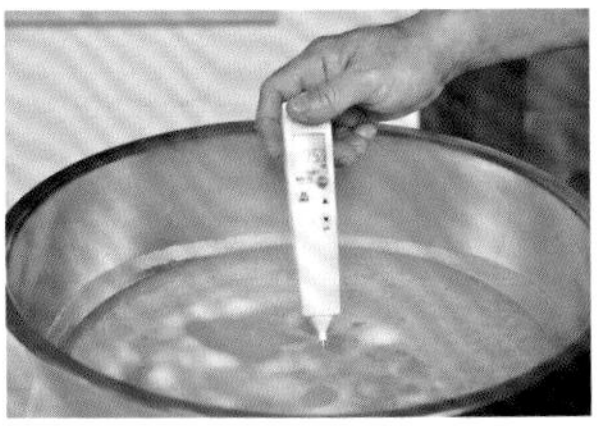

燙麵水溫加熱至95℃，在燙麵過程水溫保持85～95℃，麵團正反面各燙麵30秒鐘，撈起後瀝乾，再排入烤盤中。

7 烤焙

直接進入烤箱，用上火240℃、下火220℃，烤焙15分鐘，出爐後放涼。

橙汁燻雞調理貝果

Flavor

麵團有淡淡橘皮香，再將燻雞與柳橙果醬製作成內餡，夾入橘皮貝果，即爲充滿果香具飽足感的貝果。

[材料 Ingredients]

製作量 ▸ 20 個

直接法	百分比%	重量 g
A 特高筋麵粉	60	468
高筋麵粉	40	312
上白糖	5	39
鹽	1.6	12
高糖乾酵母	0.6	5
優格冰種→ P.17	30	234
水	55	429
B 發酵奶油	4	31
C 橘子皮丁	15	117
合計	211.2%	1647g

[其他 Others]

橙汁燻雞餡 600g、沙拉醬 360g、美生菜 400g、起司片 20 片、番茄片 600g

燙麵水 1080g → P.117

[工序 Process]

▸ **製作工法**
直接法＋優格冰種

▸ **種溫**
20℃

▸ **麵團終溫**
26℃

▸ **基本發酵**
28℃ / 30 分鐘

▸ **分割重量**
80g

▸ **中間發酵**
28℃ / 20 分鐘

▸ **最後發酵**
32℃ / 30 分鐘

▸ **發酵箱溫度／濕度**
32℃ / 80%

▸ **烤焙溫度／時間**
上火 240℃、下火 220℃ / 15 分鐘

橙汁燻雞餡

保 存 冷藏3天

材 料
A 柳橙果醬200g、檸檬汁50g、燻雞肉500g
B 水60g、玉米粉20g
C 檸檬汁10g

作 法
1 材料A開大火煮滾，加入材料B勾芡煮至收汁，關火。
2 再倒入材料C，混合均勻即可使用。

Points 重點筆記

- 因麵團內加入橘子皮丁，整型擀捲時，麵團厚度約是橘子皮丁的厚度即可。擀太薄，則橘子皮丁容易與麵團產生拉扯，使麵團破裂，也會影響麵團膨脹度。

[步驟 Step by step]

1 前置準備

前一天製作優格冰種。

2 攪拌製程

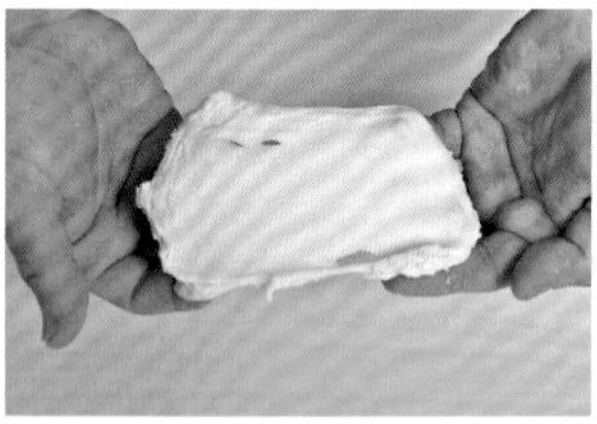

材料A放入攪拌缸，以慢速攪拌成團，轉換中速攪拌至擴展階段微薄膜狀態。

加入材料B，慢速攪拌均勻，轉換中速攪拌至擴展階段微薄膜狀態。

再加入材料C攪拌均勻，終溫26℃。

3 基本發酵

麵團攪拌完成，於28℃發酵30分鐘。

4 分割、中間發酵

發酵完成的麵團分割成每個80g，共20個。

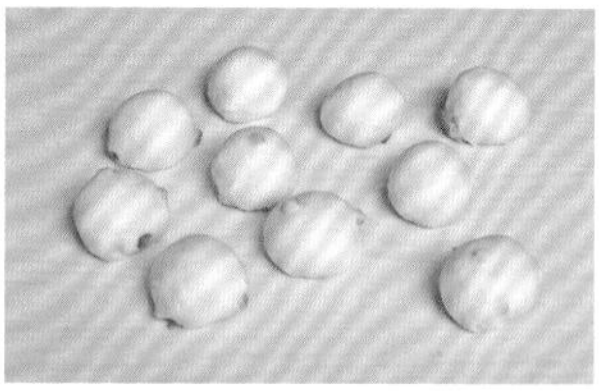

分別排氣折疊滾圓，將分割好的麵團於28℃發酵20分鐘。

5 整型、最後發酵

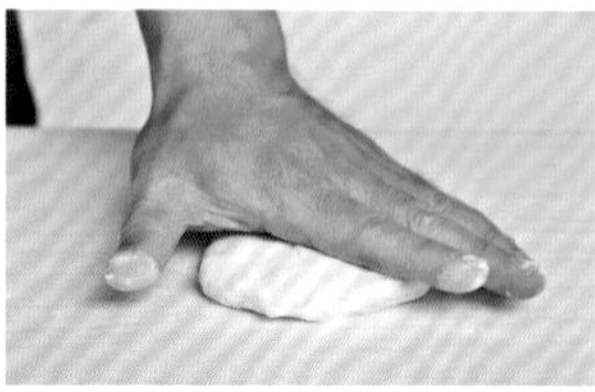

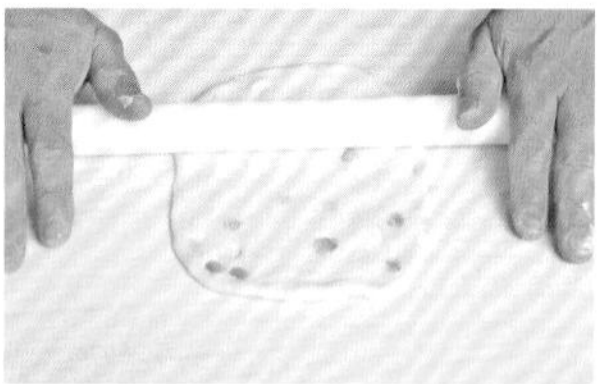

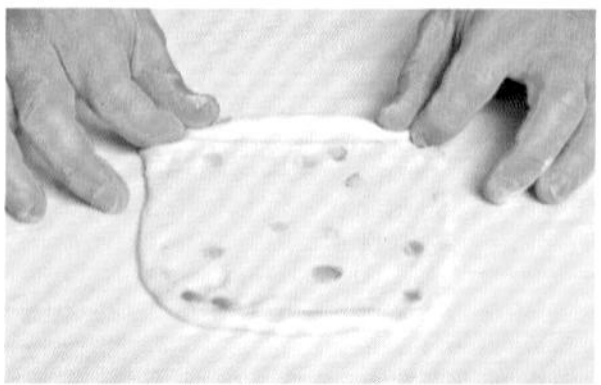

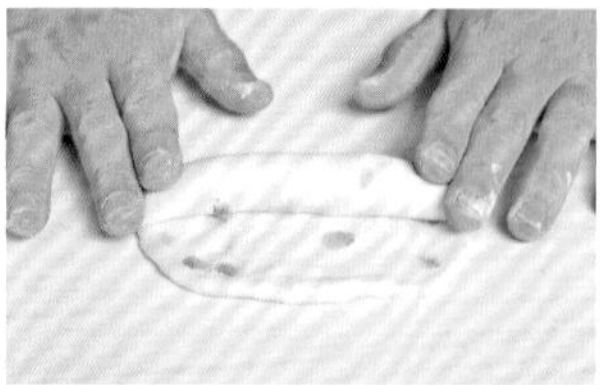

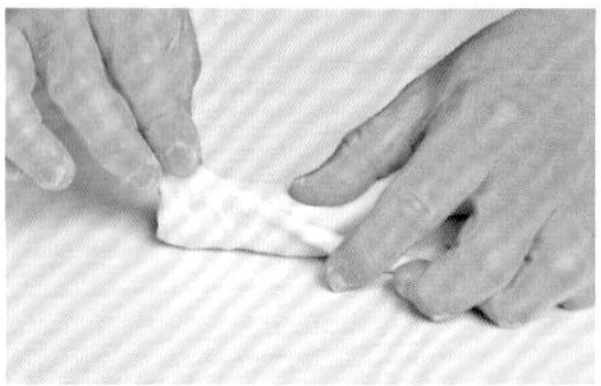

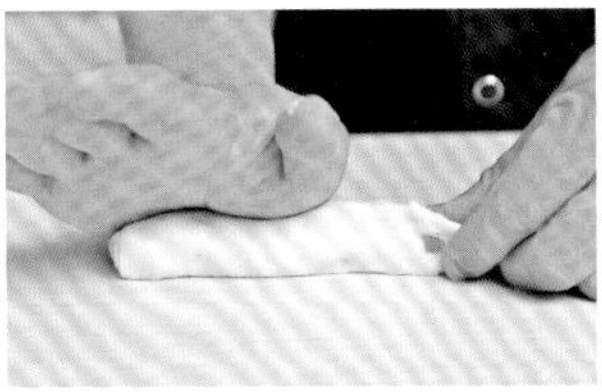

捲成長圓柱：將麵團兩面沾高筋麵粉，再輕壓麵團排氣，從中間朝上下擀開，再翻面重複動作2至3次，擀成厚薄一致的長方形，長16cm、寬13cm，往上順勢捲起，尾端麵皮拉起後黏合成圓柱狀，用手壓一壓收口更黏合。

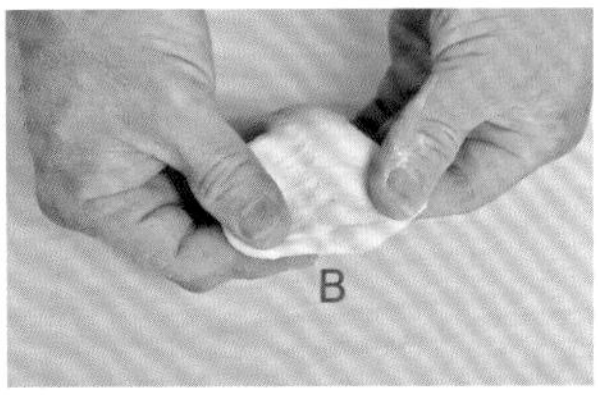

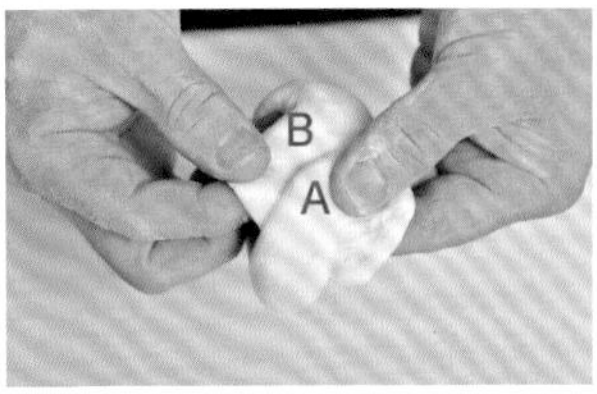

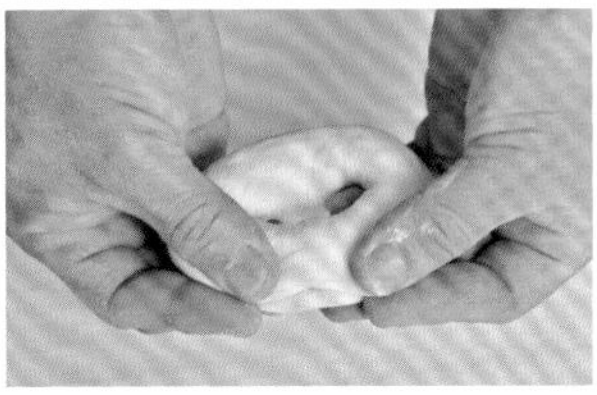

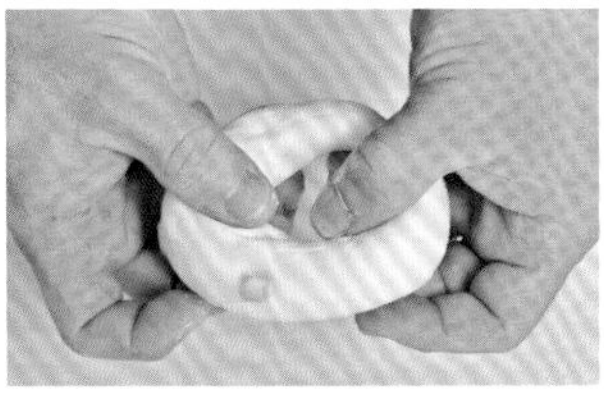

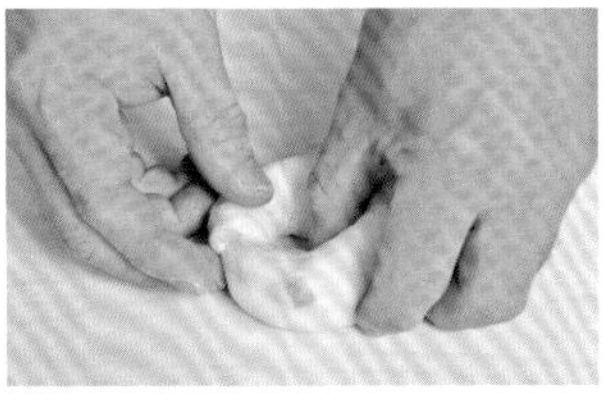

圓圈圈造型：將捲起的A側微搓尖形，另B側解開，再將A側接至解開B側，麵團呈現圓圈圈型，再將B側解開的麵團包覆A側，完全包覆捏緊。

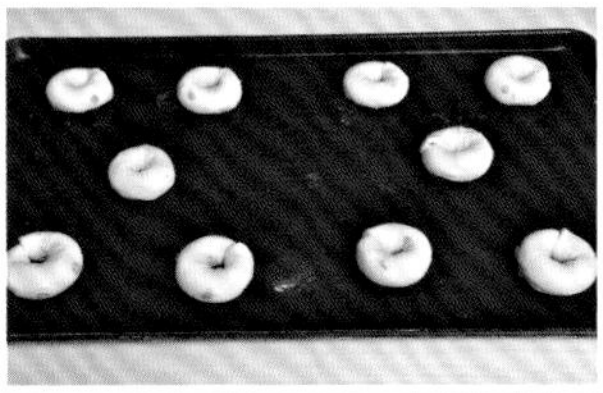

將整型好的麵團放入烤盤中，共完成20個，麵團於32℃發酵30分鐘。

6 水煮燙麵

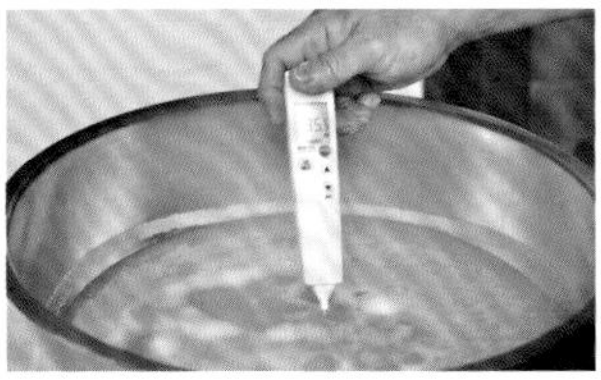

燙麵水溫加熱至95℃，在燙麵過程水溫保持85～95℃，麵團正反面各燙麵30秒鐘，撈起後瀝乾，再排入烤盤中。

7 烤焙

直接進入烤箱，用上火240℃、下火220℃，烤焙15分鐘，出爐後放涼。

8 烤後處理

麵包冷卻後，麵包側邊切開，抹入10g沙拉醬，鋪上20g美生菜，再擠8g沙拉醬，鋪30g橙汁燻雞餡，最後鋪上1片起司片、1片番茄片即完成。

伯爵茶檸檬歐利歐貝果

Flavor

添加伯爵茶清爽的麵包質地，烤後抹入檸檬起司醬，再夾入巧克力餅乾，酸酸甜甜的多層滋味，是年輕男女最愛的麵包之一。

[材料 Ingredients]

製作量 ▶ 20 個

直接法	百分比%	重量 g
A 特高筋麵粉	60	504
高筋麵粉	40	336
上白糖	5	42
鹽	1.6	13
高糖乾酵母	0.6	5
優格冰種→ P.17	30	252
伯爵茶粉末	0.8	7
水	55	462
B 發酵奶油	4	34
合計	197%	1655g

[其他 Others]

檸檬起司抹醬 1200g、巧克力牛奶夾心餅乾（市售）60 片、燙麵水 1080g → P.117

[工序 Process]

▶ **製作工法**
直接法＋優格冰種

▶ **種溫**
20℃

▶ **麵團終溫**
26℃

▶ **基本發酵**
28℃ / 30 分鐘

▶ **分割重量**
80g

▶ **中間發酵**
28℃ / 20 分鐘

▶ **最後發酵**
32℃ / 30 分鐘

▶ **發酵箱溫度／濕度**
32℃ / 80%

▶ **烤焙溫度／時間**
上火 240℃、下火 220℃ / 15 分鐘

檸檬起司抹醬

保存 冷藏7天

材料 A 奶油起司760g、上白糖266g
B 優格152g、動物鮮奶油76g
C 檸檬汁23g、檸檬皮8g

作法 1 將材料A混合均勻，加入材料B混合均勻。
2 最後加入材料C拌勻。

Points 重點筆記

◉ 伯爵茶是加入佛手柑油的一種調味紅茶，基底為紅茶，屬於特殊風味比較重的紅茶，近年來經常被使用於烘焙行業中，伯爵茶也成為紅茶類的經典茶款。

步驟 Step by step

1 前置準備

前一天製作優格冰種。

2 攪拌製程

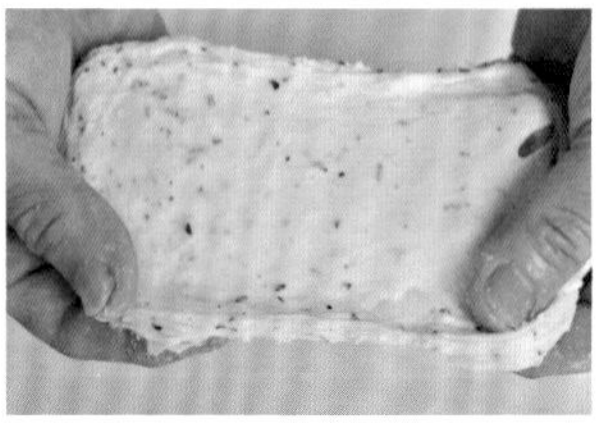

材料A放入攪拌缸，以慢速攪拌成團，轉換中速攪拌至擴展階段微薄膜狀態。

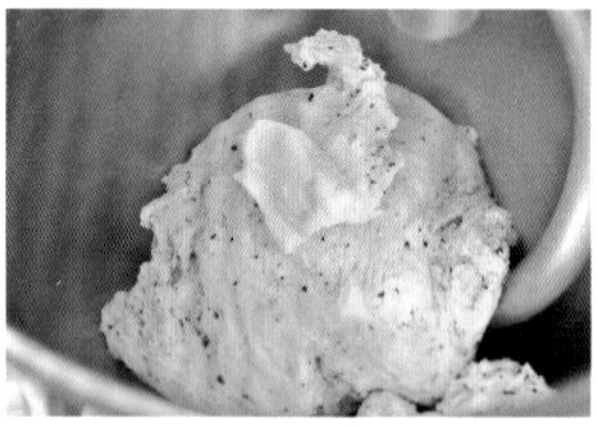

加入材料B，慢速攪拌均勻，轉換中速攪拌至擴展階段微薄膜狀態，終溫26℃。

3 基本發酵

麵團攪拌完成，於28℃發酵30分鐘。

4 分割、中間發酵

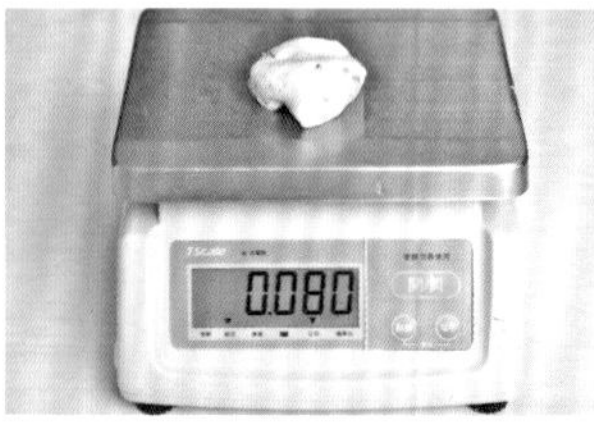

發酵完成的麵團分割成每個80g，共20個。

分別排氣折疊滾圓，將分割好的麵團於28℃發酵20分鐘。

5 整型、最後發酵

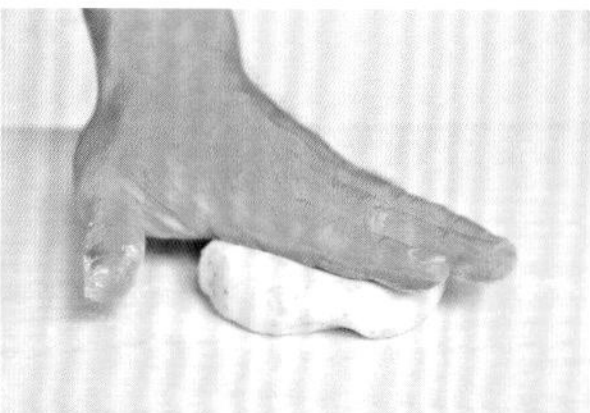

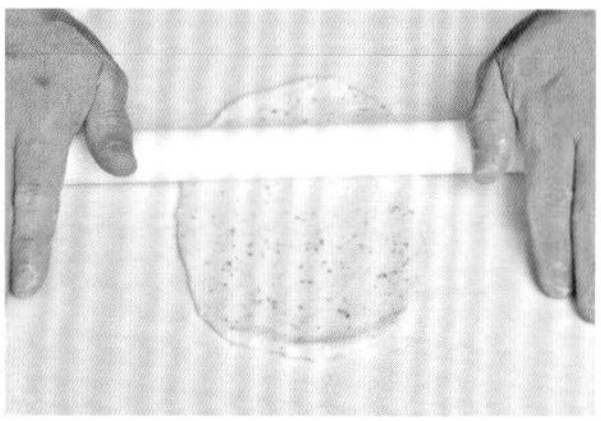

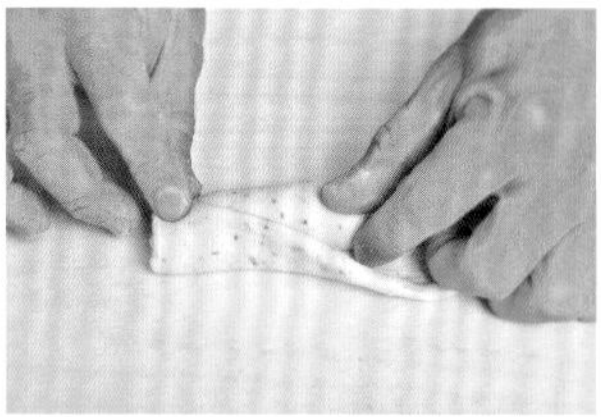

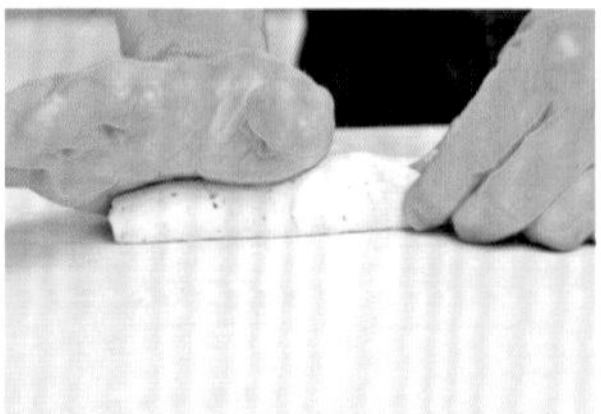

捲成長圓柱：將麵團兩面沾高筋麵粉，再輕壓麵團排氣，從中間朝上下擀開，再翻面重複動作2至3次，擀成厚薄一致的長方形，長16cm、寬13cm，往上順勢捲起，尾端麵皮拉起後黏合成圓柱狀，用手壓一壓收口更黏合。

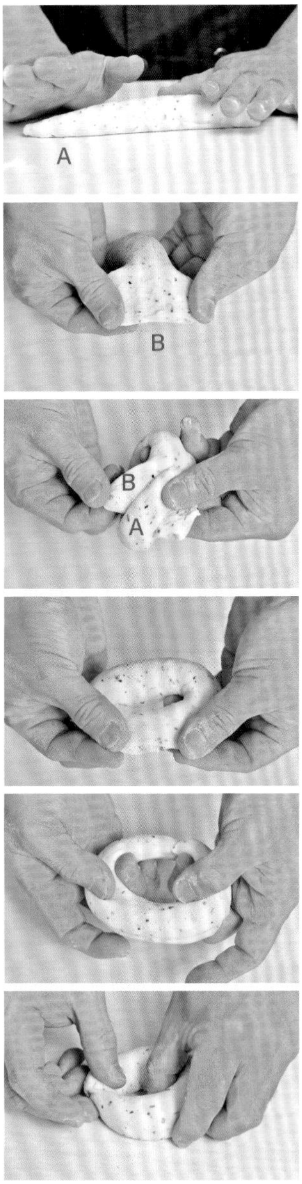

圓圈圈造型：將捲起的A側微搓尖形，另B側解開，再將A側接至解開B側，麵團呈現圓圈圈型，再將B側解開的麵團包覆A側，完全包覆捏緊。

將整型好的麵團放入烤盤中，共完成20個，麵團於32℃發酵30分鐘。

6 水煮燙麵

燙麵水溫加熱至95℃，在燙麵過程水溫保持85～95℃，麵團正反面各燙麵30秒鐘，撈起後瀝乾，再排入烤盤中。

7 烤焙

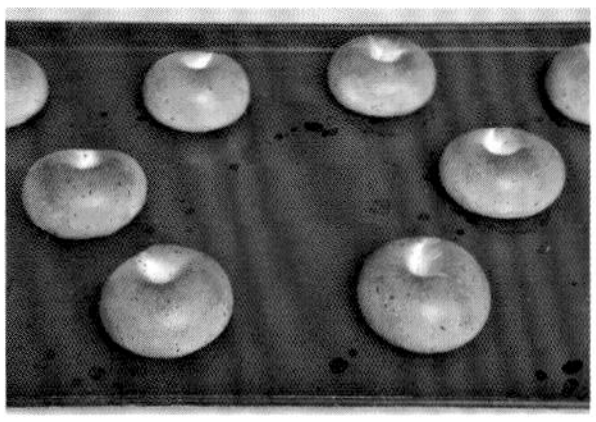

直接進入烤箱，用上火240℃、下火220℃，烤焙15分鐘，出爐後放涼。

8 烤後處理

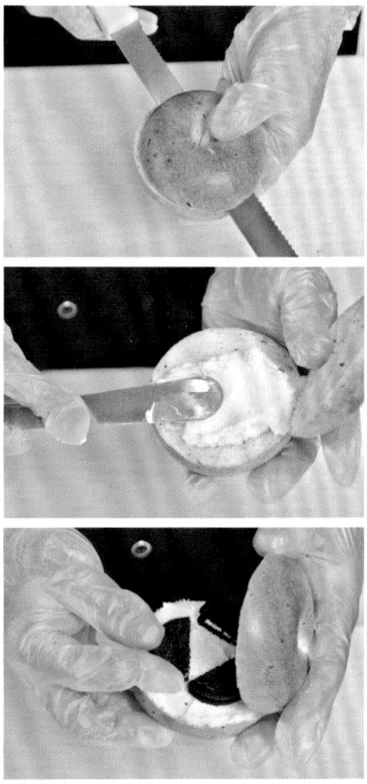

麵包冷卻後，麵包側邊切開，抹入60g檸檬起司抹醬，再排入3片巧克力牛奶夾心餅乾，夾入麵包體。

小綠綠牛奶紅茶貝果

Flavor

小綠綠貝果是一款特殊工法麵團，由兩種天然色粉組成，形成黑綠螺旋線條，烤焙後夾入巧克力牛奶紅茶餡，視覺和味蕾多重享受。

巧克力牛奶紅茶餡

保存 冷藏14天

材料 A 發酵奶油500g、伯爵茶末8g
B 巧克力牛奶夾心餅乾（市售）250g、水滴巧克力豆50g

作法 將材料A打發至反白，加入材料B混合均勻即可。

[材料 Ingredients]

製作量 ▸ 20 個

直接法	百分比%	重量 g
A 特高筋麵粉	50	375
法國麵粉	50	375
海藻糖	8	60
鹽	1.8	14
高糖乾酵母	0.6	5
優格冰種→ P.17	50	375
水	55	413
發酵奶油	4	30
合計	219.4%	1647g

[其他 Others]

巧克力牛奶紅茶餡 600g 、巧克力牛奶夾心餅乾（市售）、燙麵水 1080g → P.117

[工序 Process]

製作工法
直接法＋優格冰種

種溫
20℃

麵團終溫
26℃

基本發酵
28℃ / 30 分鐘

分割重量
綠色 120g、黑色 40g（2 色一組 2 個）

中間發酵
28℃ / 20 分鐘

最後發酵
32℃ / 30 分鐘

發酵箱溫度／濕度
32℃ / 80%

烤焙溫度／時間
上火 190℃、下火 220℃ / 14 分鐘

麵團調色醬比例

黑色

綠色

A 抹茶粉（綠色），每 1g 麵團加入 0.013g 色粉。
橄欖油，每 1g 色粉加入 3g 橄欖油。

B 竹炭粉（黑色），每 1g 麵團加入 0.0107g 色粉。
橄欖油，每 1g 色粉加入 3.75g 橄欖油。

- **色粉和橄欖油計算方式**

例如：將白色麵團 1200g 調色為綠色
原味麵團 1200g× 抹茶粉 0.013g=16g（色粉）（四捨五入）
色粉 16g× 橄欖油 3g=48g（橄欖油）（四捨五入）
綠色調色醬：抹茶粉 16g 與橄欖油 48g 混合均勻，再加入原味麵團 1200g 拌勻。

- **麵團配調醬換算**

綠色麵團 120g× 10 個 =1200g（原味麵團）
原味麵團 1200g+ 綠色調色醬：抹茶粉 16g、橄欖油 48g
黑色麵團 40g× 10 個 =400g（原味麵團）
原味麵團 400g+ 黑色調色醬：竹炭粉 4g、橄欖油 15g

Points 重點筆記

◉ 海藻糖是一種天然海藻糖，甜度是砂糖的 45%，主要利用酵素，從澱粉中提煉出來，也大量使用在烘焙中，例如：蛋糕、麵包、牛軋糖、糖果、餅乾等。

1 前置準備

前一天製作優格冰種。

2 攪拌製程

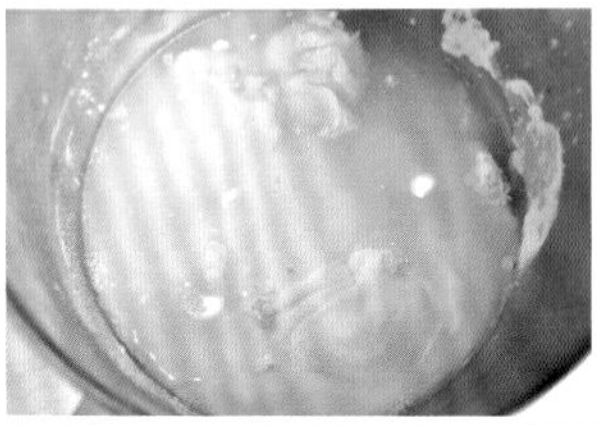

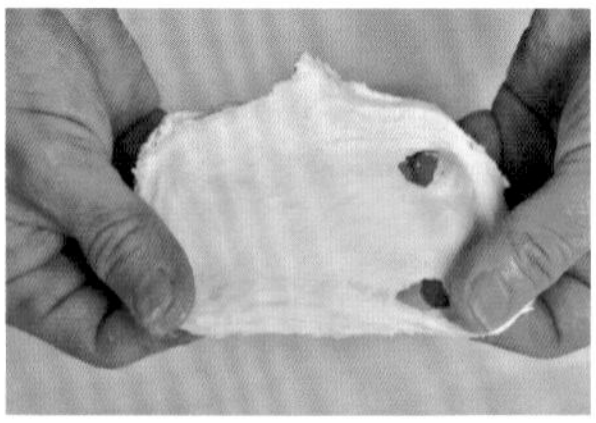

材料A放入攪拌缸，以慢速攪拌成團，轉換中速攪拌至擴展階段微薄膜狀態。

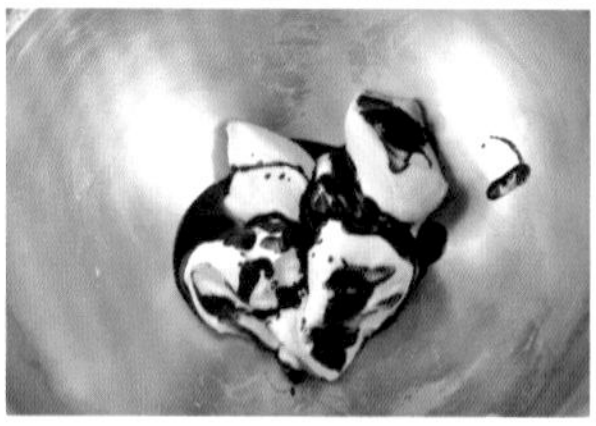

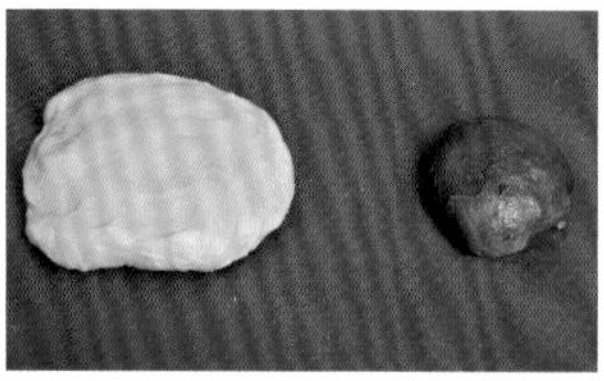

麵團分割成2份，即1份原味麵團1200g（拌入綠色調色醬）、1份原味麵團400g（拌入黑色調色醬），分別混合均匀，終溫26℃。

3 基本發酵

麵團攪拌完成，於28℃發酵30分鐘。

4 分割、中間發酵

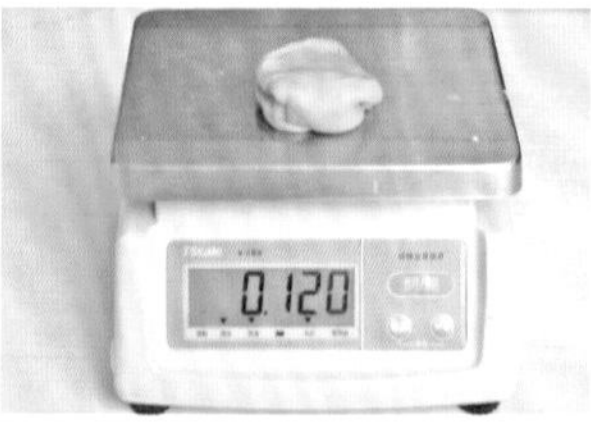

發酵完成的麵團分割成綠色麵團每個120g共10個，黑色麵團每個40g共10個。

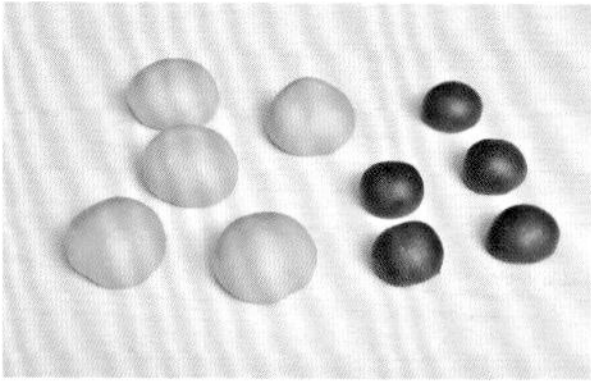

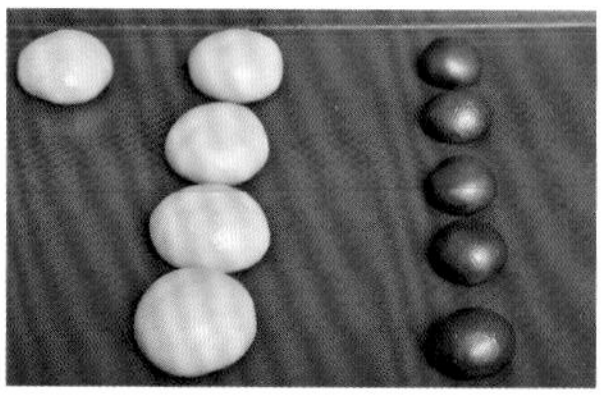

分別排氣折疊滾圓，將分割好的麵團於28℃發酵20分鐘。

5 整型、最後發酵

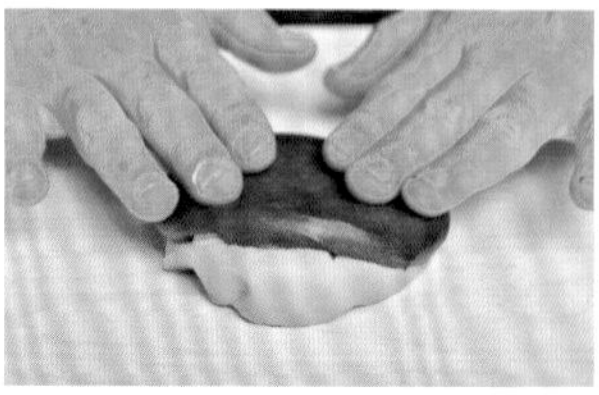

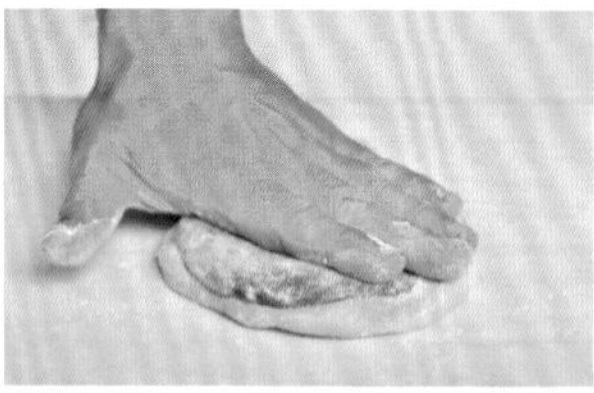

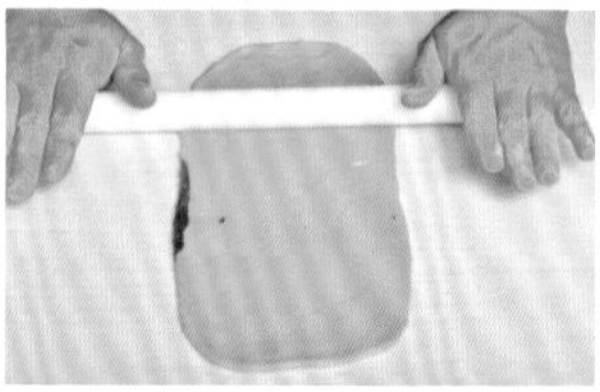

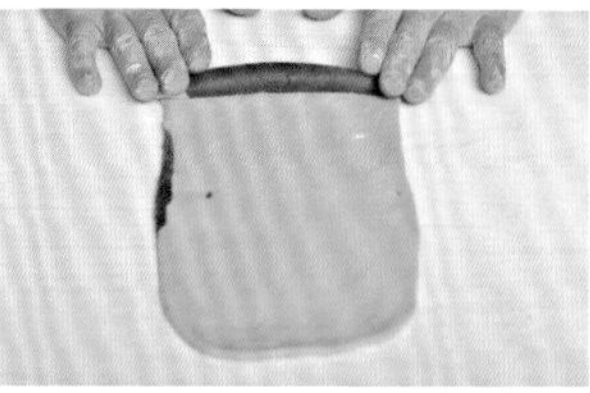

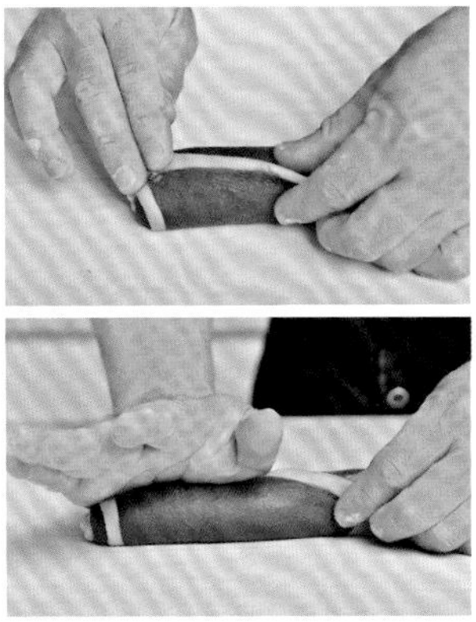

捲成長圓柱：將麵團依序由綠色、黑色疊起輕輕壓扁，兩面沾高筋麵粉，從中間朝上下擀開，再翻面重複動作2至3次，擀成厚薄一致的長方形，長16cm、寬13cm，往上順勢捲起，綠色在內、黑色在外，尾端麵皮拉起後黏合，用手壓一壓收口更黏合，再發酵10分鐘。

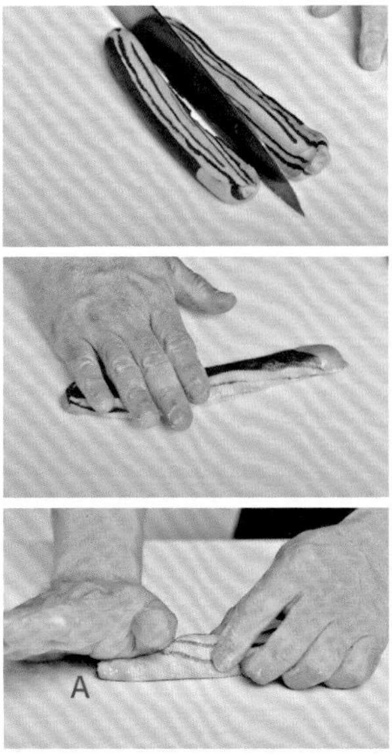

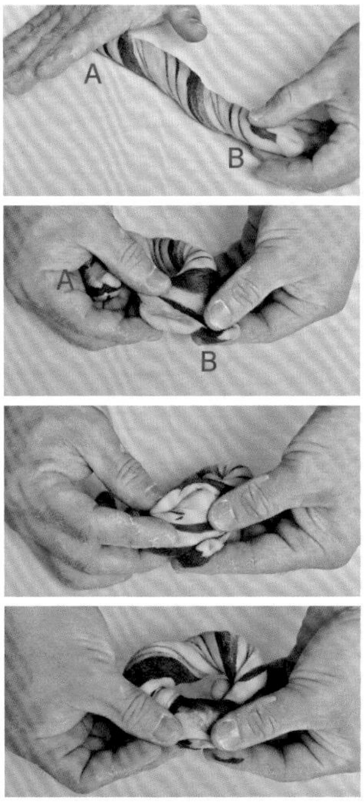

圓圈圈造型：將長圓柱切成對半成2個，黑色面朝上，壓扁再對折，層次面在外，再轉螺旋狀，將捲起的A側微搓尖形，另B側解開，再將A側接至解開B側，麵團呈現圓圈圈型，再將B側解開的麵團包覆A側，完全包覆捏緊，共2個。

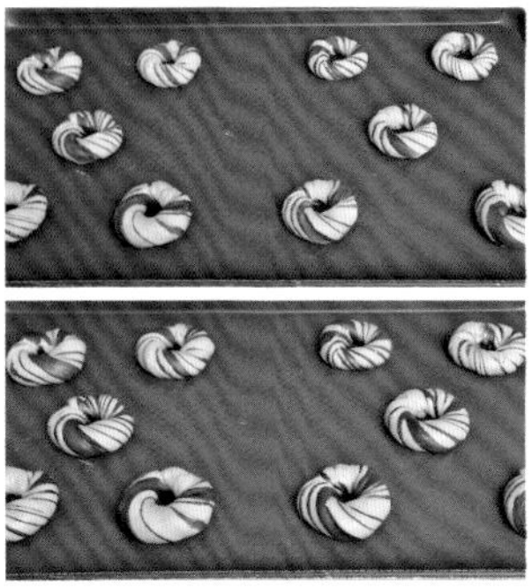

將整型好的麵團放入烤盤中，共完成20個，麵團於32℃發酵30分鐘。

6 水煮燙麵

燙麵水溫加熱至95℃，在燙麵過程水溫保持85～95℃，麵團正反面各燙麵30秒鐘，撈起後瀝乾，再排入烤盤中。

7 烤焙

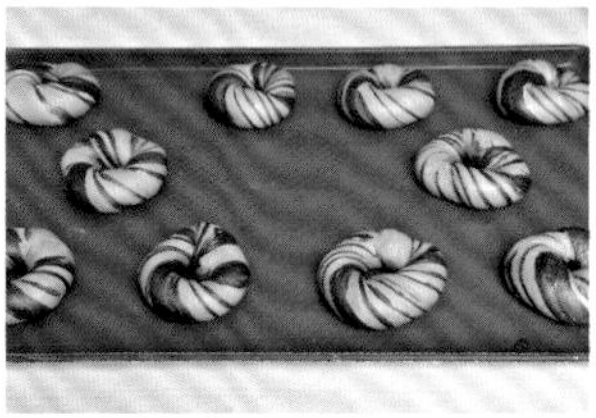

直接進入烤箱，用上火190℃、下火220℃，烤焙14分鐘，出爐後放涼。

8 烤後處理

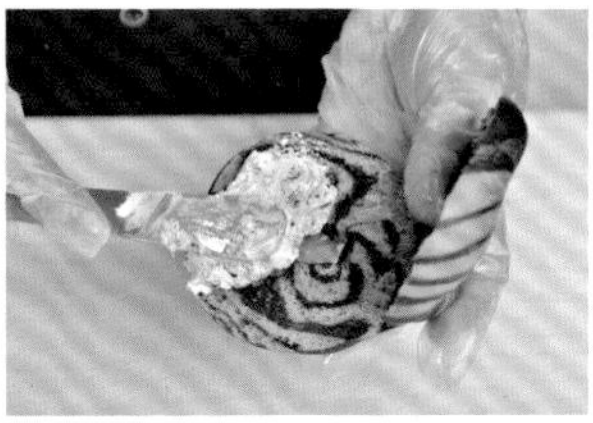

麵包冷卻後，麵包側邊切開，抹入巧克力牛奶紅茶餡30g即完成。

咖啡夏豆 白巧克力貝果

Flavor

咖啡香十足，整型時包入夏威夷豆與白巧克力，讓麵包體充滿奶香與堅果味，咀嚼時軟Q帶紮實口感、香味縈繞，愈嚼愈香。

[材料 Ingredients]

製作量 ▸ 20 個

直接法	百分比%	重量 g
A 高筋麵粉	80	720
特高筋麵粉	20	180
上白糖	4	36
黑糖	3	27
鹽	1.6	14
高糖乾酵母	0.6	5
即溶咖啡粉	1.6	14
優格冰種→ P.17	20	180
水	45	405
發酵奶油	8	72
合計	183.8%	1653g

[其他 Others]

白巧克力豆 160g、微烤夏威夷豆 160g
燙麵水 1080g → P.117

[工序 Process]

製作工法
直接法＋優格冰種

種溫
20℃

麵團終溫
26℃

基本發酵
28℃ / 30 分鐘

分割重量
80g

中間發酵
28℃ / 20 分鐘

最後發酵
32℃ / 30 分鐘

發酵箱溫度／濕度
32℃ / 80%

烤焙溫度／時間
上火 230℃、下火 200℃ / 15 分鐘

Points 重點筆記

- 麵團配方的咖啡粉、黑糖、水可先混合均勻再進行攪拌，比較不會產生結粒現象。
- 麵團配方的奶油一開始就加入一起攪拌，主要是阻隔麵筋形成，使麵團延展性變好，麵包的斷口性佳，可吃到豐富內餡的口感。
- 夏威夷豆可用烤箱烤焙至微上色，以上火150℃、下火150℃，烤焙 5～10 分鐘，目視堅果微上色且堅果香氣出來即可。

[步驟 Step by step]

1 前置準備

前一天製作優格冰種。

2 攪拌製程

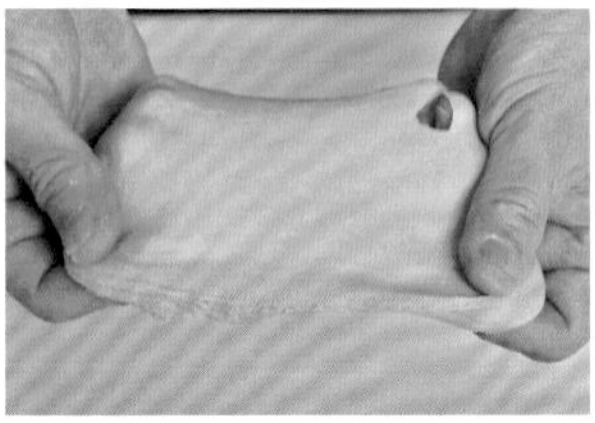

材料A放入攪拌缸，以慢速攪拌成團，轉換中速攪拌至擴展階段微薄膜狀態，終溫26℃。

麵團攪拌完成，於28℃發酵30分鐘。

3 基本發酵

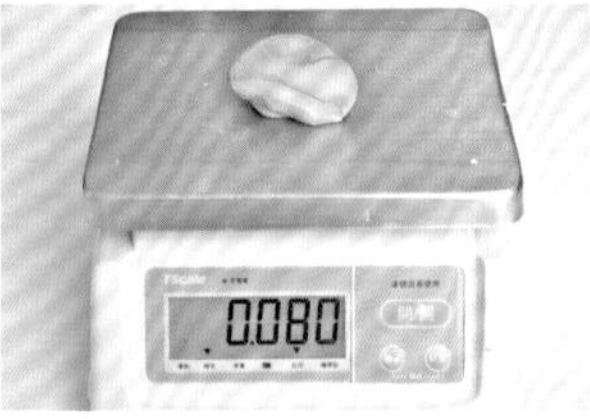

發酵完成的麵團分割成每個80g，共20個。

4 分割、中間發酵

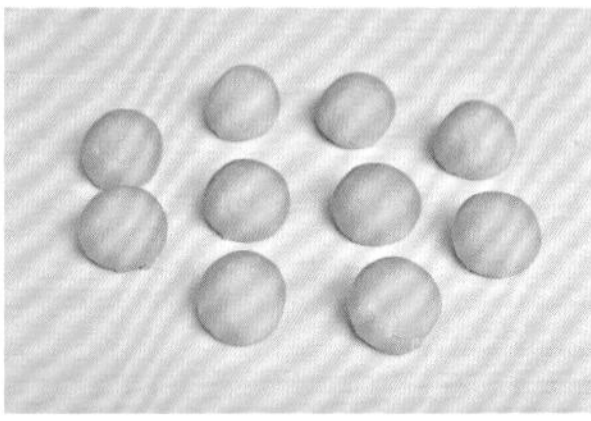

分別排氣折疊滾圓，將分割好的麵團於28℃發酵20分鐘。

5 整型、最後發酵

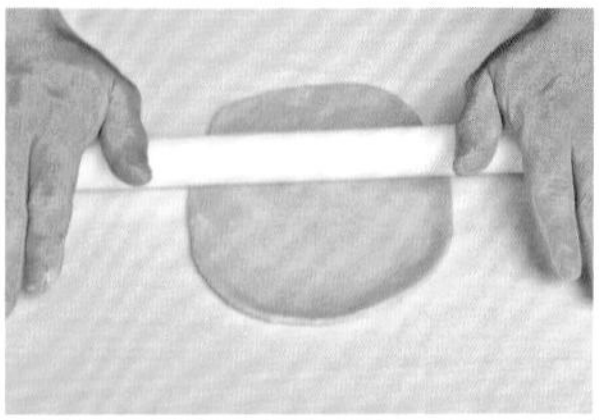

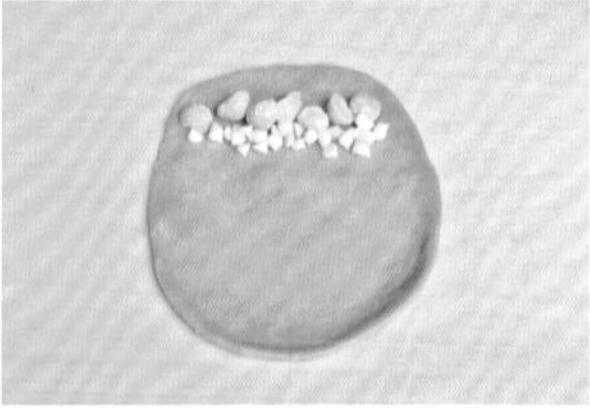

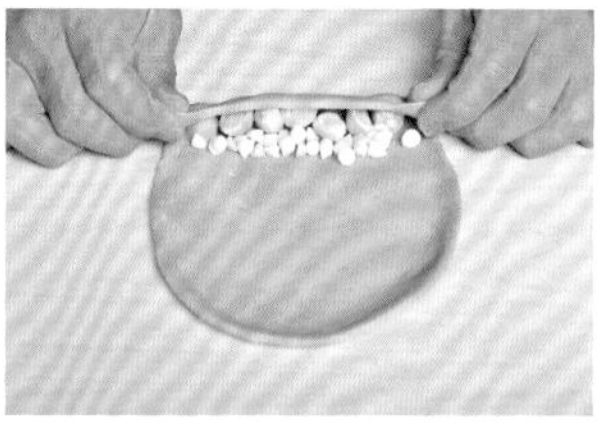

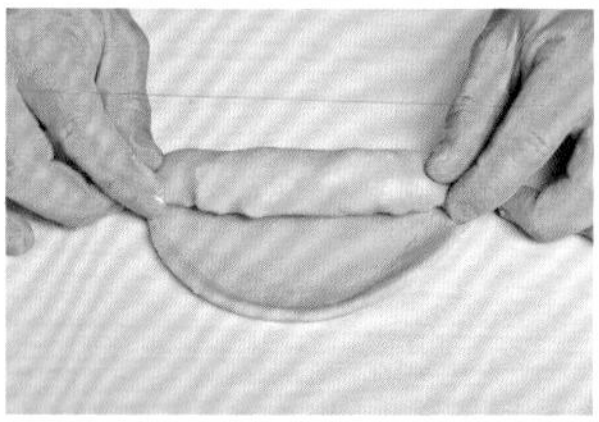

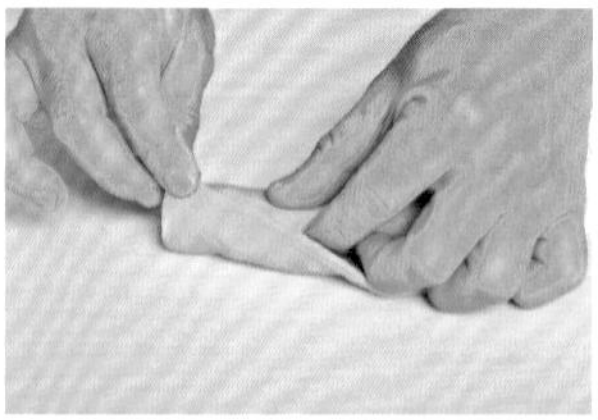

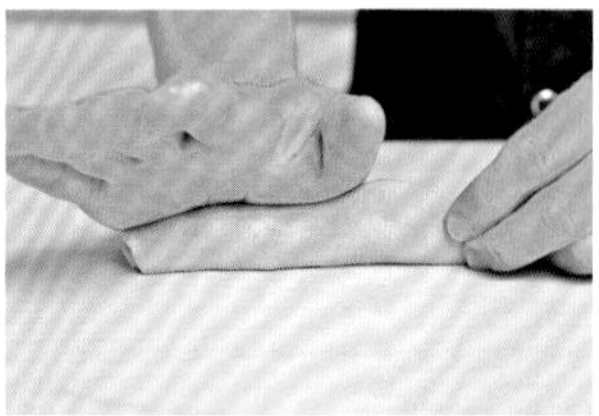

捲成長圓柱：將麵團兩面沾高筋麵粉，再輕壓麵團排氣，從中間朝上下擀開，再翻面重複動作2至3次，擀成厚薄一致的長方形，長16cm、寬13cm，鋪上白巧克力豆8g、微烤夏威夷豆8g，往上順勢捲起，尾端麵皮拉起後黏合成圓柱狀，用手壓一壓收口更黏合。

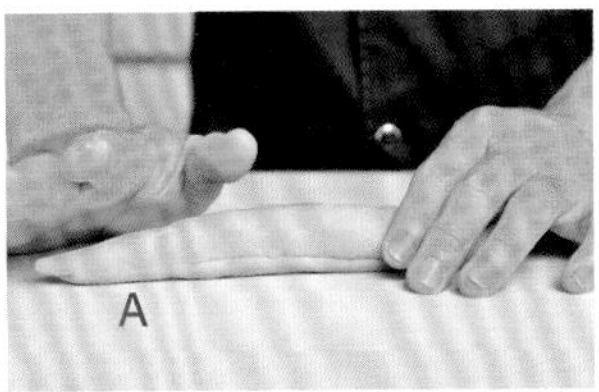

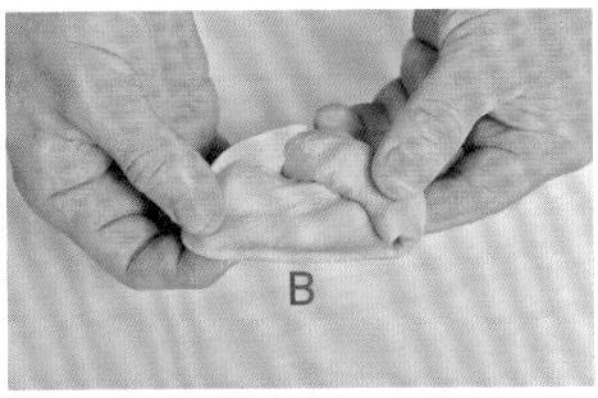

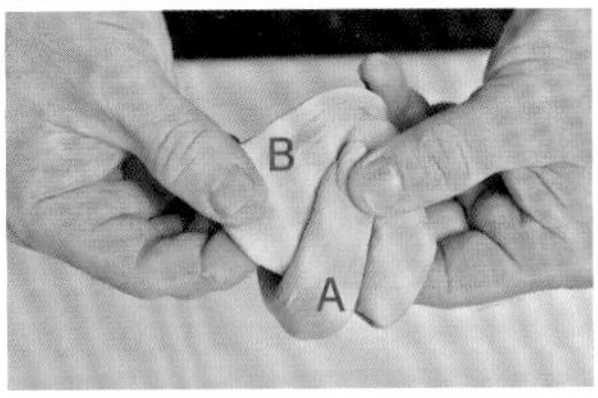

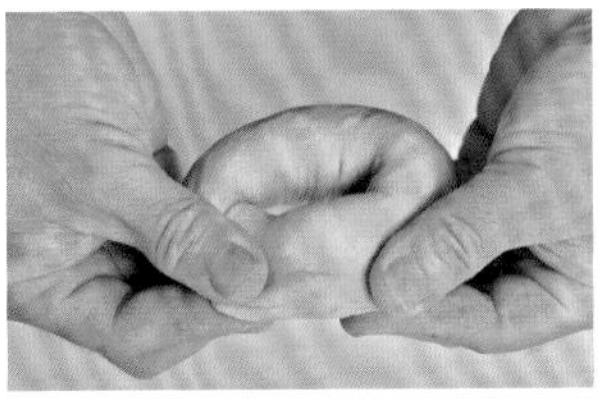

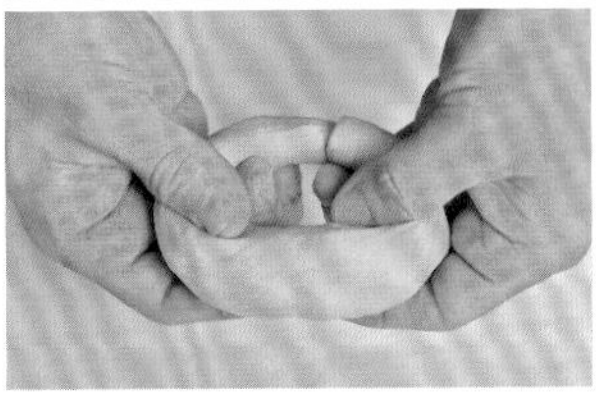

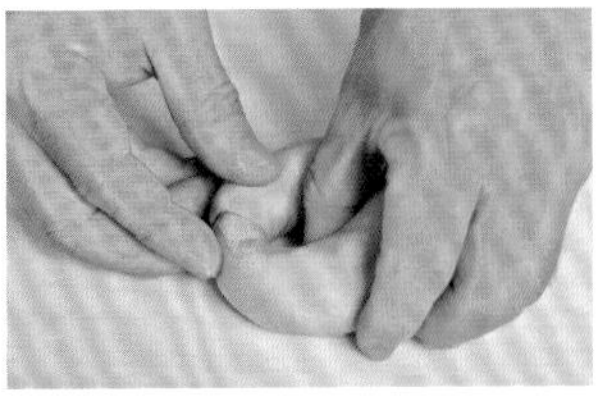

圓圈圈造型：將捲起的A側微搓尖形，另B側解開，再將A側接至解開B側，麵團呈現圓圈圈型，再將B側解開的麵團包覆A側，完全包覆捏緊。

將整型好的麵團放入烤盤中，共完成20個，麵團於32℃發酵30分鐘。

6 水煮燙麵

燙麵水溫加熱至95℃，在燙麵過程水溫保持85～95℃，麵團正反面各燙麵30秒鐘，撈起後瀝乾，再排入烤盤中。

7 烤焙

直接進入烤箱，用上火230℃、下火200℃，烤焙15分鐘，出爐後放涼。

Flavor

鐵觀音紅豆起司貝果

將鐵觀音茶融入麵團中，是款軟Q中帶有紮實口感的麵團，整型時包入紅豆起司餡，一口咬下，口中充滿淡淡鐵觀音茶香和紅豆起司香，味蕾立即獲得滿足。

[材料 Ingredients]

製作量 ▸ 20 個

直接法	百分比%	重量 g
A 高筋麵粉	80	688
特高筋麵粉	20	172
上白糖	4	34
蜂蜜	3	26
鹽	1.6	14
高糖乾酵母	0.6	5
鐵觀音茶粉	4	34
優格冰種→ P.17	20	172
水	51	439
發酵奶油	8	69
合計	192.2%	1653g

[其他 Others]

紅豆起司餡 600g 、燙麵水 1080g → P.117

紅豆起司餡

保 存 冷藏7天

材 料 奶油起司600g、上白糖120g、蜜紅豆粒300g

作 法
1. 將奶油起司打軟，加入上白糖混合均勻。
2. 最後加入蜜紅豆粒，拌勻即可使用。

[工序 Process]

▸ **製作工法**
直接法＋優格冰種

▸ **種溫**
20℃

▸ **麵團終溫**
26℃

▸ **基本發酵**
28℃ / 30 分鐘

▸ **分割重量**
80g

▸ **中間發酵**
28℃ / 20 分鐘

▸ **最後發酵**
32℃ / 30 分鐘

▸ **發酵箱溫度／濕度**
32℃ / 80%

▸ **烤焙溫度／時間**
上火 230℃、下火 200℃ / 15 分鐘

Points 重點筆記

- 鐵觀音茶是烏龍茶類的一種，也屬於半發酵茶，經過長時間烘烤，炭火與茶香融合，獨特的韻味，在烏龍茶中算是極品茶。
- 麵團配方的奶油一開始就加入攪拌，主要是阻隔麵筋形成，使麵團延展性變好，麵包的斷口性佳，可吃到豐富內餡的口感。

[步驟 Step by step]

1 前置準備

前一天製作優格冰種。

2 攪拌製程

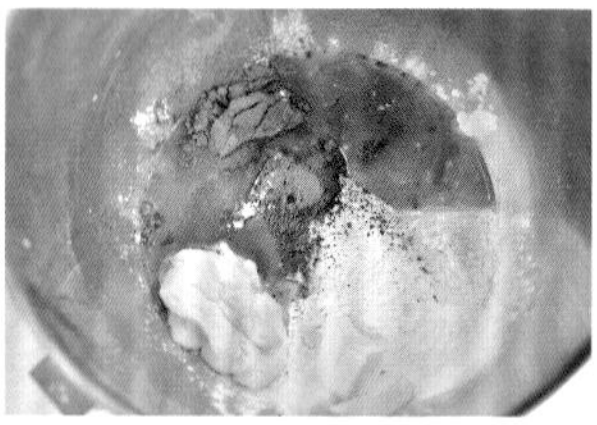

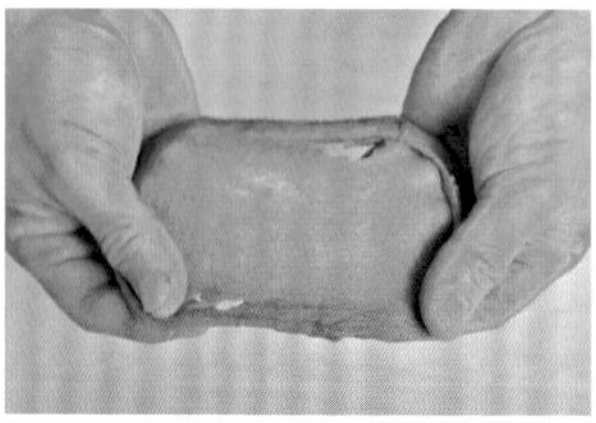

材料A放入攪拌缸，以慢速攪拌成團，轉換中速攪拌至擴展階段微薄膜狀態，終溫26℃。

麵團攪拌完成，於28℃發酵30分鐘。

3 基本發酵

發酵完成的麵團分割成每個80g，共20個。

4 分割、中間發酵

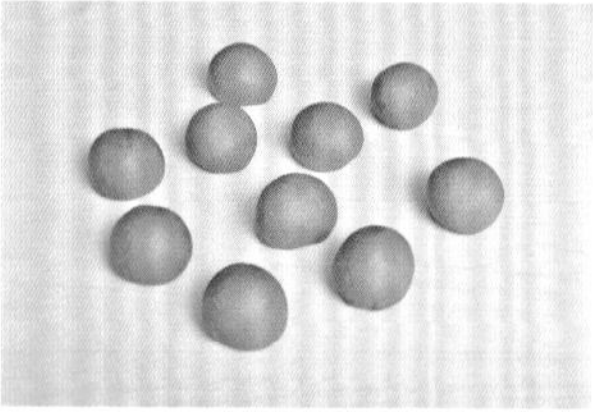

分別排氣折疊滾圓，將分割好的麵團於28℃發酵20分鐘。

5 整型、最後發酵

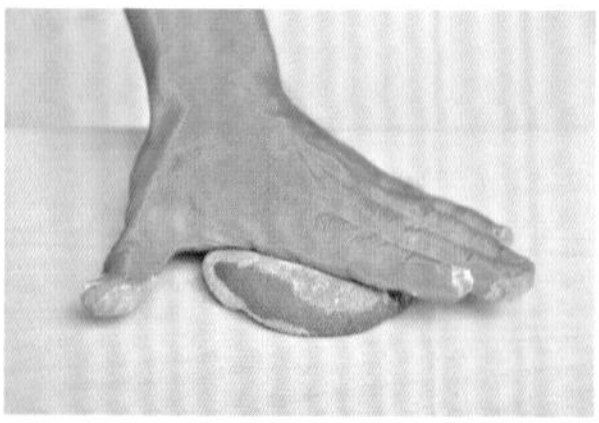

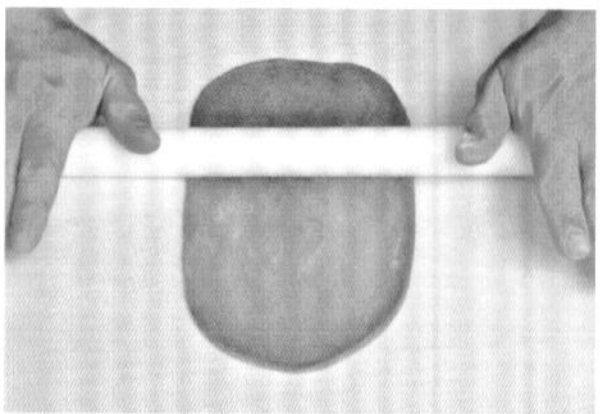

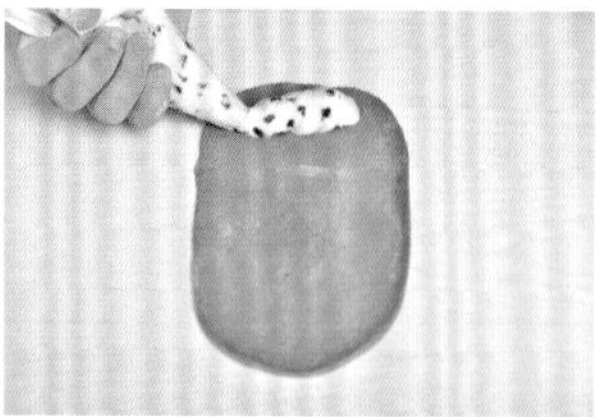

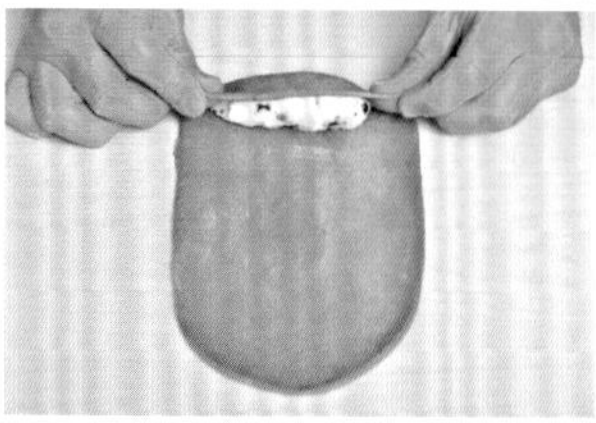

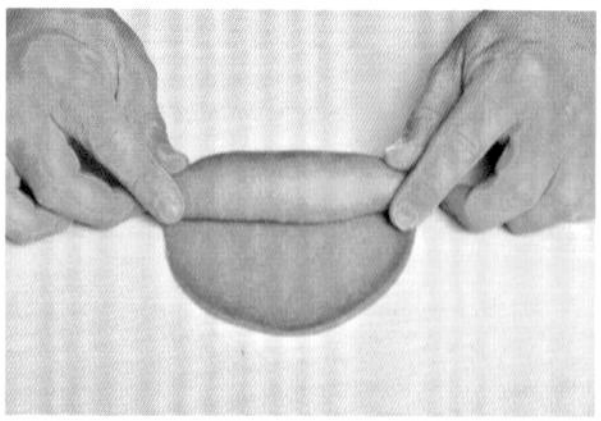

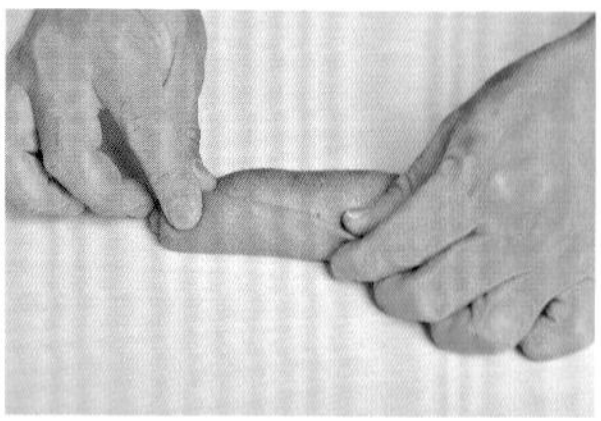

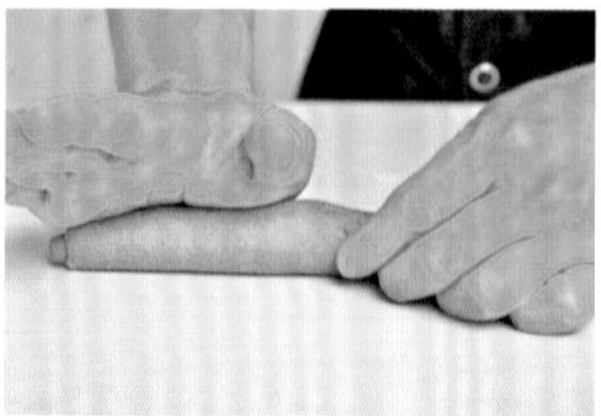

捲成長圓柱：將麵團兩面沾高筋麵粉，再輕壓麵團排氣，從中間朝上下擀開，再翻面重複動作2至3次，擀成厚薄一致的長方形，長16cm、寬13cm，擠入紅豆起司餡30g，往上順勢捲起，尾端麵皮拉起後黏合成圓柱狀，用手壓一壓收口更黏合。

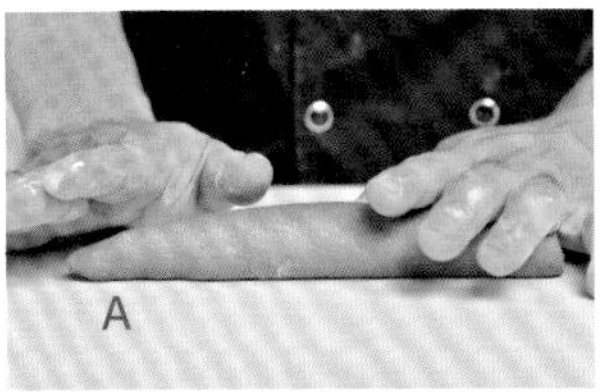

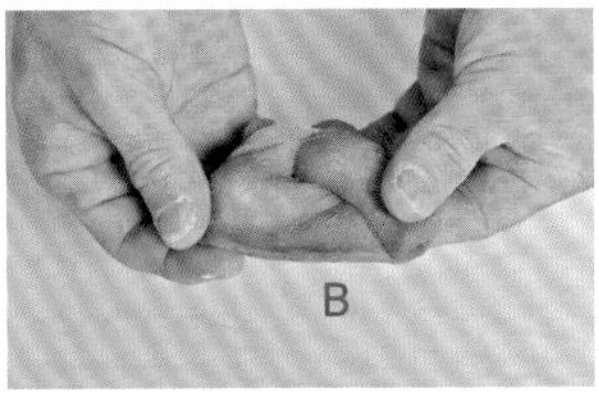

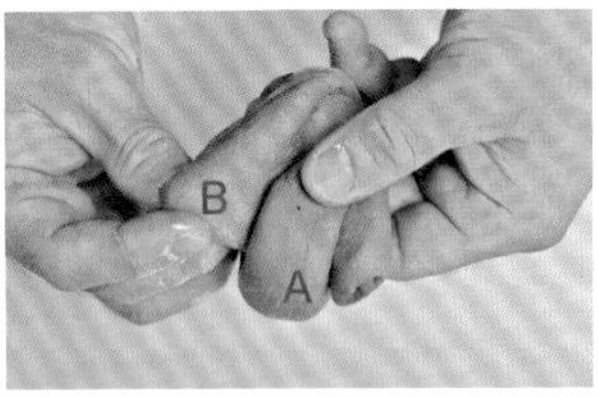

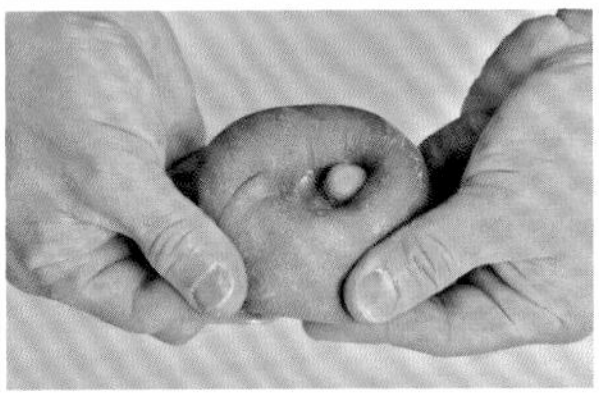

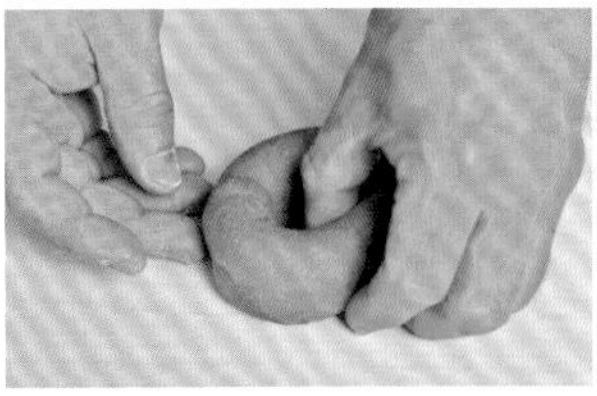

圓圈圈造型：將捲起的A側微搓尖形，另B側解開，再將A側接至解開B側，麵團呈現圓圈圈型，再將B側解開的麵團包覆A側，完全包覆捏緊。

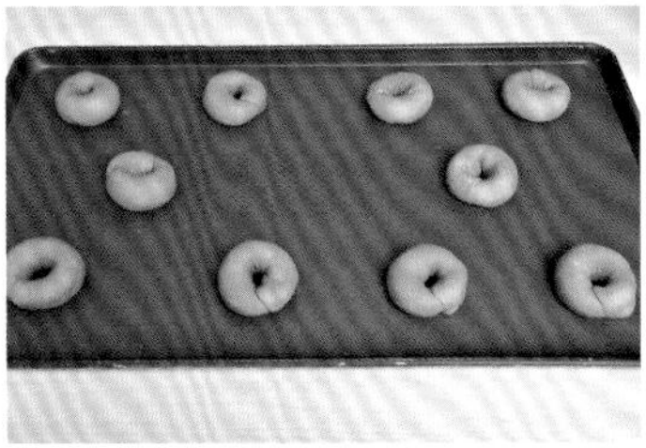

將整型好的麵團放入烤盤中，共完成20個，麵團於32℃發酵30分鐘。

6 水煮燙麵

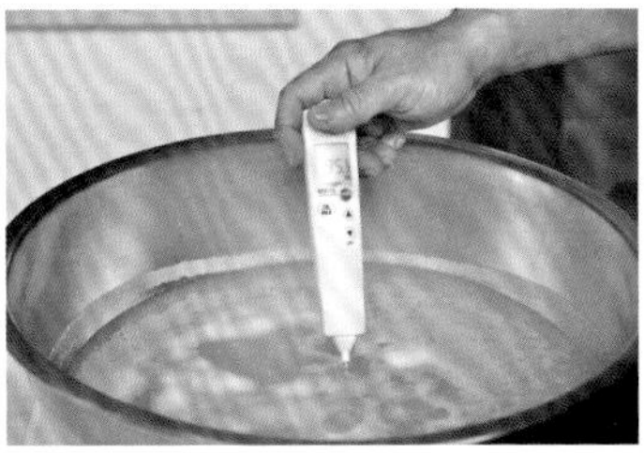

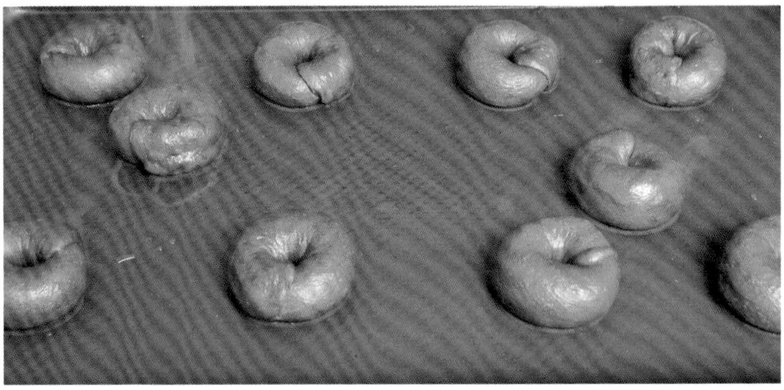

燙麵水溫加熱至95℃，在燙麵過程水溫保持85～95℃，麵團正反面各燙麵30秒鐘，撈起後瀝乾，再排入烤盤中。

7 烤焙

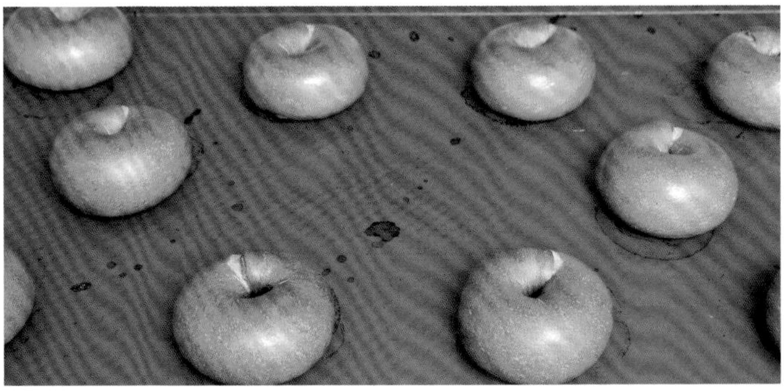

直接進入烤箱，用上火230℃、下火200℃，烤焙15分鐘，出爐後放涼。

紅酒蔓越莓巧克力貝果

Flavor

濃郁香氣的可可拌入巧克力豆，再包入特製紅酒蔓越莓餡，香氣十足，是一款大人味的貝果。

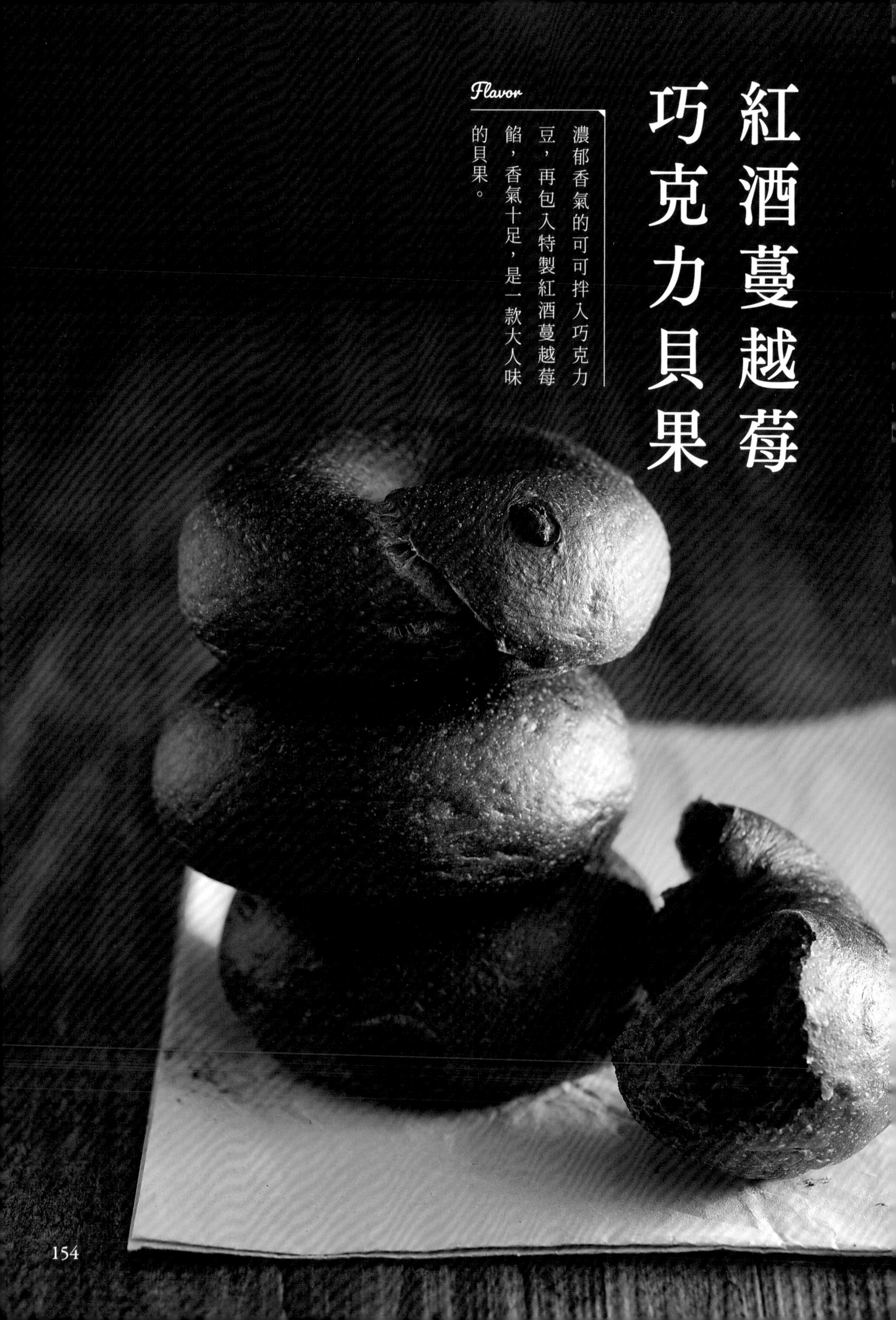

材料 *Ingredients*

製作量 ▸ 20 個

直接法	百分比%	重量 g
A 特高筋麵粉	60	468
高筋麵粉	40	312
上白糖	5	39
鹽	1.6	12
高糖乾酵母	0.6	5
優格冰種→ P.17	30	234
可可粉	4	31
水	58	452
B 發酵奶油	4	31
C 水滴巧克力豆	8	62
合計	211.2%	1646g

其他 *Others*

紅酒蔓越莓餡 600g、燙麵水 1080g → P.117

工序 *Process*

- **製作工法**
  直接法＋優格冰種
- **種溫**
  20℃
- **麵團終溫**
  26℃
- **基本發酵**
  28℃ / 30 分鐘
- **分割重量**
  80g
- **中間發酵**
  28℃ / 20 分鐘
- **最後發酵**
  32℃ / 30 分鐘
- **發酵箱溫度／濕度**
  32℃ / 80%
- **烤焙溫度／時間**
  上火 240℃、下火 220℃ / 15 分鐘

紅酒蜜蔓越莓餡

保存 冷凍30天

材料 A 蜂蜜100g、檸檬汁12g、紅酒60g

B 蔓越莓500g

作法 將材料A煮滾，加入材料B煮至收汁，關火後放涼即可。

Points 重點筆記

- 麵團攪拌終溫勿太高，水滴巧克力容易軟化變黏稠。
- 麵團整型時，不須擀太薄，因為有水滴巧克力豆顆粒，麵團容易破裂。

步驟 Step by step

1 前置準備

前一天製作優格冰種。

2 攪拌製程

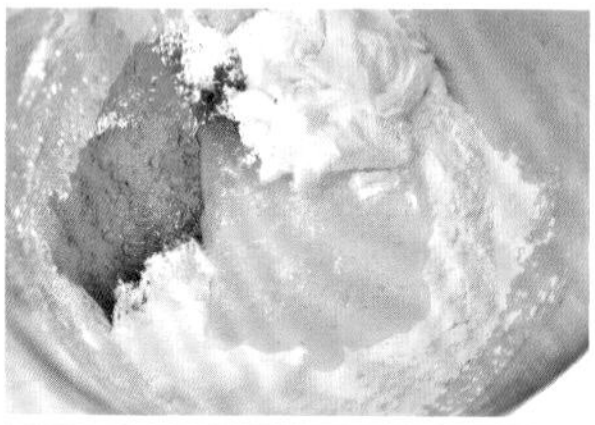

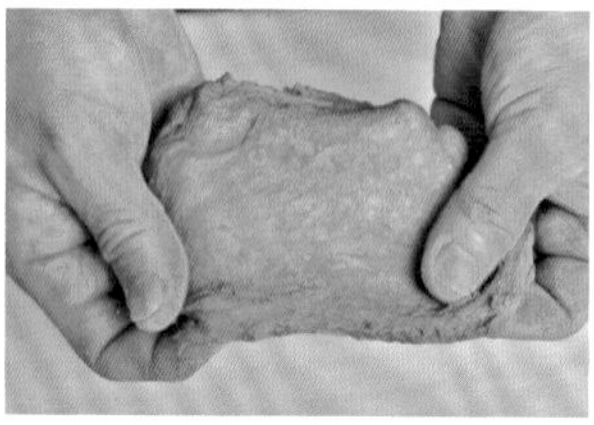

材料A放入攪拌缸，以慢速攪拌成團，轉換中速攪拌至擴展階段微薄膜狀態。

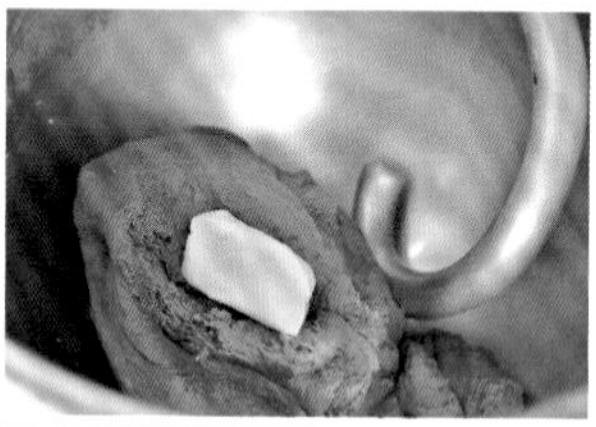

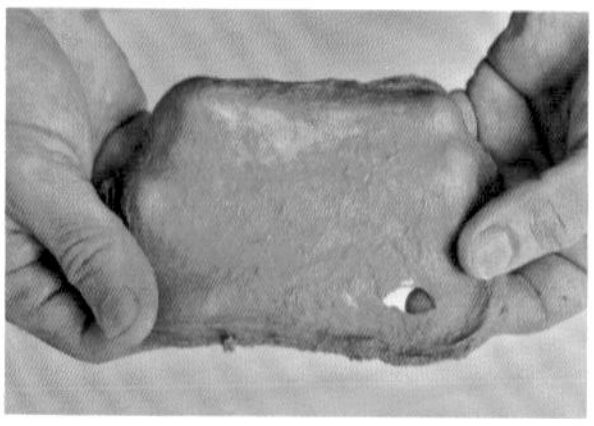

加入材料B，慢速攪拌均勻，轉換中速攪拌至擴展階段微薄膜狀態。

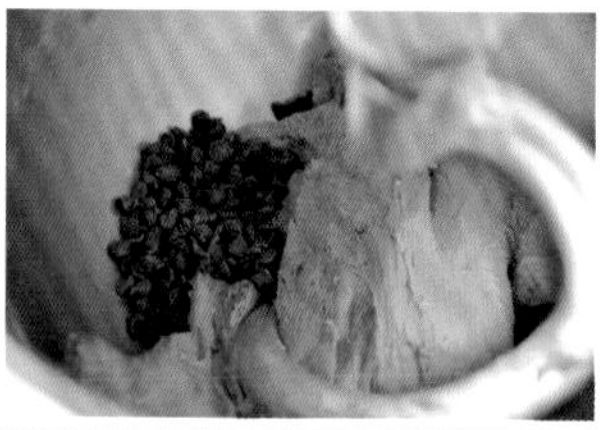

再加入材料C攪拌均勻，終溫26℃。

3 基本發酵

麵團攪拌完成，於28℃發酵30分鐘。

4 分割、中間發酵

發酵完成的麵團分割成每個80g，共20個。

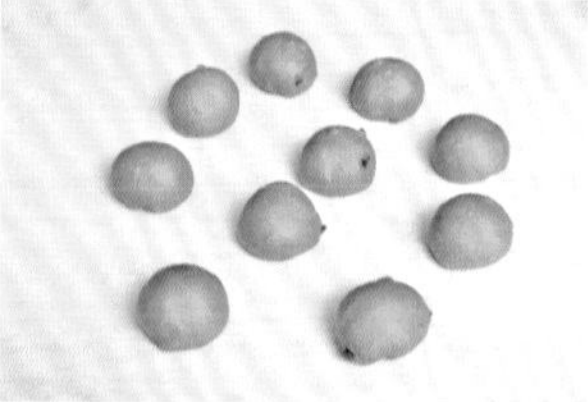

分別排氣折疊滾圓，將分割好的麵團於28℃發酵20分鐘。

5 整型、最後發酵

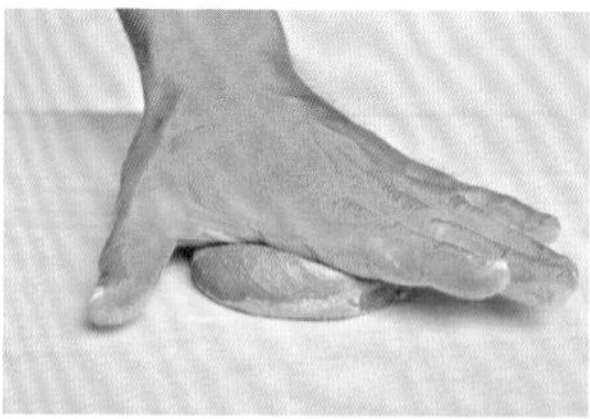

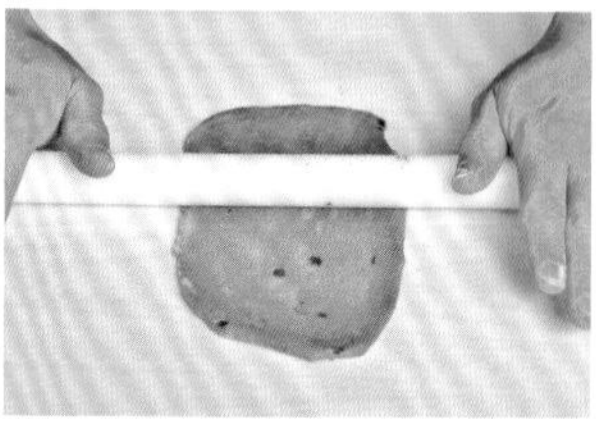

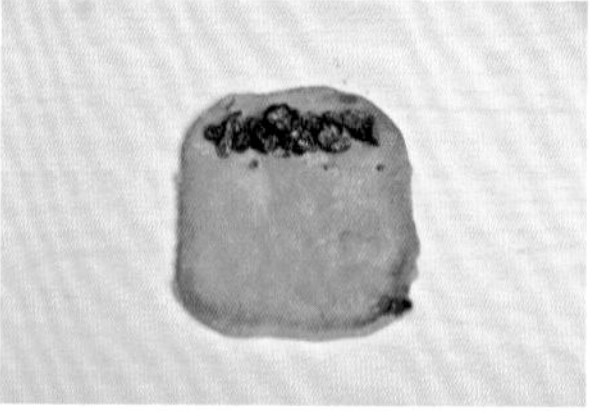

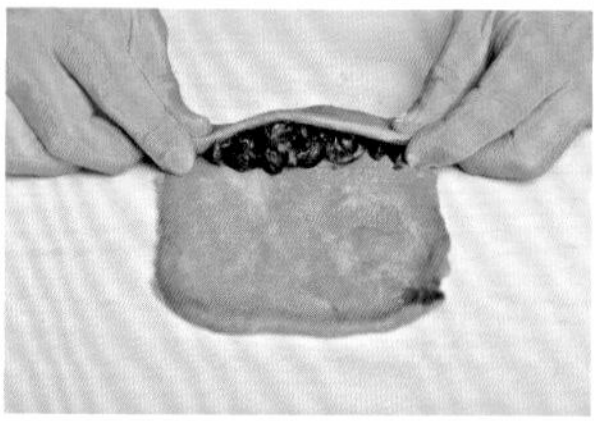

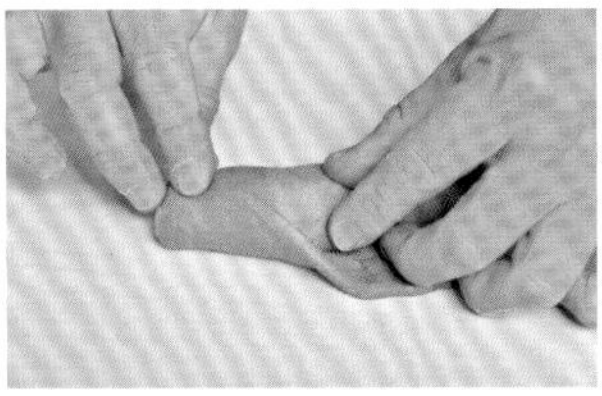

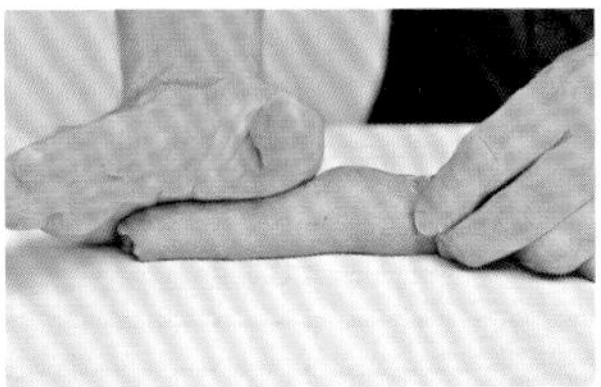

捲成長圓柱：將麵團兩面沾高筋麵粉，再輕壓麵團排氣，從中間朝上下擀開，再翻面重複動作2至3次，擀成厚薄一致的長方形，長16cm、寬13cm，鋪上紅酒蜜蔓越莓餡30g，往上順勢捲起，尾端麵皮拉起後黏合成圓柱狀，用手壓一壓收口更黏合。

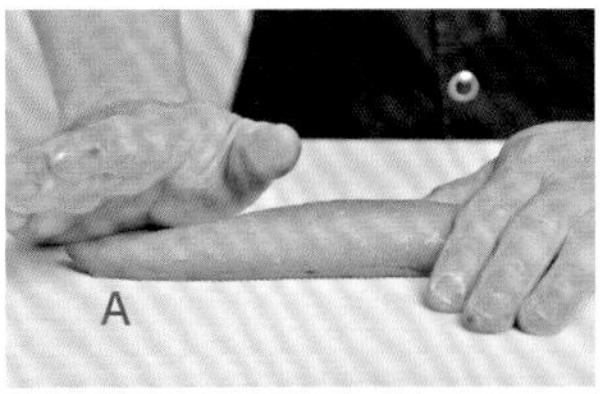

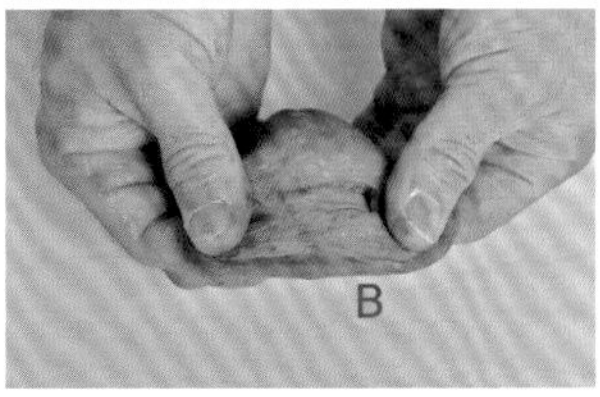

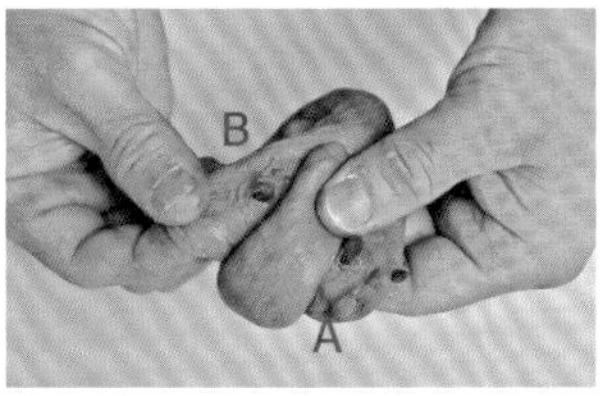

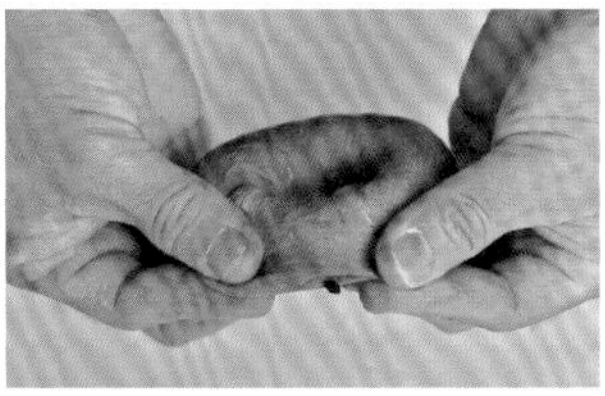

圓圈圈造型：將捲起的A側微搓尖形，另B側解開，再將A側接至解開B側，麵團呈現圓圈圈型，再將B側解開的麵團包覆A側，完全包覆捏緊。

將整型好的麵團放入烤盤中，共完成20個，麵團於32℃發酵30分鐘。

6 水煮燙麵

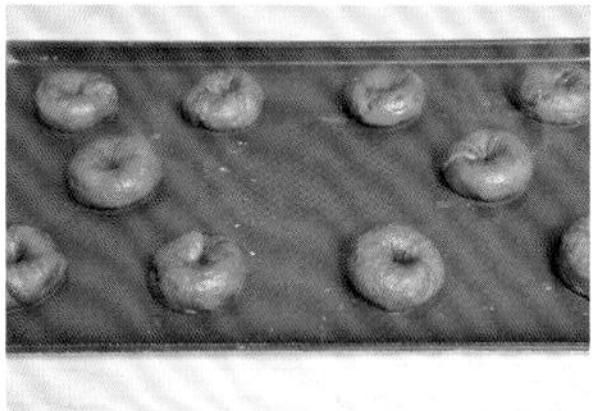

燙麵水溫加熱至95℃，在燙麵過程水溫保持85～95℃，麵團正反面各燙麵30秒鐘，撈起後瀝乾，再排入烤盤中。

7 烤焙

直接進入烤箱，用上火240℃、下火220℃，烤焙15分鐘，出爐後放涼。

Chapter

5

出爐秒殺 餐包

Bun Flavor

Bun Flavor

餐包風味變化美學

[主要材料組成]

餐包是麵包店每天固定生產的主力之一，餐包麵團與台式甜麵包麵團的材料大同小異，以基本材料高筋麵粉、上白糖、水、奶油、酵母所組成，還會加一些動物鮮奶油、全蛋、煉乳，增加麵包的香氣與膨脹度。

[大餐包烤溫低時間長]

餐包重量愈大愈重（40g 以上），烤溫不宜太高，烤焙時間也會延長，出爐前可用溫度計先測量熟成溫度（麵團中心溫度 96～97℃），達到此溫度表示餐包內部已熟成。

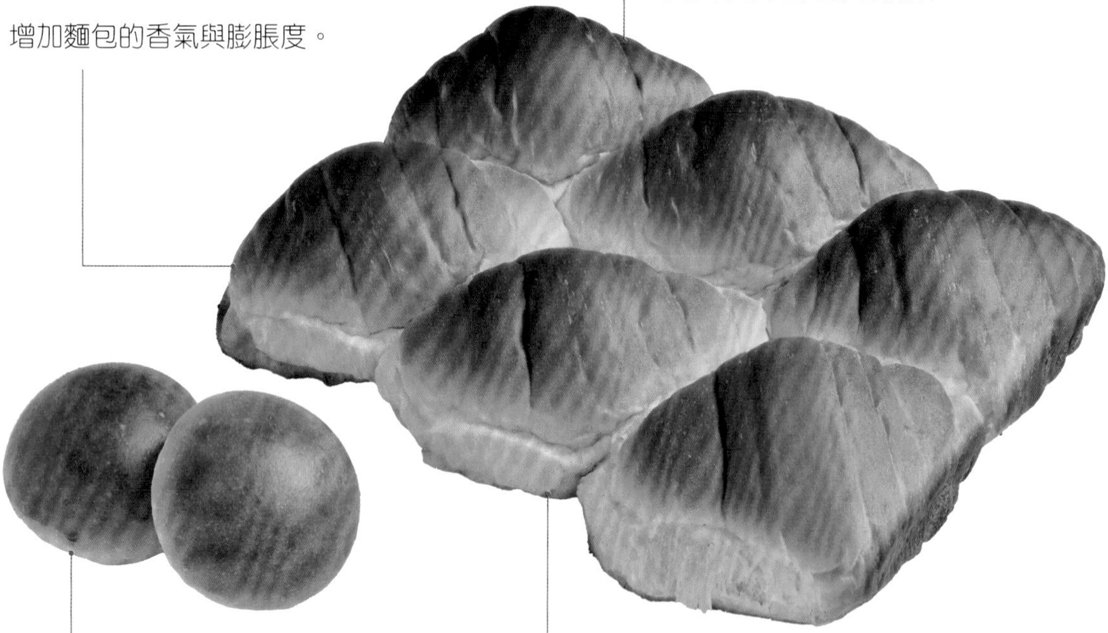

[小餐包烤溫高時間短]

餐包的大小直接影響烤溫與時間，重量愈小愈輕（40g 以下），烤溫會提高、時間縮短於 10 分鐘內，使溫度在短時間內達到麵團熟成溫度，水分比較不易流失。

[整型方式影響口感]

餐包的整型方式不同，也會產生不一樣的口感，使用擀麵棍擀捲餐包，比較偏細緻Q彈；包餡或是滾圓方式，則麵包體柔軟與鬆軟，每個人喜歡的口感不同，可透過整型方式呈現心目中最完美的餐包。

以「奶油爆漿餐包、牛奶拔絲餐包」示意說明

餐包速配吃法

飲品速配組合

餐包是全民都愛吃的一款麵包，無論是早午餐或晚餐皆適合，早午餐可搭配燕麥鮮奶、無糖豆漿、香蕉牛奶、酪梨蜂蜜牛奶，晚餐則適合玉米濃湯、南瓜濃湯、洋蔥湯、生菜沙拉，可將餐包泡在濃湯裡享用，將有驚喜的美味。

抹醬夾餡美味加分

抹醬鹹甜自由運用，優雅又高級的吃法，像是酪梨醬、藍莓優格起司醬、法式奶酥醬、鮪魚橄欖抹醬、法式香蒜奶油抹醬等，都是很好的選擇，在家也可以吃到像五星級飯店的豐盛早餐。

餐包就像是一碗白飯，想配什麼菜就夾什麼，像是古巴三明治，或是帕尼尼的作法，可夾一些燒肉、酸黃瓜、芥末醬、起司片，夾好用熱壓機熱壓，表面會有酥脆口感，或是夾入炒麵、馬鈴薯沙拉餡，變化出各種美味漢堡。

麵團裝飾升級

捲入內餡與整型變化

製作時可捲入餡料變化，或是麵團亦可拌入一些果乾或紫米，比如可包入紅豆餡、芋頭餡、巧克力醬、熱狗、肉鬆餡或果乾類皆適合，形狀因人而異，可整成圓型、奶油捲型、長條型變化。

表面裝飾不複雜

一般餐包表面裝飾都很簡單，不會太華麗及複雜，基本作法皆是刷上蛋液或裝飾一些堅果或果乾，撒粉類方式、火腿丁、青蔥之類的食材。

Flavor

牛奶拔絲餐包

奶香味十足的牛奶拔絲餐包，使用中種法製作，完全不加一滴水，放到隔天還是軟Q綿密，還會拉絲，會忍不住一口接一口吃。

[材料 Ingredients]

製作量 ▸ 24 個

中種法	百分比%	重量 g
A 特高筋麵粉	70	483
奶粉	6	41
全蛋	16	110
高糖乾酵母	1	7
鮮奶	30	207
主麵團	**百分比%**	**重量 g**
B 特高筋麵粉	30	207
上白糖	18	124
煉乳	5	35
鹽	1.6	11
動物鮮奶油	8	55
紅蘿蔔汁	25	173
優格冰種→ P.17	30	207
C 發酵奶油	12	83
合計	**252.6%**	**1743g**

[工序 Process]

- **製作工法**
  中種法＋優格冰種
- **種溫**
  27℃
- **麵團終溫**
  26℃
- **基本發酵**
  28℃ / 60 分鐘
- **中種主麵團發酵**
  28℃ / 20 分鐘
- **分割重量**
  70g ×12 個一組
- **中間發酵**
  28℃ / 20 分鐘
- **最後發酵**
  32℃ / 60 分鐘
- **發酵箱溫度／濕度**
  32℃ / 80%
- **烤焙溫度／時間**
  上火 170℃、下火 230℃ / 20 分鐘

[其他 Others]

有鹽奶油 200g、無水奶油 100g

Points 重點筆記

- 烤焙時放入有鹽奶油，主要是煎香麵包底部，烤焙完成的底部會比一般麵包上色，即顏色較深。記得勿過焦，容易有苦味；顏色太淺，則吃了含油膩感。
- 中種麵團的鮮奶與乾酵母混合時，因鮮奶大約 5℃，夏天可加熱回溫至 20℃，冬天可加熱回溫至約 32℃，才不會因為鮮奶溫度太低，導致發酵不起來。
- 紅蘿蔔是營養豐富，含胡蘿蔔素和許多維生素，胡蘿蔔素可將麵團染色成金黃色，也是製作麵包常用的蔬菜之一。

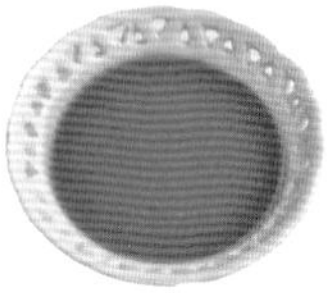

步驟 Step by step

1 前置準備

前一天製作優格冰種。

中種製作：鮮奶與高糖乾酵母使用打蛋器混合均勻，再倒入攪拌缸，加入其他材料A，慢速攪拌成團，轉換中速攪拌麵團均勻即可，建議種溫27℃，麵團於28℃發酵60分鐘。

2 攪拌製程

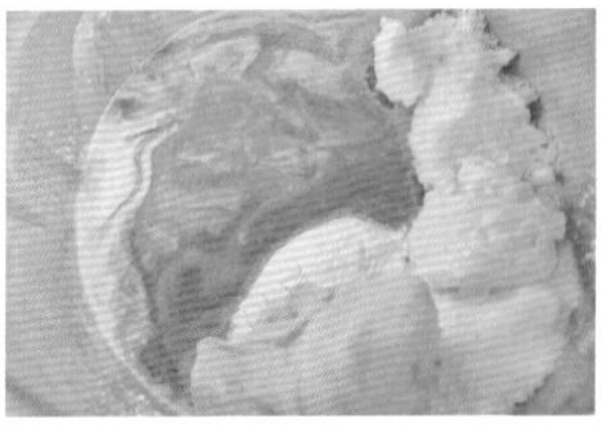

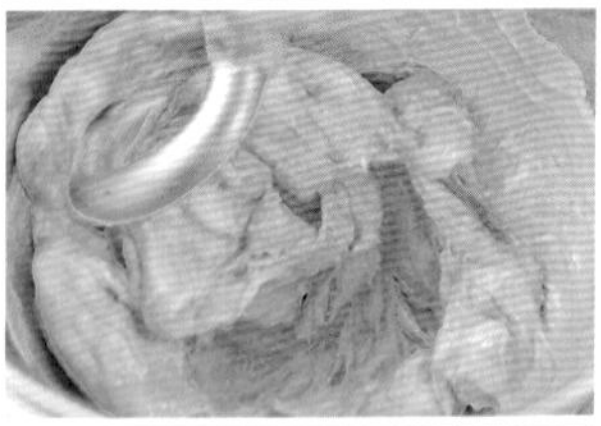

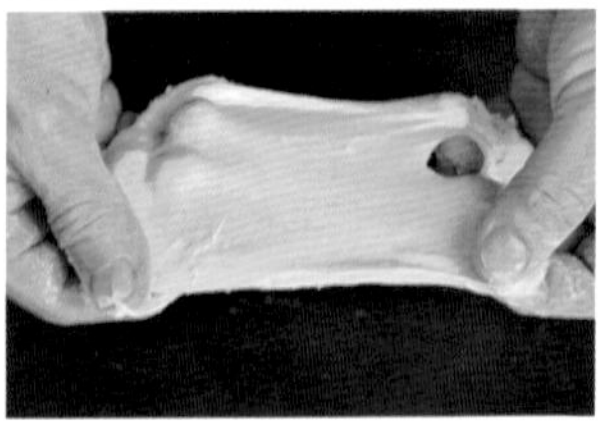

材料B與材料A慢速攪拌成團，轉換中速攪拌至擴展階段微薄膜狀。

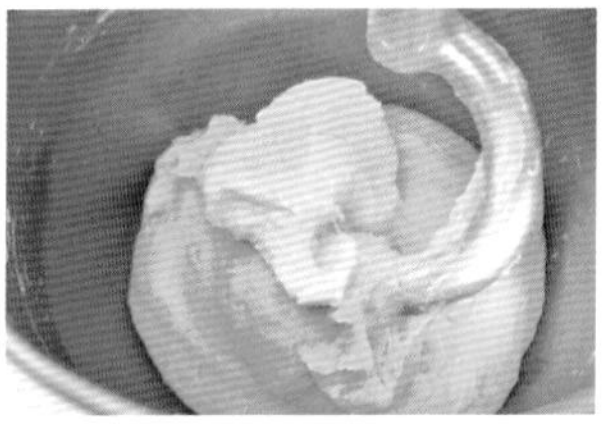

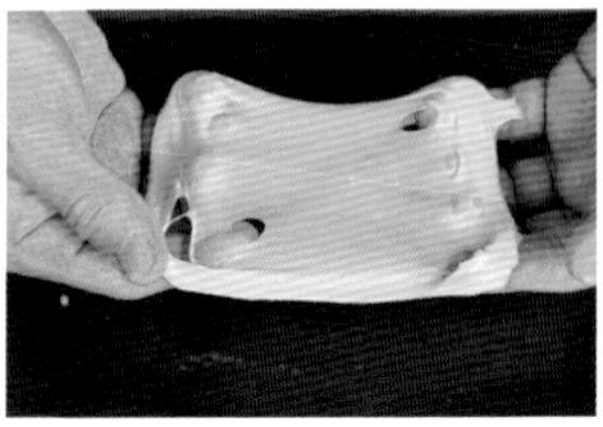

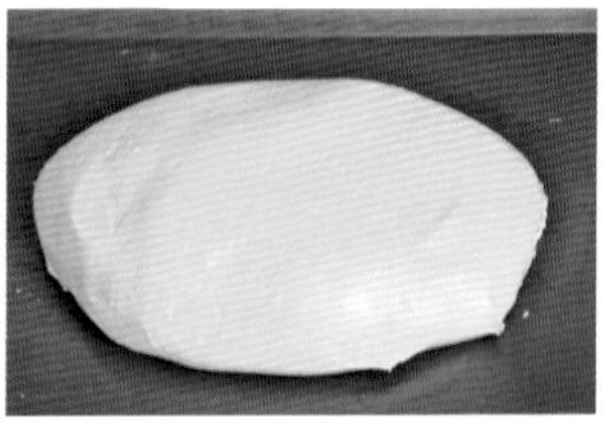

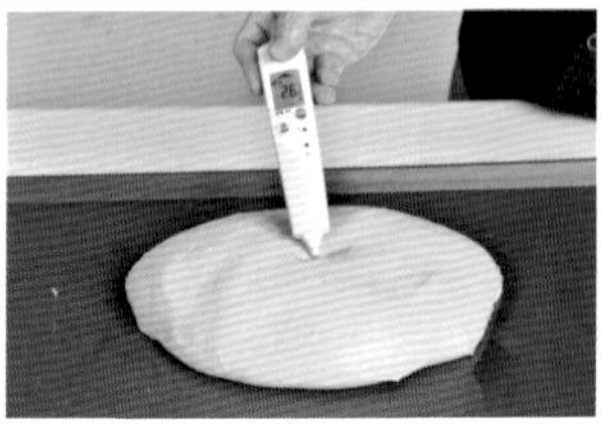

加入材料C，慢速攪拌均勻，轉換中速攪拌至完全擴展薄膜狀態，終溫26℃。

3 基本發酵

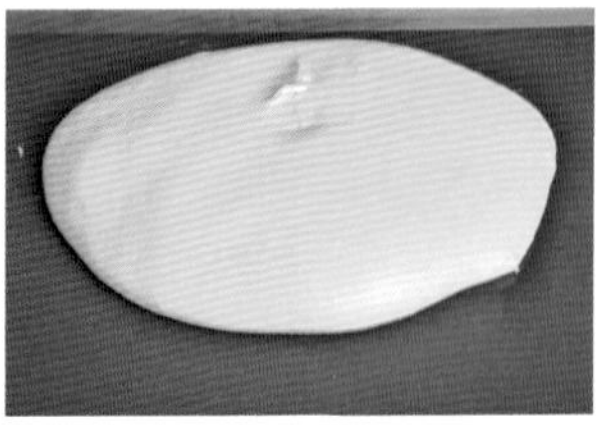

中種主麵團於28℃發酵20分鐘。

4 分割、中間發酵

發酵完成的麵團分割成每個70g，共24個。

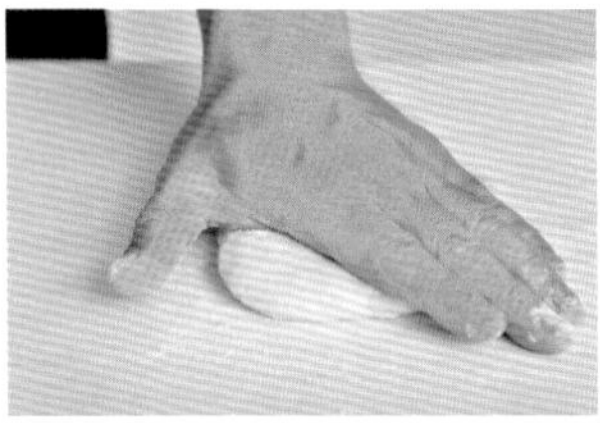

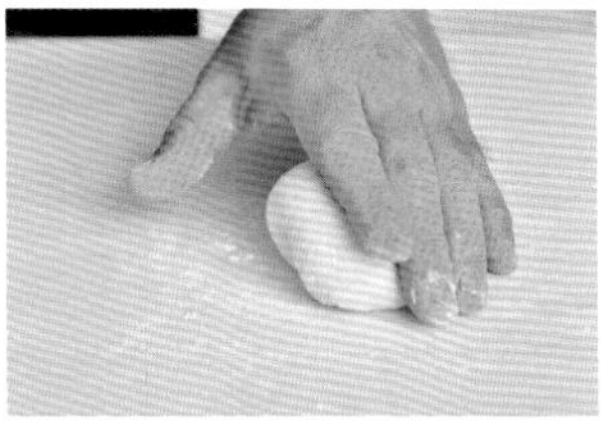

將麵團兩面沾高筋麵粉，分別排氣折疊滾圓，光滑面朝上，用手將麵團輕拍讓空氣排出，翻面底部朝上，拉起對折上面蓋過下面麵團，再轉向，重複拉起對折上面蓋過下面麵團。

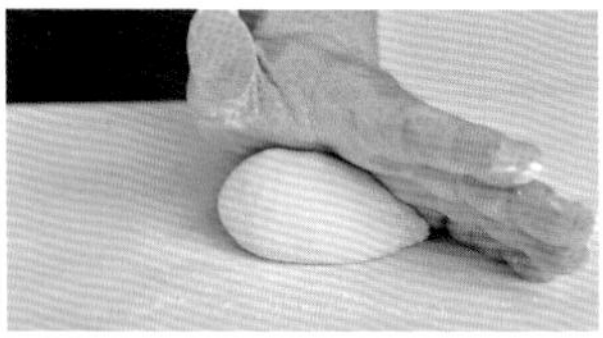

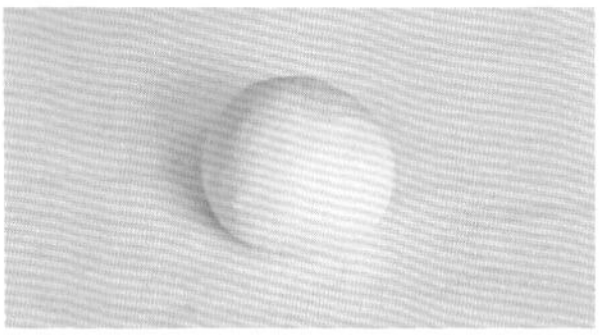

手刀微彎掌心靠於麵團兩側，手刀稍微往下施力畫圈，滾圓動作，使麵團呈現表面光滑狀態。

將滾圓好的麵團於28℃發酵20分鐘。

5 整型、最後發酵

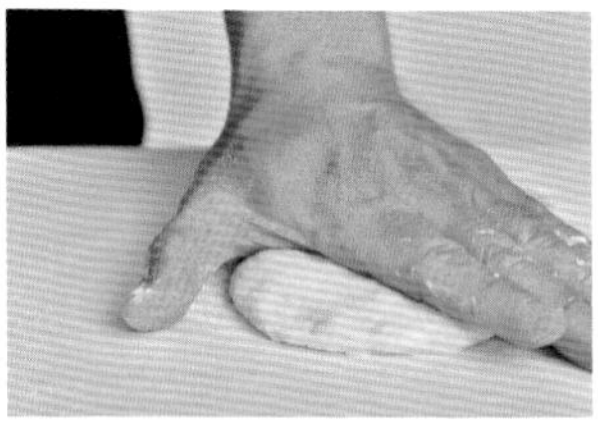

水滴狀：將麵團拍扁後搓成水滴狀約長18cm。

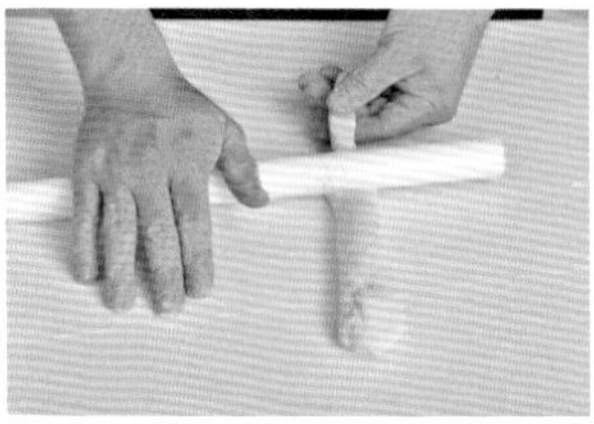

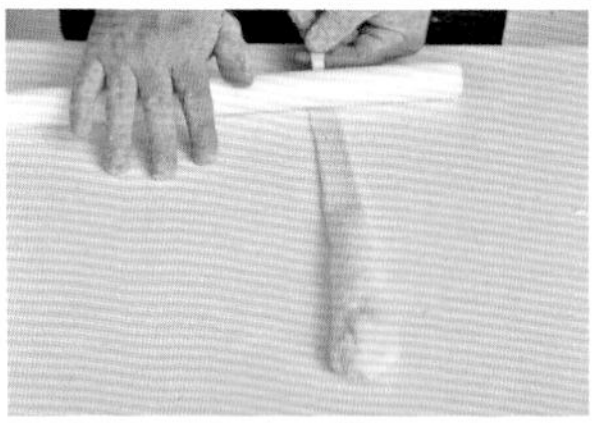

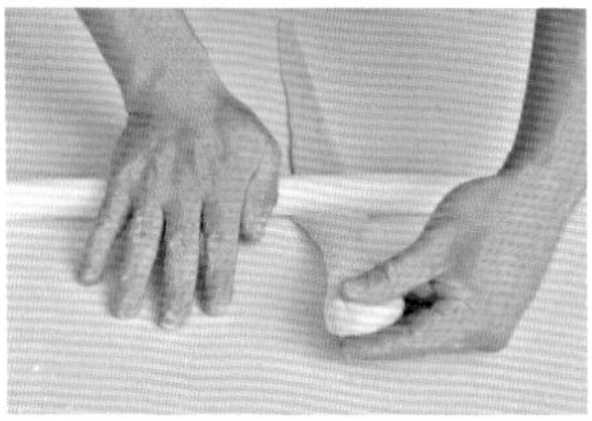

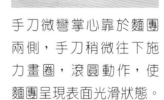

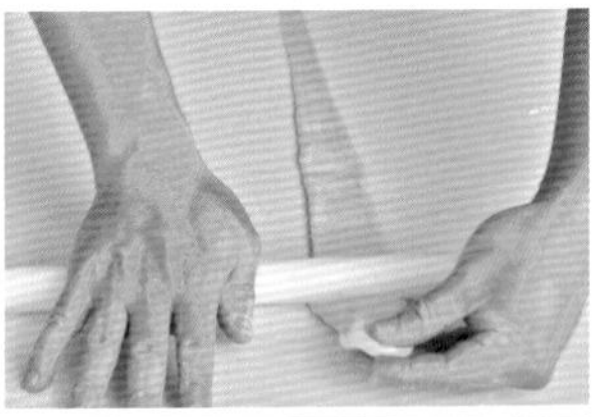
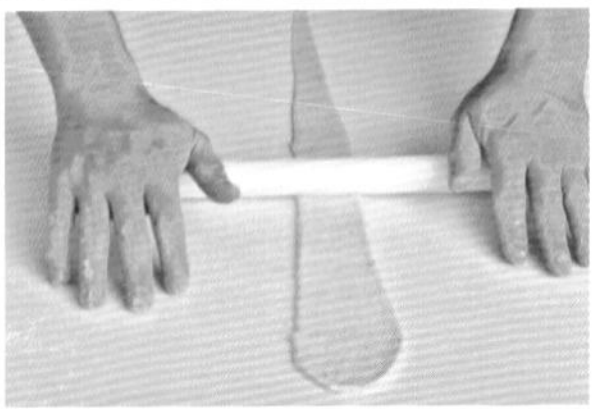
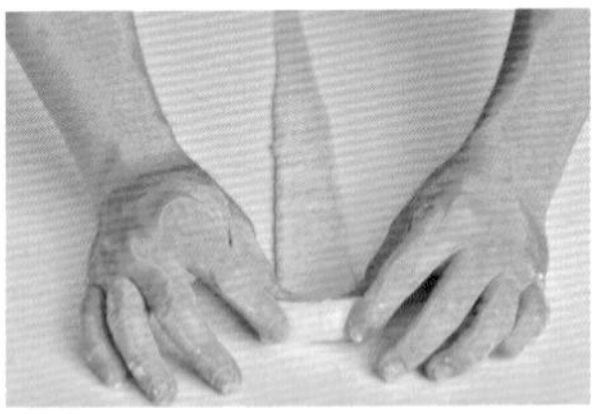

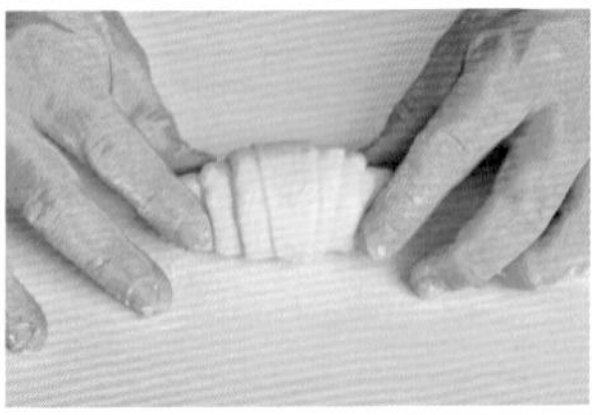
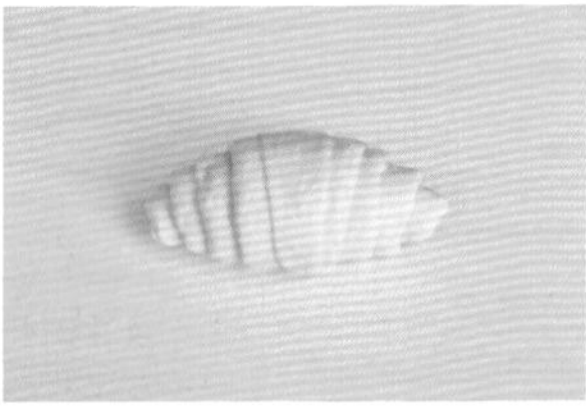

擀薄捲起：一手輕拉水滴尖型部位，先從中間朝下擀薄，再從中間朝上擀開，長40～45cm水滴狀，往下順勢捲起後黏合。

將整型好的麵團收口朝下放入烤盤中（長365×寬265×高50mm烤模），完成一盤12個，共2盤，麵團於32℃發酵60分鐘。

6 烤前裝飾

在每個麵團之間放入有鹽奶油。

7 烤焙

放入烤箱，用上火170℃、下火230℃，烤焙20分鐘，出爐。

8 烤後處理

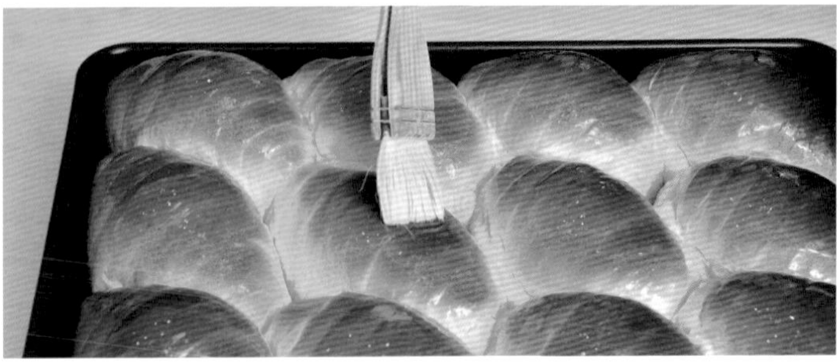

表面刷上無水奶油，放涼。

卡滋香腸小餐包

Flavor

麵團加入義大利香料與脆脆的德國香腸丁，表面裝飾起司絲，Q彈又帶有鹹香口感，是一款西式小餐包。

[材料 Ingredients]

製作量 ▸ 20 個

直接法	百分比%	重量 g
A 法國麵粉	100	480
高糖乾酵母	1	5
上白糖	8	38
鹽	1.6	8
奶粉	5	24
義大利香料	0.2	1
優格冰種→ P.17	40	192
水	60	288
發酵奶油	10	48
B 德國香腸丁	36	173
合計	**261.8%**	**1257g**

[其他 Others]

全蛋液 100g、起司絲 160g

德國香腸處理方式

水煮滾，放入德國香腸，煮至表皮微裂即可撈起，冷卻再切約 1cm 丁狀備用。

[工序 Process]

▸ **製作工法**
直接法＋優格冰種

▸ **種溫**
20℃

▸ **麵團終溫**
26℃

▸ **基本發酵**
28℃ / 60 分鐘

▸ **分割重量**
60g

▸ **中間發酵**
28℃ / 20 分鐘

▸ **最後發酵**
32℃ / 60 分鐘

▸ **發酵箱溫度／濕度**
32℃ / 85%

▸ **烤焙溫度／時間**
上火 210℃、下火 190℃ / 13 分鐘

Points 重點筆記

- 刷全蛋液後即沾起司絲，必須均勻沾裹，烤好後才會好看。
- 麵團配方的奶油一開始就加入攪拌，主要是阻隔麵筋形成，使麵團延展性變好，麵包的斷口性佳，可吃到豐富內餡的口感。

[步驟 *Step by step*]

1 前置準備

前一天製作優格冰種。

2 攪拌製程

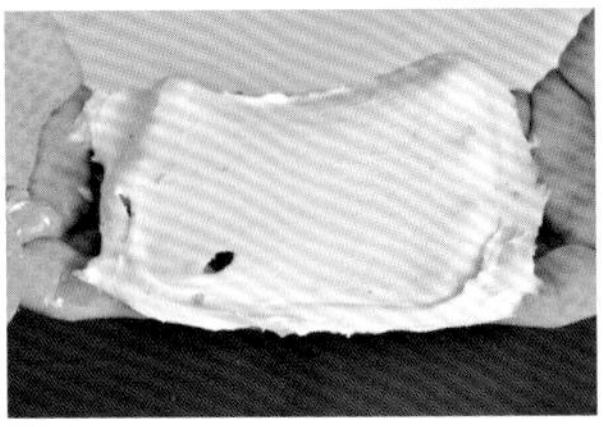

材料A放入攪拌缸，以慢速攪拌成團，轉換中速攪拌至完全擴展階段薄膜狀態。

加入材料B混合均匀，終溫26℃。

3 基本發酵

麵團攪拌完成，於28℃發酵60分鐘。

4 分割、中間發酵

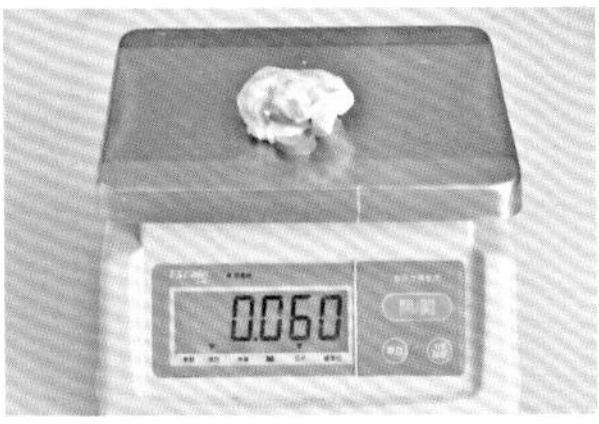

發酵完成的麵團分割成每個60g，共20個。

分別排氣折疊滾圓，將分割好的麵團於28℃發酵20分鐘。

5 整型、最後發酵

將麵團輕拍排氣折疊滾圓，滾圓後收合底部麵團捏合。

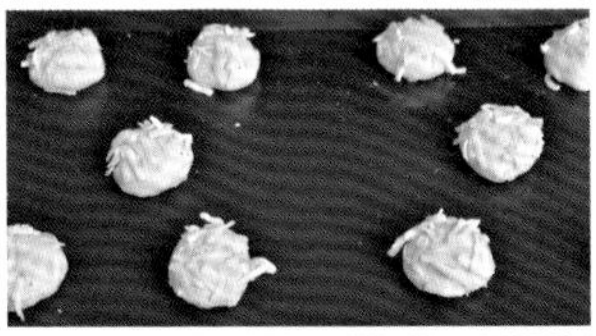

將整型好的麵團收口朝下放入烤盤中，共完成20個，表面刷上全蛋液，沾起司絲，麵團於32℃發酵60分鐘。

6 烤焙

放入烤箱，用上火210℃、下火190℃／烤焙13分鐘，出爐後放涼。

紫米元氣餐包

Flavor

在麵團中加入紫米，吃起來帶有米香氣，是一款米麵包概念的養生餐包。

[材料 Ingredients]

製作量 ▸ 20 個

中種法	百分比%	重量 g
A 高筋麵粉	70	301
高糖乾酵母	1	4
水	42	181
主麵團	**百分比%**	**重量 g**
B 高筋麵粉	30	129
上白糖	12	52
鹽	1.8	8
奶粉	3	13
全蛋	10	43
優格冰種→ P.17	30	129
水	12	52
C 發酵奶油	8	34
D 熟紫米粒	30	129
合計	**249.8%**	**1075g**

[工序 Process]

▸ **製作工法**
中種法＋優格冰種

▸ **種溫**
27℃

▸ **麵團終溫**
26℃

▸ **基本發酵**
28℃ / 60 分鐘

▸ **中種主麵團發酵**
28℃ / 20 分鐘

▸ **分割重量**
50g

▸ **中間發酵**
28℃ / 20 分鐘

▸ **最後發酵**
32℃ / 50 分鐘

▸ **發酵箱溫度／濕度**
32℃ / 85%

▸ **烤焙溫度／時間**
上火 200℃、下火 190℃ / 12 分鐘

[其他 Others]

全蛋液 100g

熟紫米粒

保存 冷凍30天

材料 A 黑糯糙米300g
B 水500g、沙拉油25g

紫米是糯米的一種，像是黑糯米、紫糯米或黑糯糙米。紫米含豐富的礦物質、維生素B群，能增強免疫力，食用不宜過量，很容易造成腸胃不舒服，可搭配白米一起食用。

作法 1 將黑糯糙米清洗乾淨，加入材料B，放入電鍋中，電鍋外倒入約200g水。
2 按下開關，蒸至跳起，再燜30分鐘，取出冷卻即可使用。

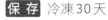

[步驟 Step by step]

1 前置準備

前一天製作優格冰種。

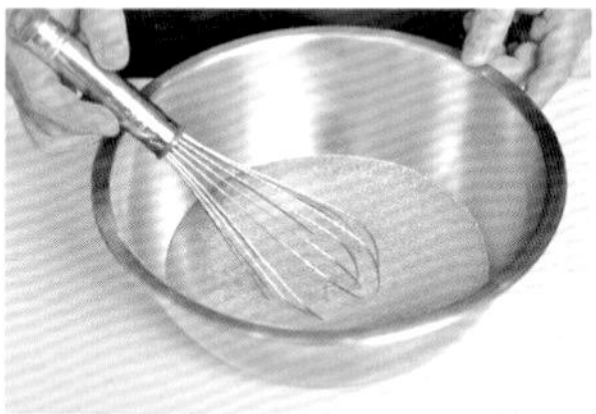

中種製作：水與高糖乾酵母使用打蛋器混合均勻，再倒入攪拌缸，加入高筋麵粉，慢速攪拌成團，轉換中速攪拌麵團均勻即可，建議種溫27℃，麵團於28℃發酵60分鐘。

2 攪拌製程

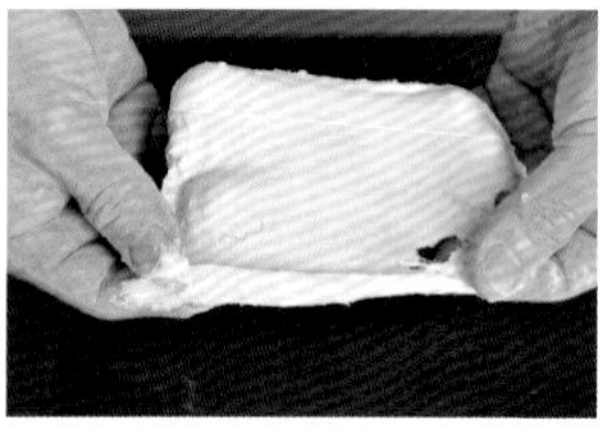

材料B與材料A慢速攪拌成團，轉換中速攪拌至擴展階段微薄膜狀。

加入材料C，慢速攪拌均勻，轉換中速攪拌至完全擴展薄膜狀態，再加入材料D混合均勻，終溫26℃。

3 基本發酵

中種主麵團於28℃發酵20分鐘。

4 分割、中間發酵

發酵完成的麵團分割成每個50g，共20個。

分別排氣折疊滾圓，將分割好的麵團於28℃發酵20分鐘。

5 整型、最後發酵

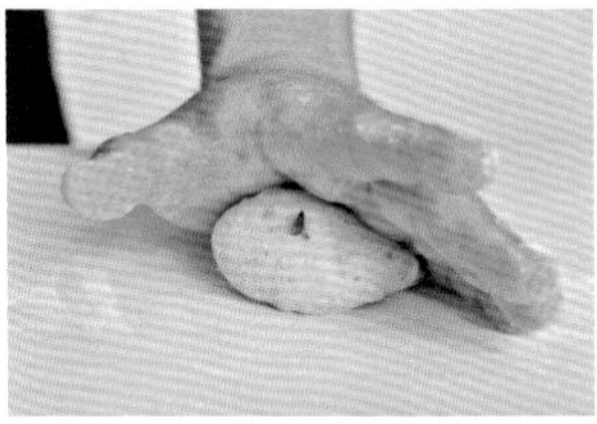

將麵團輕拍排氣折疊滾圓，滾圓後收合底部麵團捏合。

將整型好的麵團收口朝下放入烤盤中，共完成20個，麵團於32℃發酵50分鐘。

6 烤前裝飾

表面刷上全蛋液。

7 烤焙

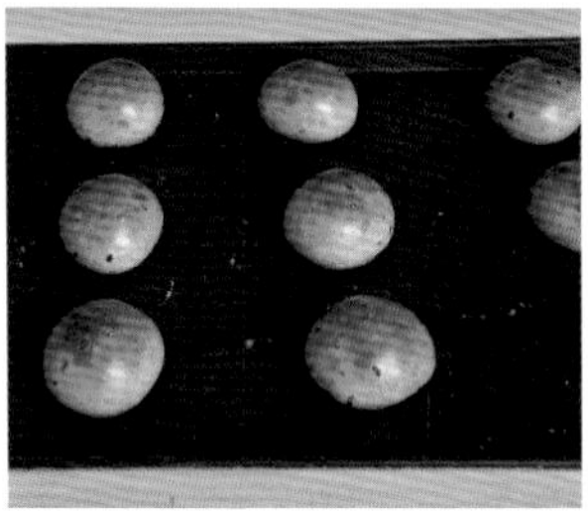

放入烤箱，用上火200℃、下火190℃，烤焙12分鐘，出爐後放涼。

Points 重點筆記

- 麵團攪拌至完全擴展之後再加入熟紫米粒，如此攪拌的麵團比較有顆粒感，紫米的澱粉也比較不會被麵團吸收。若一開始就加入熟紫米粒，澱粉被吸收，則麵團較軟爛、發酵力不佳，容易影響成品組織和口感。

手撕蔥蔥餐包

Flavor

在麵包表面裝飾熟白芝麻，烤焙前撒上青蔥餡，以整盤烘烤，出爐後就是一款充滿蔥味的台式餐包。

[材料 Ingredients]

製作量 ▶ 24 個

中種法	百分比%	重量 g
A 特高筋麵粉	70	483
奶粉	6	41
全蛋	16	110
高糖乾酵母	1	7
鮮奶	30	207
主麵團	**百分比%**	**重量 g**
B 高筋麵粉	30	207
上白糖	18	124
煉乳	5	35
鹽	1.6	11
優格冰種→ P.17	30	207
動物鮮奶油	8	55
鮮奶	25	173
C 發酵奶油	12	83
合計	**252.6%**	**1743g**

[工序 Process]

▶ **製作工法**
中種法＋優格冰種

▶ **種溫**
27℃

▶ **麵團終溫**
26℃

▶ **基本發酵**
28℃ / 60 分鐘

▶ **中種主麵團發酵**
28℃ / 20 分鐘

▶ **分割重量**
70g×12 個一組

▶ **中間發酵**
28℃ / 20 分鐘

▶ **最後發酵**
32℃ / 60 分鐘

▶ **發酵箱溫度／濕度**
32℃ / 85%

▶ **烤焙溫度／時間**
上火 200℃、下火 240℃ / 20 分鐘

[其他 Others]

香噴噴蔥餡 600g 、全蛋液 100g、熟白芝麻 240g

香噴噴蔥餡

保存 現拌即用

材料 A 無水奶油90g、鹽14g、黑胡椒粉6g、全蛋360g、起司絲120g
B 青蔥丁600g

作法 材料A全部混合均勻，加入材料B拌勻即可。

蔥餡材料A可先混合均勻備用，等麵團最後發酵完成，要鋪餡時再和材料B混合均勻。若先將所有材料混合均勻備用，則醬汁有鹹度混合到青蔥，浸泡太久導致青蔥因醬汁鹹度產生滲透壓，青蔥內部水分流失，蔥在烤焙時容易焦黑、無脆度，也無翠綠感。

步驟 Step by step

1 前置準備

前一天製作優格冰種。

中種製作：鮮奶與高糖乾酵母使用打蛋器混合均勻，再倒入攪拌缸，加入其他材料A，慢速攪拌成團，轉換中速攪拌麵團均勻即可，建議種溫27℃，麵團於28℃發酵60分鐘。

2 攪拌製程

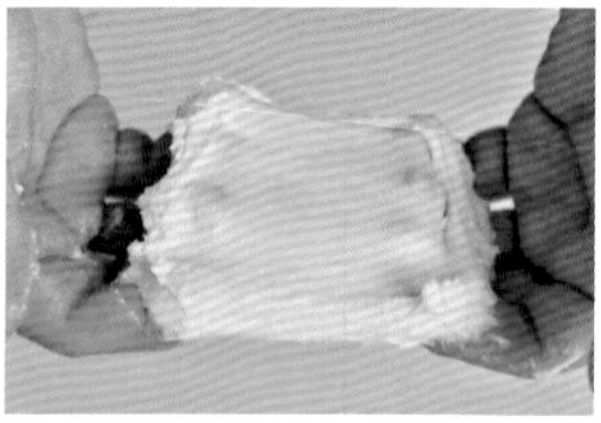

材料B與材料A慢速攪拌成團，轉換中速攪拌至擴展階段微薄膜狀。

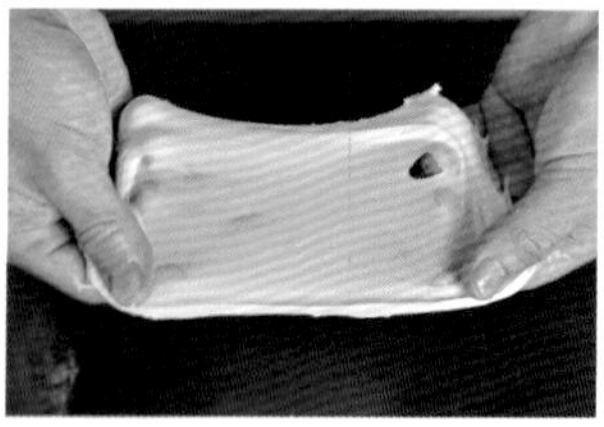

加入材料C，慢速攪拌均勻，轉換中速攪拌至完全擴展薄膜狀態，終溫26℃。

3 基本發酵

中種主麵團於28℃發酵20分鐘。

4 分割、中間發酵

發酵完成的麵團分割成每個70g，共24個。

分別排氣折疊滾圓，將分割好的麵團於28℃發酵20分鐘。

5 整型、最後發酵

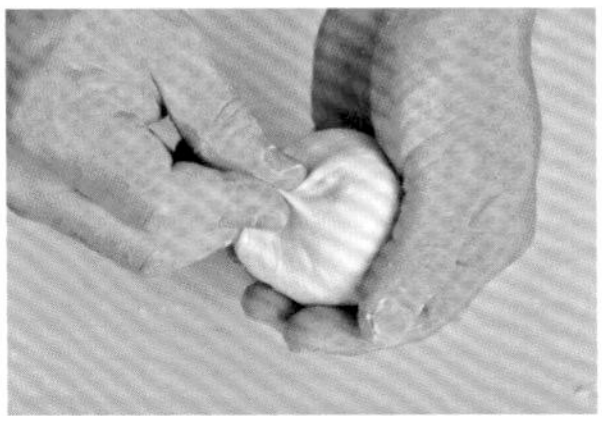

將麵團輕拍排氣折疊滾圓，滾圓後收合底部麵團捏合，表面刷上全蛋液，沾熟白芝麻。

▼

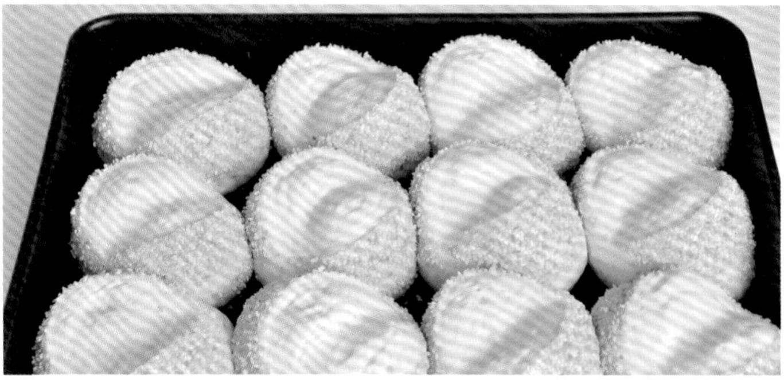

將整型好的麵團收口朝下放入烤盤中（長365×寬265×高50mm烤模），中間各別剪一刀，完成一盤12個，共2盤，麵團於32℃發酵60分鐘。

6 烤前裝飾

在烤盤中放入無水奶油，麵團中間剪開處鋪上香噴噴蔥餡25g。

7 烤焙

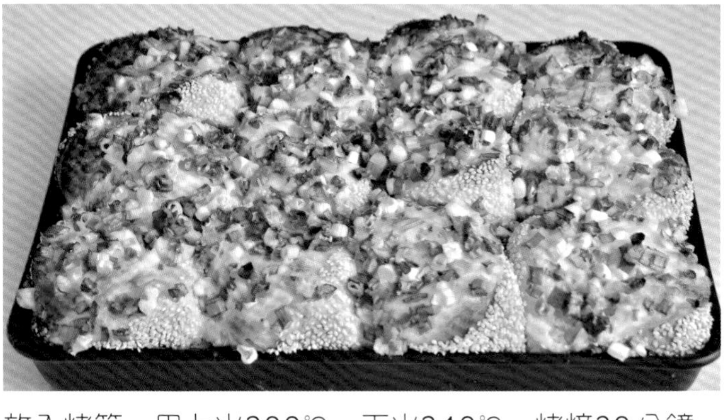

放入烤箱，用上火200℃、下火240℃，烤焙20分鐘，出爐後放涼。

Points 重點筆記

- 烤焙時注意底部勿太焦，烤焙總時間最後2～3分鐘可先翻起來看看，若上色不夠可以再提高溫度；若顏色太深，底部可加一片烤盤，並將下火關掉。

馬鈴薯沙拉餐包

Flavor

橢圓形餐包烘烤出爐後夾入特調馬鈴薯沙拉餡，立即回味令人懷念的好滋味，是一款清爽沙拉餐包。

[材料 Ingredients]

製作量 ▸ 20 個

直接法	百分比%	重量 g
A 高筋麵粉	80	296
低筋麵粉	20	74
上白糖	18	67
鹽	1.8	7
高糖乾酵母	1.2	4
全蛋	15	56
優格冰種→ P.17	30	111
動物鮮奶油	10	37
水	42	155
B 發酵奶油	12	44
合計	230%	851g

[其他 Others]

馬鈴薯沙拉餡 1000g、全蛋液 100g

[工序 Process]

製作工法
直接法＋優格冰種

種溫
20℃

麵團終溫
26℃

基本發酵
28℃ / 60 分鐘

分割重量
40g

中間發酵
28℃ / 20 分鐘

最後發酵
32℃ / 60 分鐘

發酵箱溫度／濕度
32℃ / 85%

烤焙溫度／時間
上火 210℃、下火 200℃ / 10 分鐘

馬鈴薯沙拉餡

保存 冷藏2天

材料
A 馬鈴薯800g、紅蘿蔔100g、小黃瓜絲100g
B 白煮蛋300g、沙拉醬200g、鹽3g

作法
1 將馬鈴薯與紅蘿蔔切丁約1.5cm大小，加水蓋過，煮至馬鈴薯、紅蘿蔔軟熟，撈起，冷藏冷卻備用。
2 白煮蛋的蛋白與熟蛋黃搗碎，將所有材料全部混合均勻即可。

步驟 *Step by step*

1 前置準備

前一天製作優格冰種。

2 攪拌製程

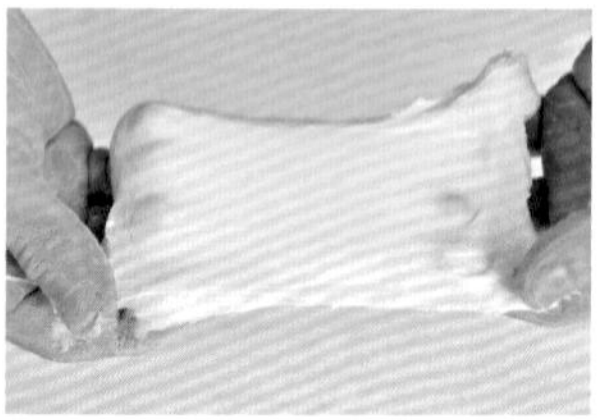

材料A放入攪拌缸，以慢速攪拌成團，轉換中速攪拌至擴展階段微薄膜狀。

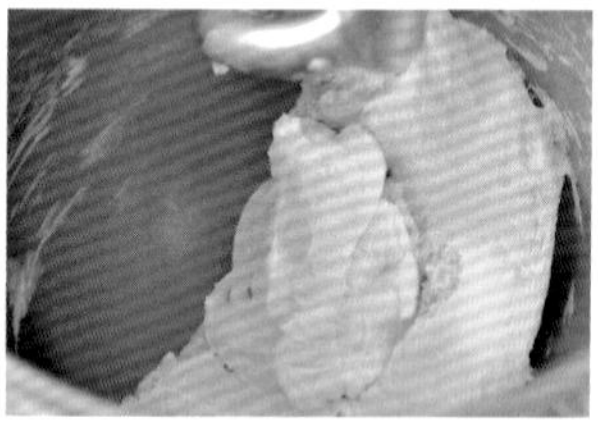

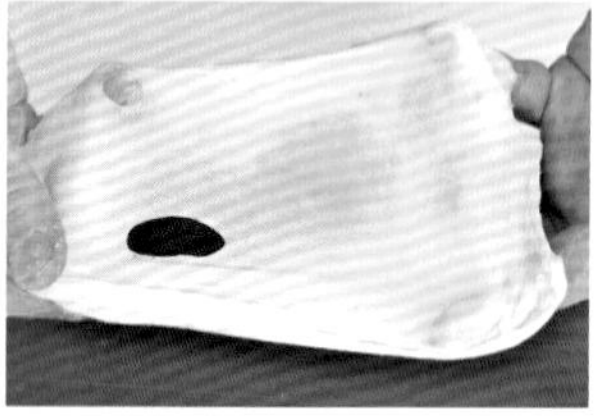

加入材料B，慢速攪拌均勻，轉換中速攪拌至完全擴展薄膜狀態，終溫26℃。

3 基本發酵

麵團攪拌完成，於28℃發酵60分鐘。

4 分割、中間發酵

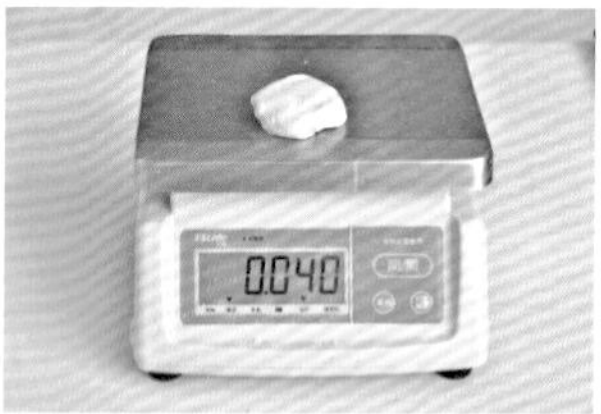

發酵完成的麵團分割成每個40g，共20個。

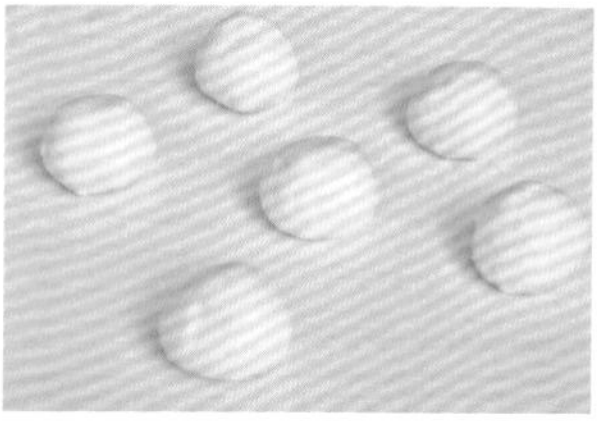

分別排氣折疊滾圓，將分割好的麵團於28℃發酵20分鐘。

5 整型、最後發酵

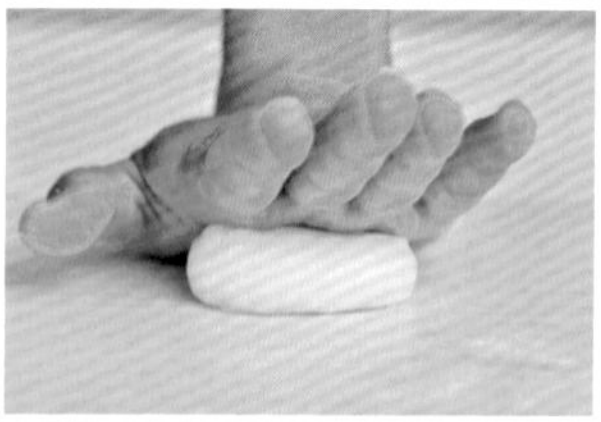

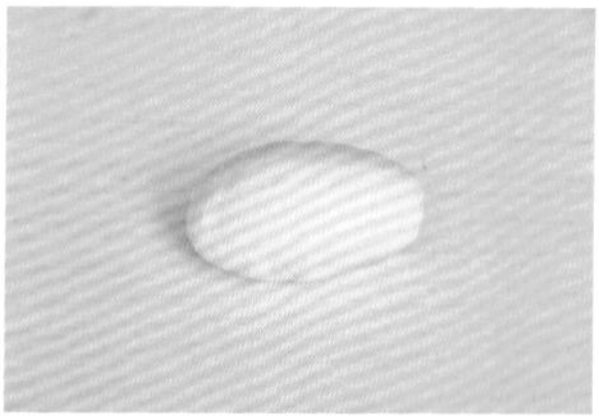

將麵團輕拍排氣折疊滾圓，滾圓後收合底部麵團捏合，搓成橢圓形長約6cm。

將整型好的麵團收口朝下放入烤盤中，共完成20個，麵團於32℃發酵60分鐘。

6 烤前裝飾

表面刷上全蛋液。

7 烤焙

放入烤箱，用上火210℃、下 火200℃，烤焙10分鐘，出爐後放涼。

8 烤後處理

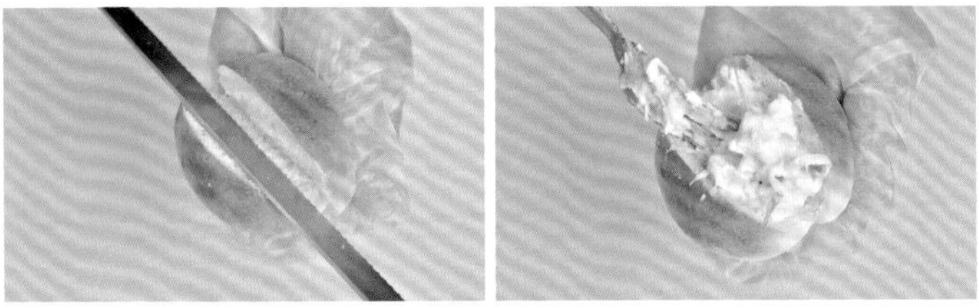

麵包冷卻後，麵包上方中間切開底部留1cm不切斷，再夾入50g馬鈴薯沙拉餡即完成。

Points 重點筆記

- 馬鈴薯沙拉餡在夏天比較容易酸敗，夾餡好的麵包可放入冷藏室保存。

奶油爆漿餐包

Flavor

平凡的外表，卻是網路人氣秒殺爆漿餐包，將餐包烤焙後放涼，再灌入奶油餡，讓您一口咬下就感受到爆漿的滿足感。

[材料 *Ingredients*]

製作量 ▸ 20 個

直接法	百分比%	重量 g
A 高筋麵粉	80	232
低筋麵粉	20	58
上白糖	18	52
鹽	1.8	5
高糖乾酵母	1.2	3
全蛋	15	44
優格冰種→P.17	30	87
動物鮮奶油	10	29
水	42	122
B 發酵奶油	12	35
合計	230%	667g

[其他 *Others*]

甜奶油餡 400g 、發酵奶油 100g
全蛋液 100g

[工序 *Process*]

製作工法
直接法＋優格冰種

種溫
20℃

麵團終溫
26℃

基本發酵
28℃ / 60 分鐘

分割重量
30g

中間發酵
28℃ / 20 分鐘

最後發酵
32℃ / 60 分鐘

發酵箱溫度／濕度
32℃ / 85%

烤焙溫度／時間
上火 220℃、下火 200℃ / 8 分鐘

甜奶油餡

保 存 冷藏14天

材 料 發酵奶油500g、煉乳150g

作 法 1 將奶油打膨發至反白，加入煉乳混合均勻。
2 取400g裝入套尖嘴花嘴（編號232）的擠花袋備用。

編號232尖嘴花嘴的孔徑約0.75cm，是將餡擠入麵包、泡芙等的小幫手。

步驟 Step by step

1 前置準備

前一天製作優格冰種。

2 攪拌製程

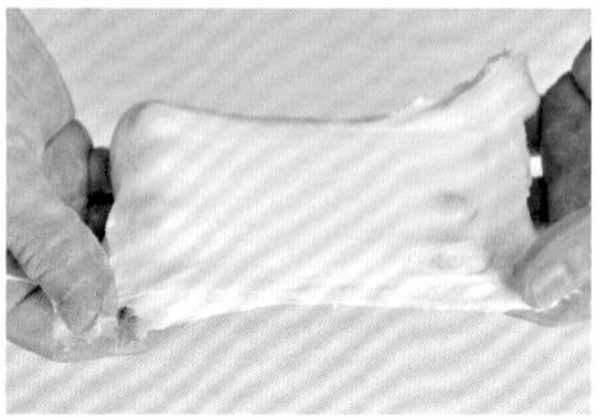

材料A放入攪拌缸，以慢速攪拌成團，轉換中速攪拌至擴展階段微薄膜狀。

加入材料B，慢速攪拌均勻，轉換中速攪拌至完全擴展薄膜狀態，終溫26℃。

3 基本發酵

麵團攪拌完成，於28℃發酵60分鐘。

4 分割、中間發酵

發酵完成的麵團分割成每個30g，共20個。

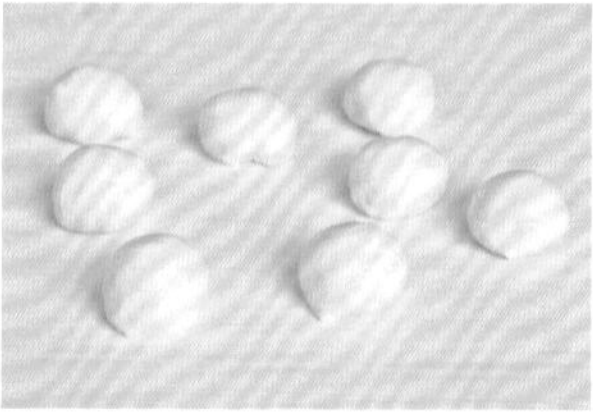

分別排氣折疊滾圓，將分割好的麵團於28℃發酵20分鐘。

5 整型、最後發酵

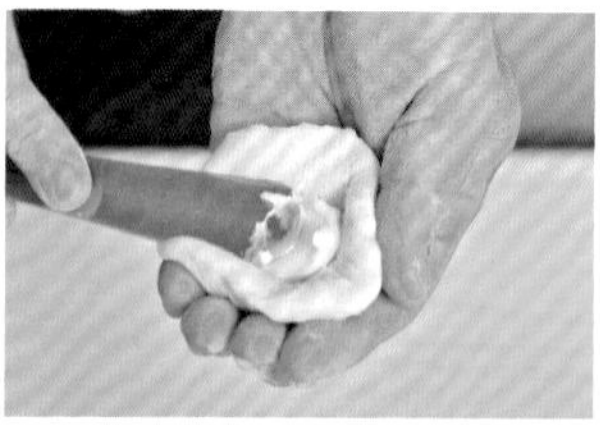

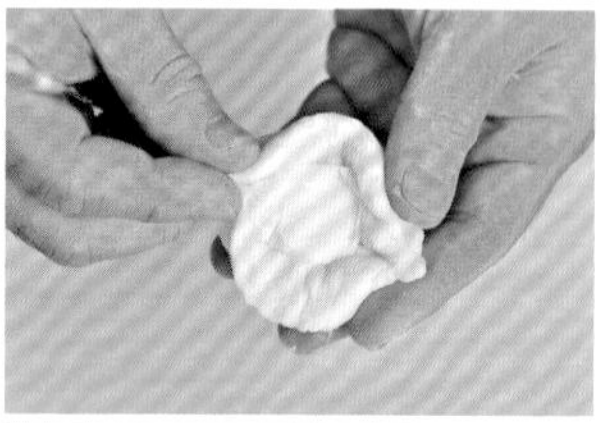

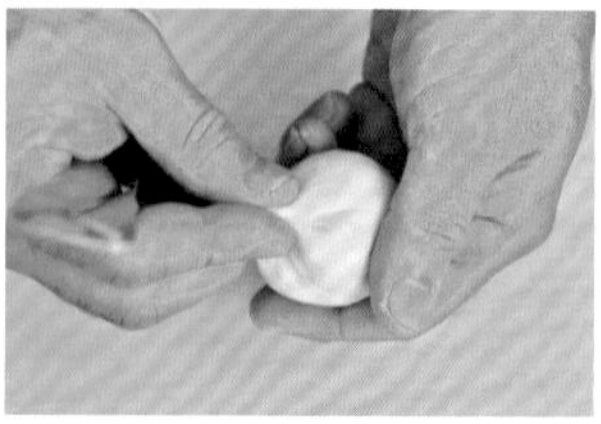

將麵團兩面沾高筋麵粉拍扁，包入發酵奶油5g，麵團一邊收口一邊旋轉，底部捏緊即可。

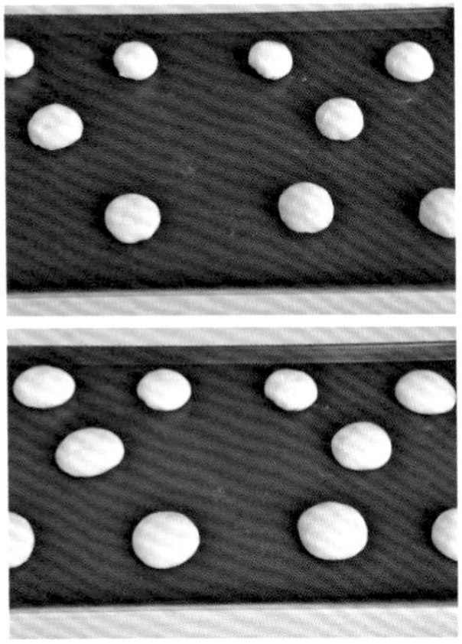

將整型好的麵團收口朝下放入烤盤中，共完成20個，麵團於32℃發酵60分鐘。

6 烤前裝飾

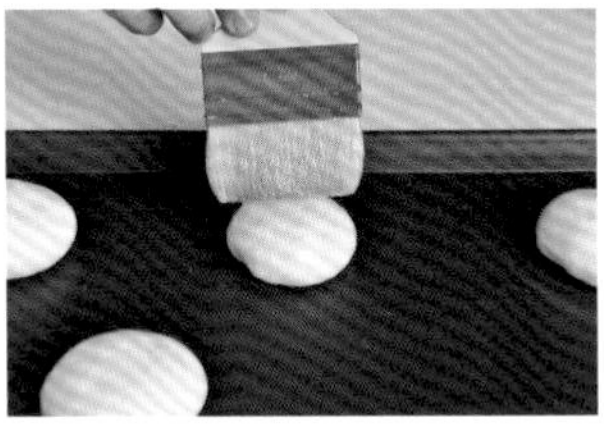

表面刷上全蛋液。

7 烤焙

放入烤箱，用上火220℃、下火200℃，烤焙8分鐘，出爐後放涼。

8 烤後處理

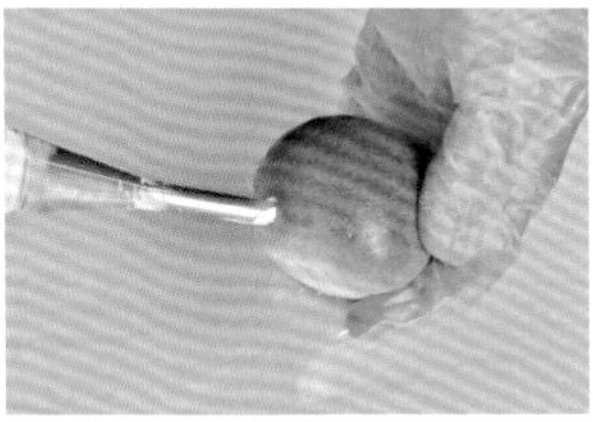

麵包冷卻後，裝甜奶油餡的尖嘴花嘴從麵包旁邊擠入20g即完成。

Points 重點筆記

- 甜奶油餡灌好完成，可用塑膠袋封好冷凍保存30天，可以退冰直接吃，或加熱吃。
- 麵團包入發酵奶油5g，主要是讓麵包裡面產生空洞，比較好灌餡。

紅豆鮮奶爆漿餐包

Flavor

網路人氣餐包變化款，在不起眼外表下，卻有著迷人的內餡口感，濃郁的奶香再搭配紅豆粒，吃了令人有幸福感。

[材料 *Ingredients*]

製作量 ▶ 20 個

直接法	百分比%	重量 g
A 高筋麵粉	80	232
低筋麵粉	20	58
上白糖	18	52
鹽	1.8	5
高糖乾酵母	1.2	3
全蛋	15	44
優格冰種→P.17	30	87
動物鮮奶油	10	29
水	42	122
B 發酵奶油	12	35
合計	230%	667g

[其他 *Others*]

北海道生乳餡 400g、紅豆餡 300g
防潮糖粉 100g

[工序 *Process*]

▸ 製作工法
直接法＋優格冰種

▸ 種溫
20℃

▸ 麵團終溫
26℃

▸ 基本發酵
28℃ / 60 分鐘

▸ 分割重量
30g

▸ 中間發酵
28℃ / 20 分鐘

▸ 最後發酵
32℃ / 60 分鐘

▸ 發酵箱溫度／濕度
32℃ / 85%

▸ 烤焙溫度／時間
上火 220℃、下火 200℃ / 8 分鐘

北海道生乳餡

保存 冷藏3天

材料 北海道奶霜500g、上白糖50g、優格30g

作法
1 將全部材料放入攪拌缸，用球狀打膨發至鉤狀變硬即可。
2 取400g裝入套尖嘴花嘴（編號232）的擠花袋備用。

編號232尖嘴花嘴的孔徑約0.75cm，是將餡擠入麵包、泡芙等的小幫手。

Points 重點筆記

- 生乳餡灌好完成，可用塑膠袋封好冷凍保存 30 天，可以退冰直接吃，或加熱吃。
- 麵團包入 15g 紅豆餡，主要是紅豆餡有水分，在烤焙過程中水分蒸發產生孔洞，生乳餡比較好灌入。

[步驟 Step by step]

1 前置準備

前一天製作優格冰種。

2 攪拌製程

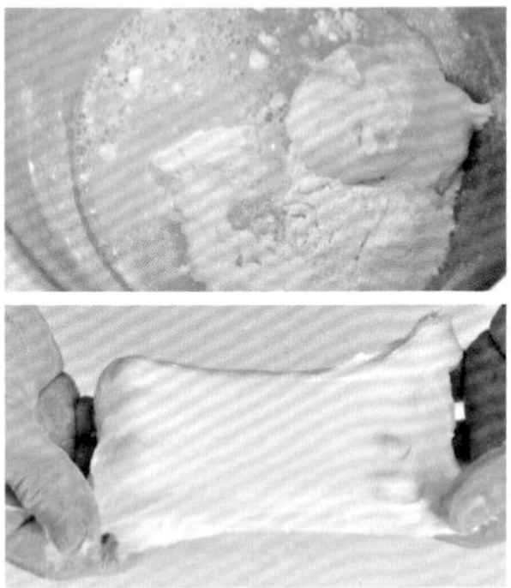

材料A放入攪拌缸，以慢速攪拌成團，轉換中速攪拌至擴展階段微薄膜狀。

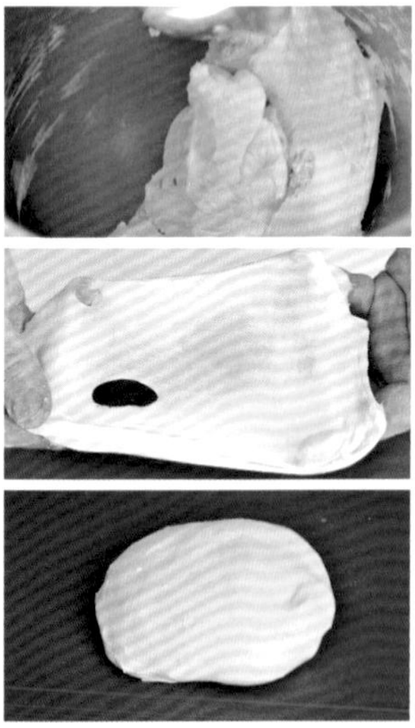

加入材料B，慢速攪拌均勻，轉換中速攪拌至完全擴展薄膜狀態，終溫26℃。

3 基本發酵

麵團攪拌完成，於28℃發酵60分鐘。

4 分割、中間發酵

發酵完成的麵團分割成每個30g，共20個。

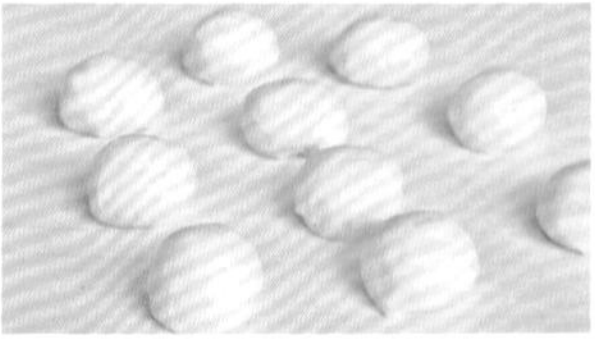

分別排氣折疊滾圓，將分割好的麵團於28℃發酵20分鐘。

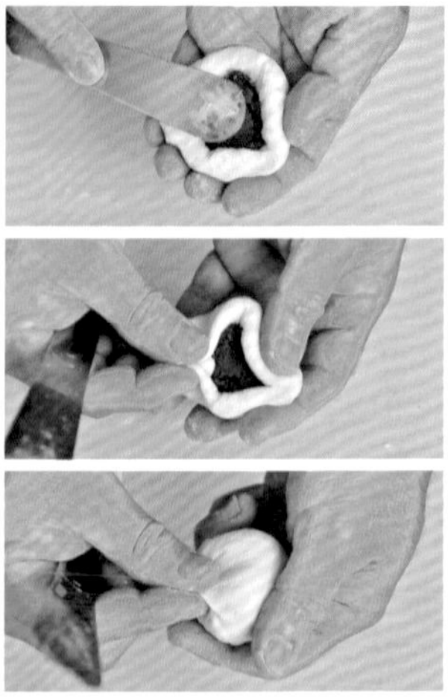

將麵團兩面沾高筋麵粉拍扁，包入紅豆餡15g，麵團一邊收口一邊旋轉，底部捏緊即可。

5 整型、最後發酵

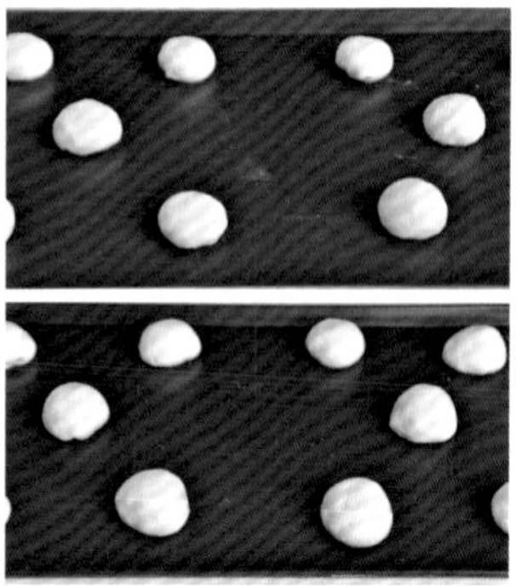

將整型好的麵團收口朝下放入烤盤中，共完成20個，麵團於32℃發酵60分鐘。

6 烤焙

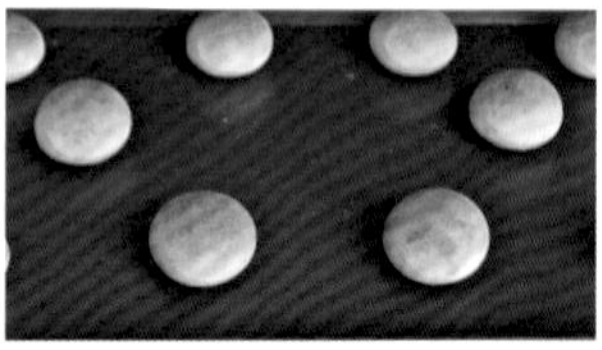

放入烤箱，用上火220℃、下火200℃，烤焙8分鐘，出爐後放涼。

7 烤後處理

麵包冷卻後，裝北海道生乳餡的尖嘴花嘴從麵包旁邊擠入20g，篩上防潮糖粉即完成。

巧克力核桃餐包

Flavor

巧克力與核桃是永遠的好朋友，在巧克力麵團中包入巧克力核桃餡，表面裝飾杏仁片，是大小朋友的最愛。

[材料 Ingredients]

製作量 ▸ 20 個

直接法	百分比%	重量 g
A 高筋麵粉	80	280
低筋麵粉	20	70
上白糖	18	63
鹽	1.8	6
高糖乾酵母	1.2	4
全蛋	15	53
優格冰種→P.17	30	105
動物鮮奶油	10	35
可可粉	5	18
水	50	175
B 發酵奶油	12	42
合計	243%	851g

[工序 Process]

▸ 製作工法
直接法＋優格冰種

▸ 種溫
20℃

▸ 麵團終溫
26℃

▸ 基本發酵
28℃ / 60 分鐘

▸ 分割重量
40g

▸ 中間發酵
28℃ / 20 分鐘

▸ 最後發酵
32℃ / 60 分鐘

▸ 發酵箱溫度／濕度
32℃ / 80%

▸ 烤焙溫度／時間
上火 210℃、下火 190℃ / 10 分鐘

[其他 Others]

巧克力核桃餡 300g、杏仁片 60g、全蛋液 100g

巧克力核桃餡

保存 冷藏7天

材料 軟質巧克力醬200g、微烤核桃200g

作法 將軟質巧克力醬與微烤核桃混合均勻即可。

核桃可用烤箱烤焙至微上色，以上火150℃、下火150℃，烤焙5～10分鐘，目視堅果微上色且堅果香氣出來即可。

Points 重點筆記

- 烤焙時，巧克力麵團不容易直接判斷顏色有沒有熟成上色，可看表面鋪上的杏仁片，也可用溫度計測量熟成溫度，麵團中心溫度為96～97℃。

步驟 *Step by step*

1 前置準備

前一天製作優格冰種。

2 攪拌製程

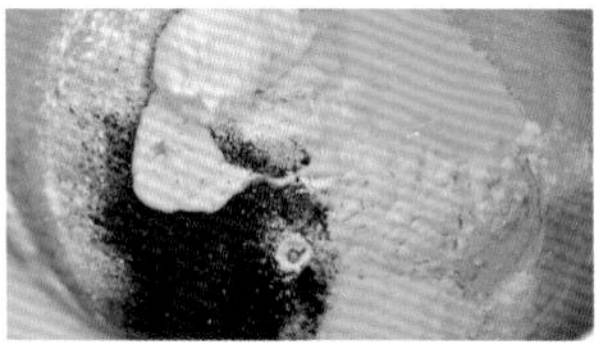

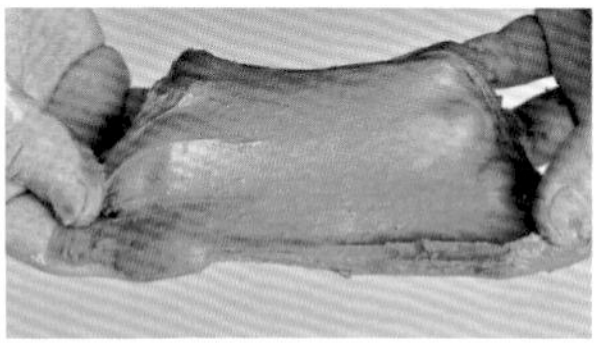

材料A放入攪拌缸，以慢速攪拌成團，轉換中速攪拌至擴展階段微薄膜狀。

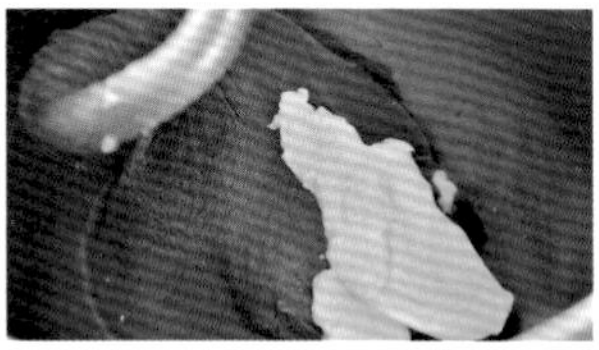

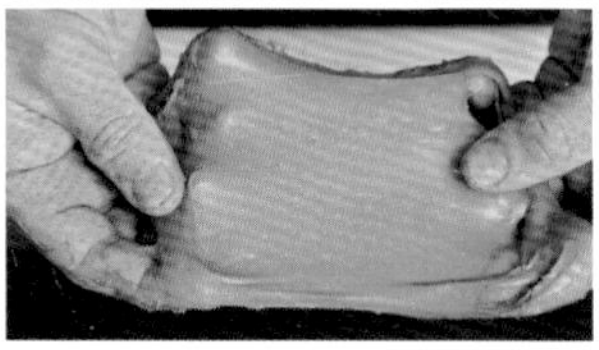

加入材料B，慢速攪拌均勻，轉換中速攪拌至完全擴展薄膜狀態，終溫26℃。

3 基本發酵

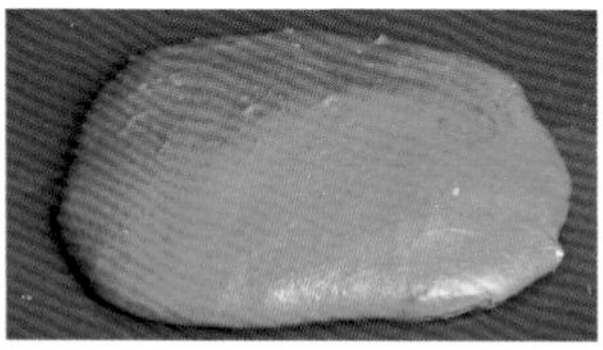

麵團攪拌完成，於28℃發酵60分鐘。

4 分割、中間發酵

發酵完成的麵團分割成每個40g，共20個。

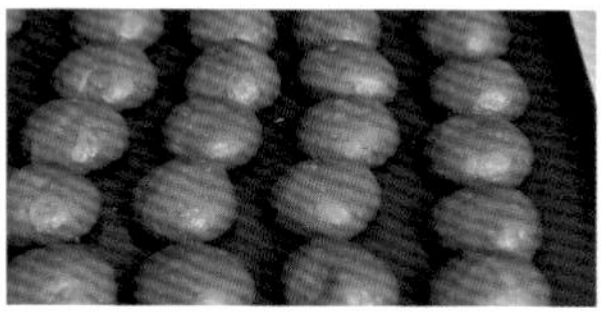

分別排氣折疊滾圓，將分割好的麵團於28℃發酵20分鐘。

5 整型、最後發酵

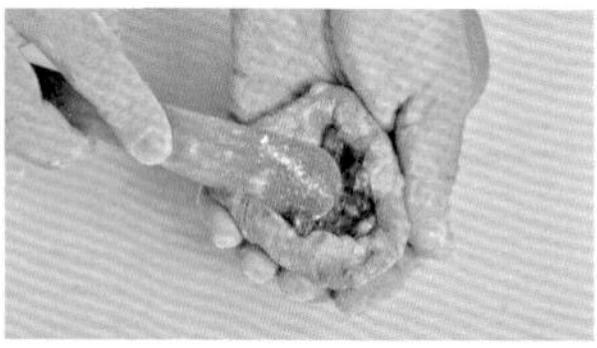

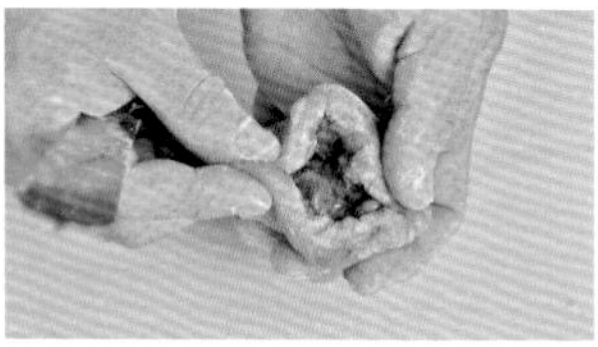

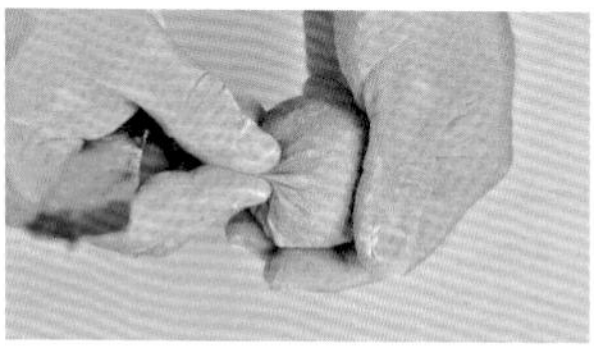

將麵團兩面沾高筋麵粉拍扁，包入巧克力核桃餡15g，麵團一邊收口一邊旋轉，底部捏緊即可。

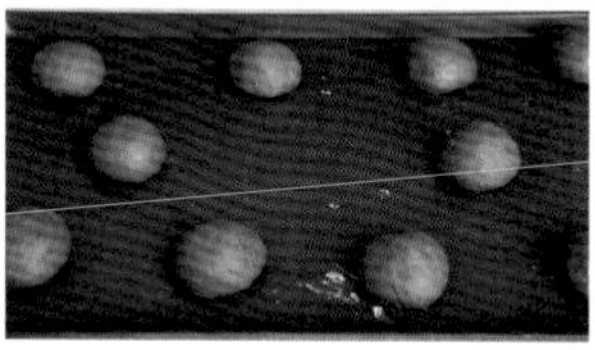

將整型好的麵團收口朝下放入烤盤中，共完成20個，麵團於32℃發酵60分鐘。

6 烤前裝飾

表面刷上全蛋液，每個撒上杏仁片3g。

7 烤焙

放入烤箱，用上火210℃、下火190℃，烤焙10分鐘，出爐後放涼。

Chapter 6

軟綿百搭 吐司

Toast Flavor

Toast Flavor

吐司風味變化美學

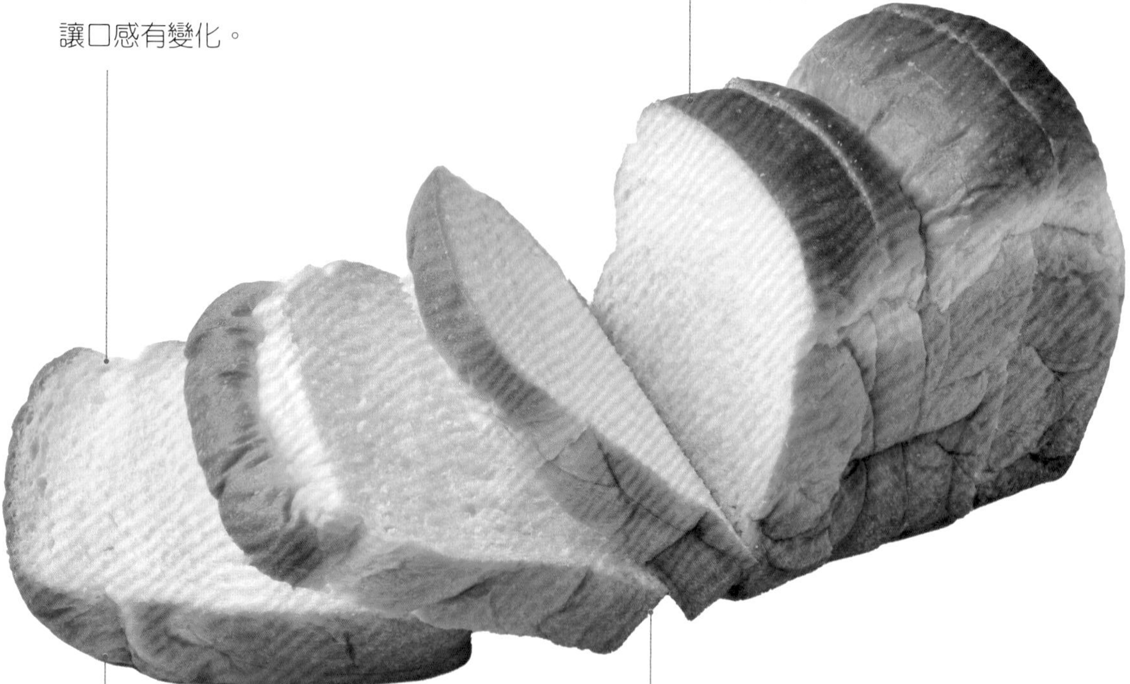

[主要材料組成]

主要由特高筋麵粉與高筋麵粉調配，以及優格冰種所組成，運用果醬或果泥代替部分上白糖，再加入鹽、酵母、動物鮮奶油、鮮奶、奶油的基本食材，調配比例不同則讓口感有變化。

[模具影響外觀]

整型好的吐司麵團入爐烘焙前，依產品需求做帶蓋角型吐司、不帶蓋山峰型吐司，上火溫度也因此不同。

[烤焙保持距離]

吐司模具彼此需保持一些空間，烤焙受熱才會均勻，因吐司體積比較大，出爐前可用溫度計先測量熟成溫度（麵團中心溫度 96～97℃），達到此溫度表示吐司內部已熟成。

[口感組織軟 Q]

不同工法製作不同，能呈現不一樣口感，加入優格冰種，使麵團組織更細緻軟 Q、保濕度佳，也加入像是果醬、果泥、風味茶粉，讓吐司有更多的風味與變化。

以「30%湯種牛奶吐司」示意說明

吐司速配吃法

▸ 飲品速配組合

搭配吐司的飲品不受限，像是水果類優格飲、現打蔬果汁、鮮奶、豆漿、芝麻燕麥奶茶等，都非常適合與各種吐司做搭配。

▸ 抹醬夾餡美味加分

愛吃吐司的您，可以搭配現在最流行的法式奶酥抹醬回烤，烤到香酥口感，也可抹上藍莓果醬、草莓果醬、花生醬或起司抹醬，上面再排上新鮮水果裝飾，能讓吐司吃起來更有層次感。

吐司可切成厚片或薄片，夾上喜歡的食材，一般皆以三明治呈現，吐司切片後可抹上沙拉芥末醬，再鋪上萵苣、番茄、起司片、炸肉排或其他肉類主菜，接著淋上塔塔醬，就是美味又豐富的三明治。

麵團裝飾升級

▸ 果乾餡料變化

可依照個人喜歡的堅果、果乾或風味粉加入基礎配方中變化，增加麵團口感和風味；或是包入捲入各種內餡，讓吐司更具獨特性。

▸ 麵團重量與整型

吐司外觀因為吐司模的限制，都是方方角角，可在總重量做顆數的分配變化，做成山峰型或角型，或是整型成麻花狀或辮子狀，兩條麵團交錯在外型做些變化。

▸ 表面裝飾豐富口感

表面裝飾可使用水果皮絲、酥菠蘿做一些粗糙面；運用起司絲、砂糖、發酵奶油、大蒜醬、明太子醬、芝麻、抹茶粉增加香氣；或是堅果類、菠蘿皮豐富口感。

30%湯種牛奶吐司

Flavor

百分比30%粉量製作湯種，以高水量攪拌製成的牛奶吐司，口感軟Q，保濕度高，即使麵包放置室溫數日也不易變乾。

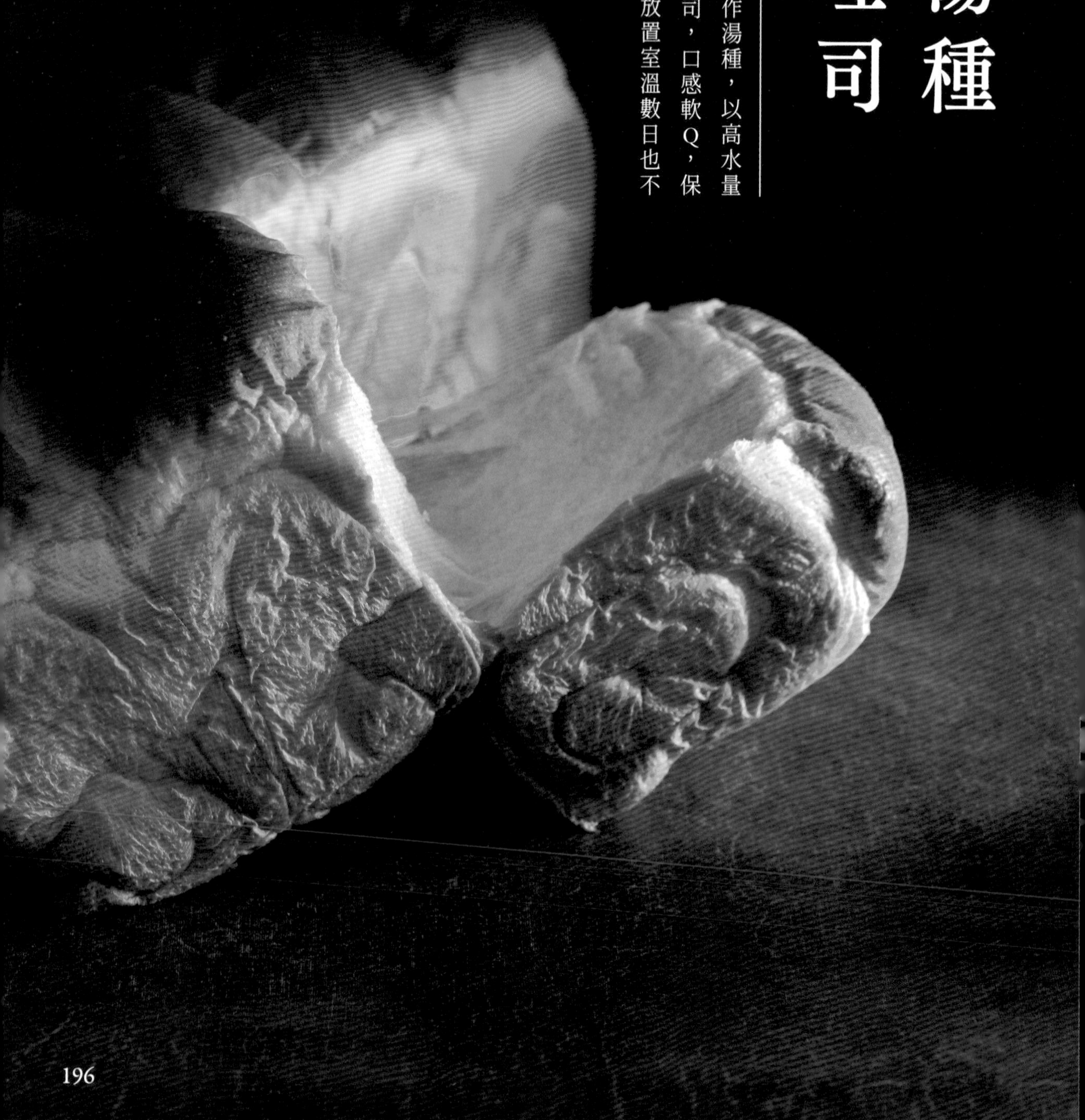

[材料 *Ingredients*]

製作量 ▸ 196×106×110 mm 帶蓋吐司模／5 條

30%湯種法：牛奶湯種	百分比%	重量 g
A 高筋麵粉	30	285
上白糖	2	19
鹽	2	19
鮮奶	40	380
主麵團	**百分比%**	**重量 g**
B 特高筋麵粉	40	380
高筋麵粉	30	285
高糖乾酵母	1	10
優格冰種→ P.17	30	285
優格	10	95
上白糖	16	152
動物鮮奶油	15	143
鮮奶	35	333
C 發酵奶油	8	76
合計	**259%**	**2462g**

[其他 *Others*]

無水奶油 50g

[工序 *Process*]

▸ **製作工法**
30% 湯種法＋優格冰種

▸ **種溫**
65℃

▸ **麵團終溫**
26℃

▸ **基本發酵**
28℃ / 60 分鐘

▸ **分割重量**
160g×3 個一組

▸ **中間發酵**
28℃ / 20 分鐘

▸ **最後發酵**
32℃ / 60 分鐘

▸ **發酵箱溫度／濕度**
32℃ / 80%

▸ **烤焙溫度／時間**
上火 180℃、下火 250℃ / 30 分鐘

Points 重點筆記

- 這款麵團含高水量，麵團剛開始攪拌比較軟爛，完全擴展後就正常。
- 因高水量配方，吐司在冷卻的過程會微縮腰，屬於正常現象。
- 牛奶湯種因澱粉糊化組織軟爛，不適合一開始加入，麵筋不容易產生，麵團會因攪拌時間太長而溫度升高。

步驟 Step by step

1 前置準備

前一天製作優格冰種。

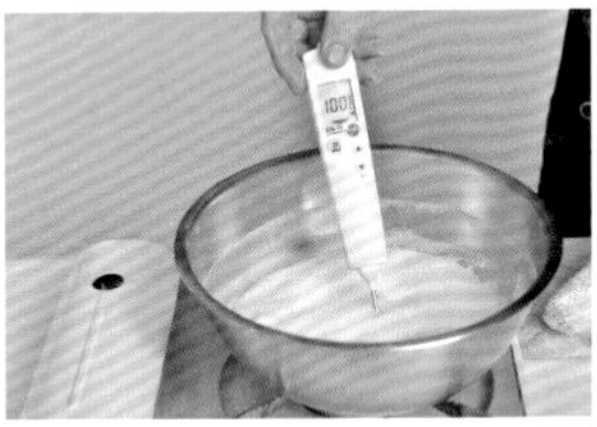

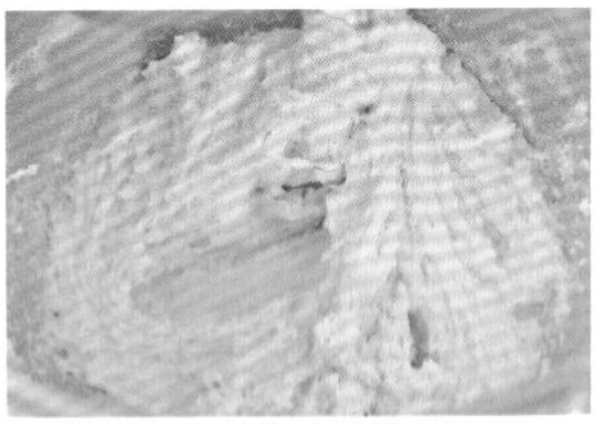

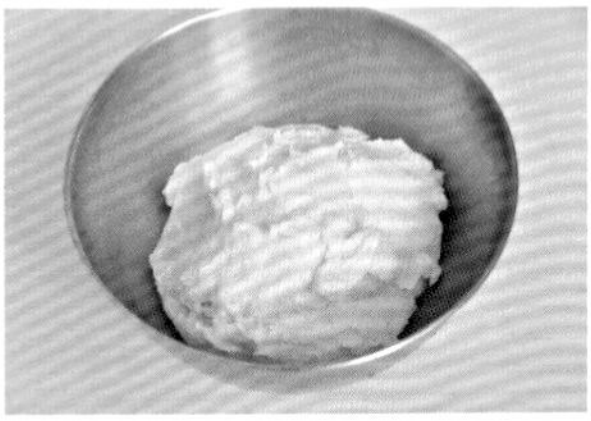

30%牛奶湯種：材料A鮮奶加熱至100℃，和特高筋麵粉、上白糖、鹽攪拌均勻，溫度降至65℃，再冷藏6小時使用。

2 攪拌製程

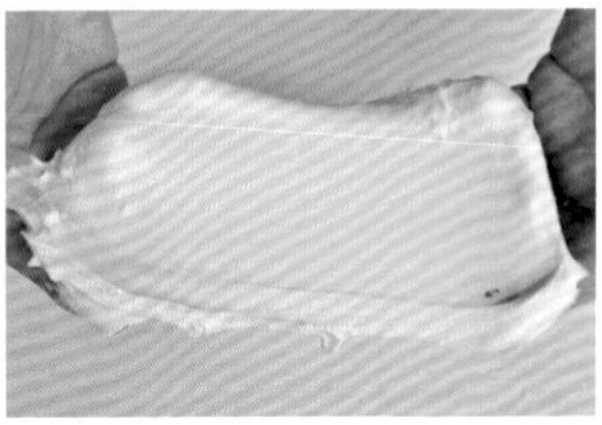

材料B放入攪拌缸，以慢速攪拌成團，轉換中速攪拌至擴展階段微薄膜狀。

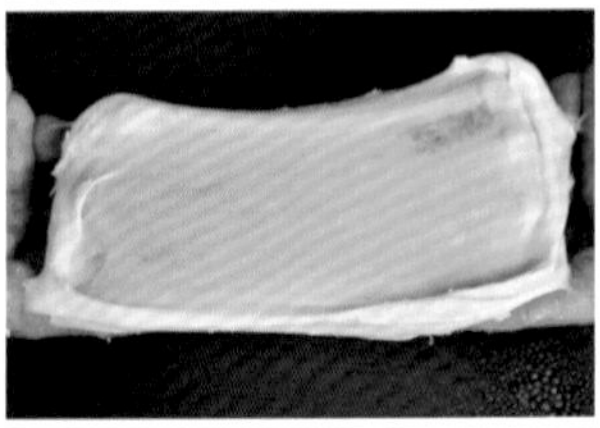

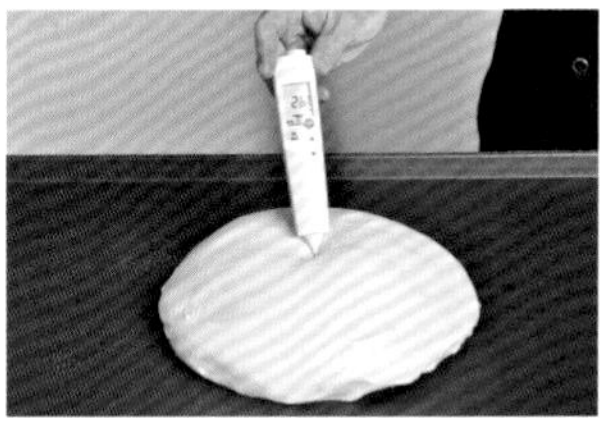

加入材料C和材料A，慢速攪拌均勻，轉換中速攪拌至完全擴展薄膜狀態，終溫26℃。

3 基本發酵

麵團攪拌完成，於28℃發酵60分鐘。

4 分割、中間發酵

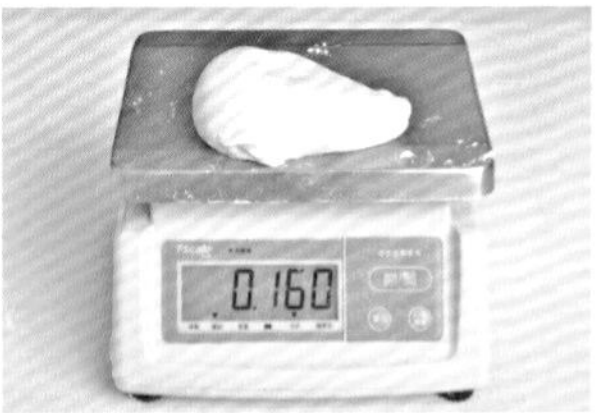

發酵完成的麵團分割成每個160g，共15個。

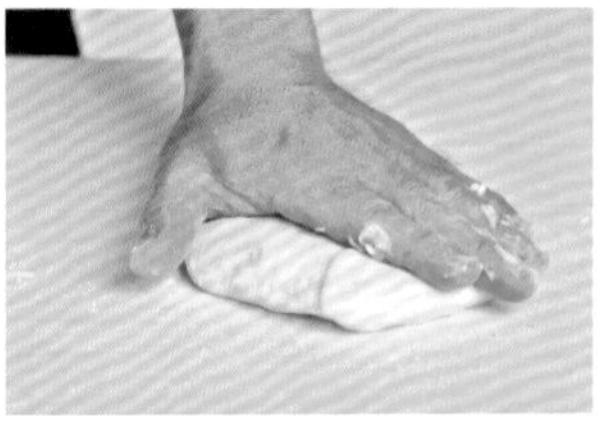

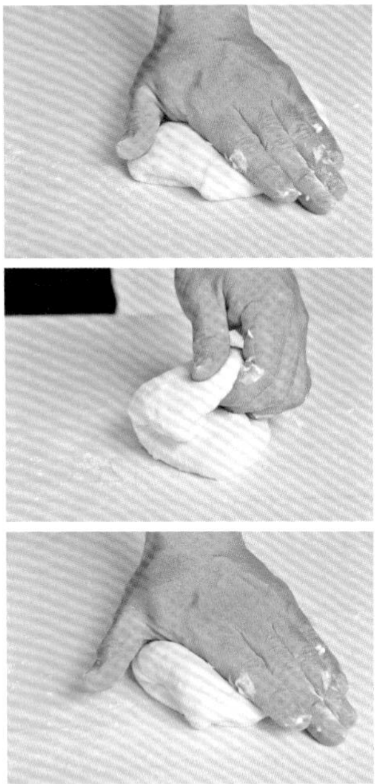

分別排氣折疊滾圓，光滑面朝上，用手將麵團輕拍讓空氣排出，翻面底部朝上，拉起對折上面蓋過下面麵團，再轉向，重複拉起對折上面蓋過下面麵團。

手刀微彎掌心靠於麵團兩側，手刀稍微往下施力畫圈，滾圓動作，使麵團呈現表面光滑狀態。

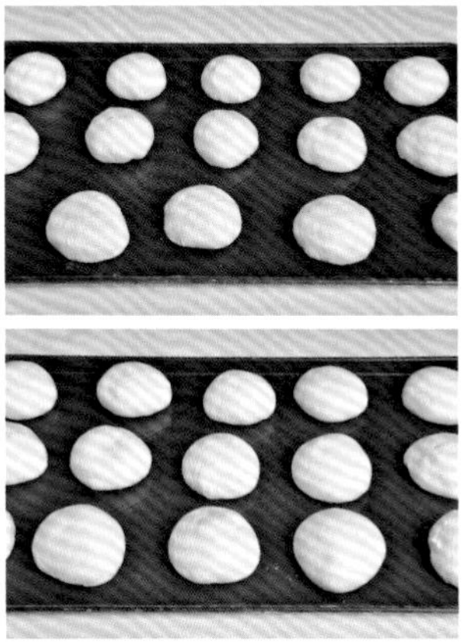

將滾圓好的麵團於28℃發酵20分鐘。

5 整型、最後發酵

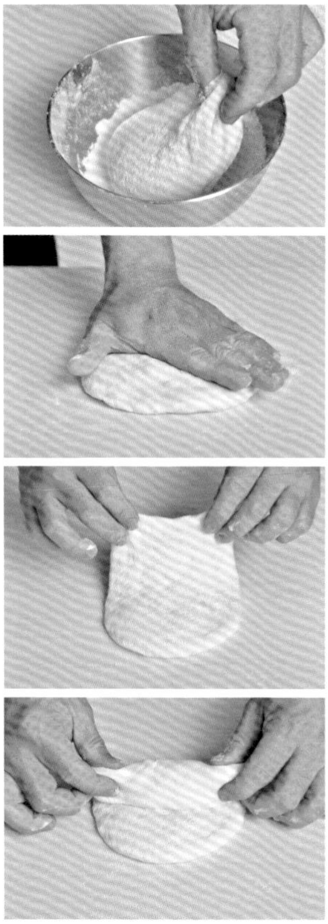

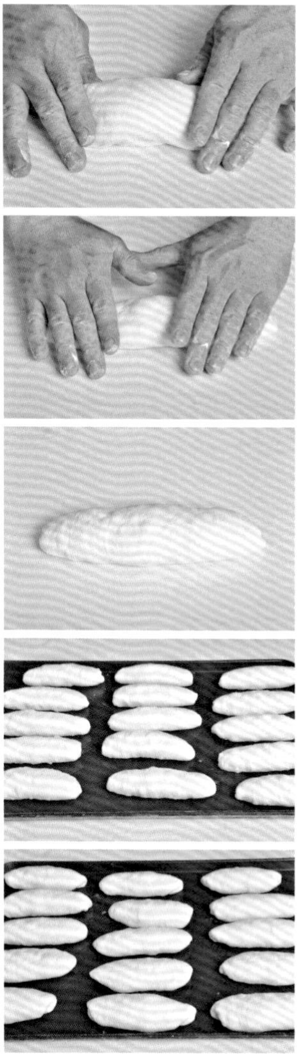

第一次擀捲：麵團兩面沾手粉，輕拍麵團將氣體排出，正面朝下反折捲起，收合成長圓柱，用手壓一壓收口及推一推麵團更黏合，發酵15～20分鐘。

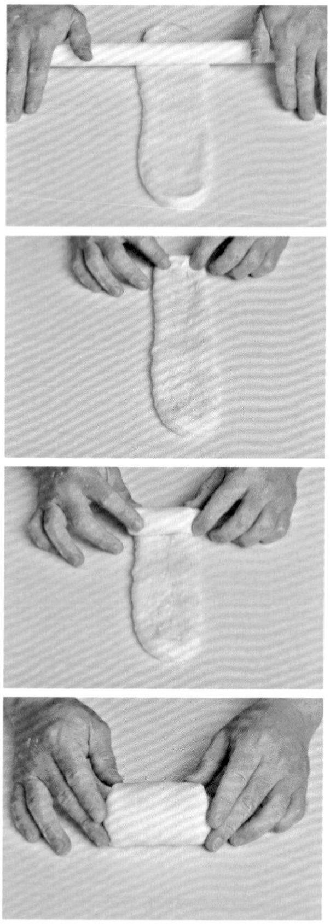

第二次擀捲：麵團轉縱向，從中間朝上下擀開約長30cm、厚1cm的長方形，厚薄度一致，正面朝下反折捲起，收合成短圓柱。

整型好的麵團3個一組，收口朝下放入吐司烤模中，共完成5模，麵團於32℃發酵60分鐘，約烤模8分滿。

6 烤焙

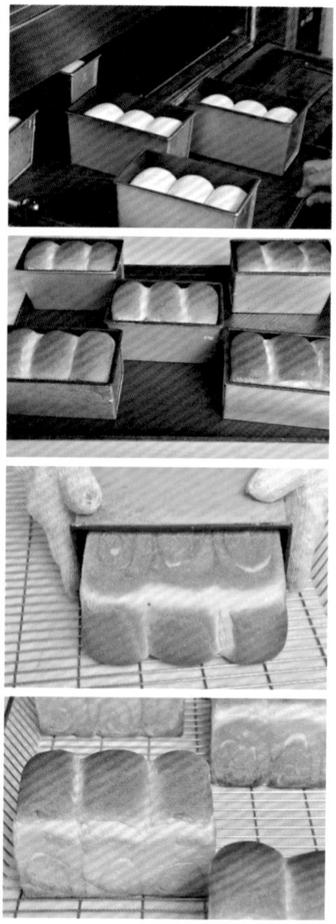

放入烤箱，用上火180℃、下火250℃，烤焙30分鐘，出爐立刻脫模。

7 烤後處理

表面刷上無水奶油，放涼。

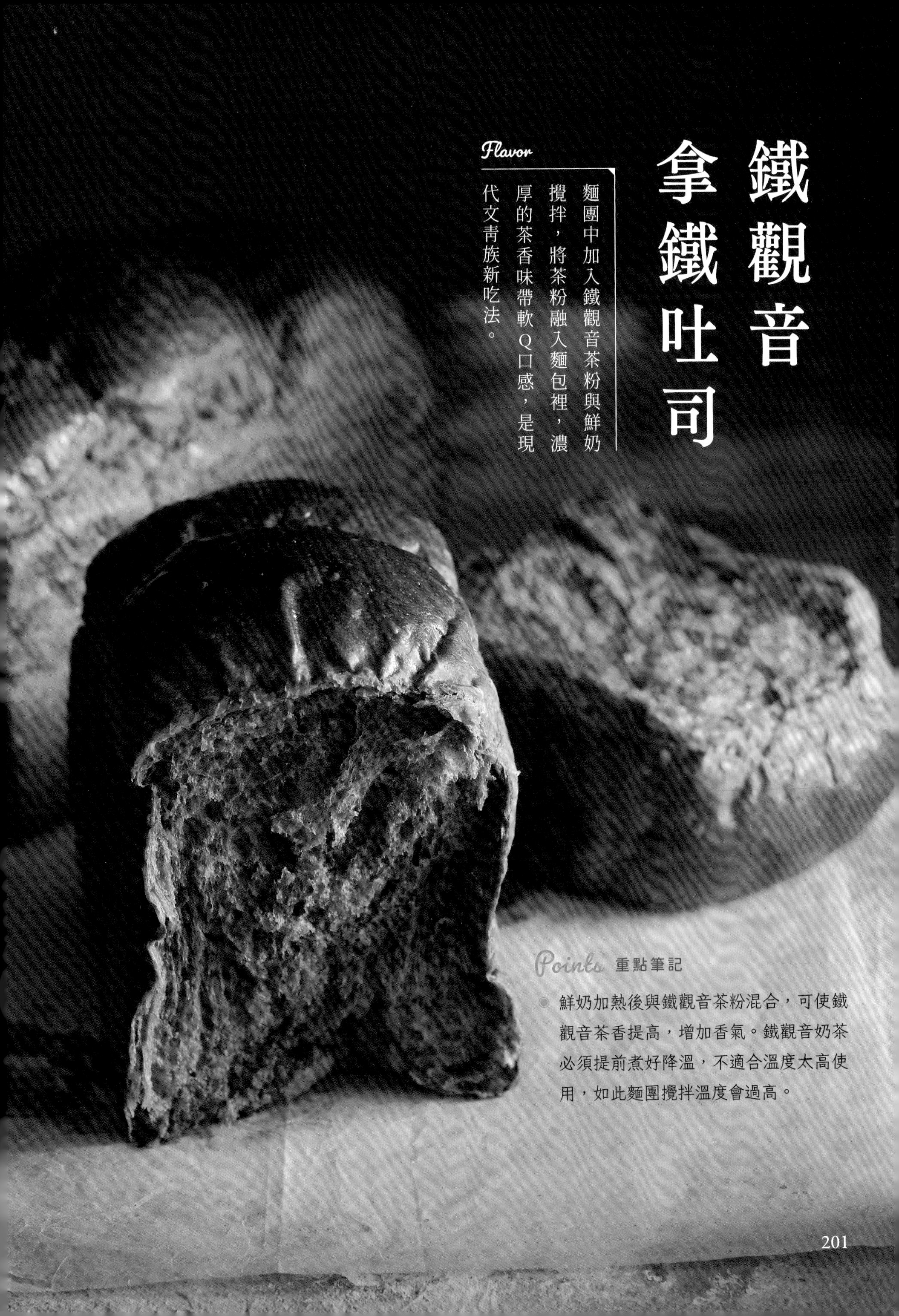

鐵觀音拿鐵吐司

Flavor

麵團中加入鐵觀音茶粉與鮮奶攪拌，將茶粉融入麵包裡，濃厚的茶香味帶軟Q口感，是現代文青族新吃法。

Points 重點筆記

- 鮮奶加熱後與鐵觀音茶粉混合，可使鐵觀音茶香提高，增加香氣。鐵觀音奶茶必須提前煮好降溫，不適合溫度太高使用，如此麵團攪拌溫度會過高。

材料 Ingredients

製作量 ▶ 196×106 ×110mm 吐司模 / 5 條

直接法	百分比%	重量 g
A 高筋麵粉	60	588
特高筋麵粉	40	392
高糖乾酵母	1	10
上白糖	15	147
蜂蜜	3	29
鹽	1.2	12
奶粉	2	20
優格冰種→ P.17	30	294
動物鮮奶油	12	118
鮮奶	48	470
鐵觀音奶茶	23.5	230
B 發酵奶油	15	147
合計	**250.7%**	**2457g**

鐵觀音奶茶	百分比%	重量 g
鐵觀音茶粉	3.5	34
鮮奶	20	196
合計	**23.5%**	**230g**

其他 Others

全蛋液 50g

工序 Process

製作工法
直接法＋優格冰種

種溫
20℃

麵團終溫
26℃

基本發酵
28℃ / 60 分鐘

分割重量
160g×3 個一組

中間發酵
28℃ / 20 分鐘

最後發酵
32℃ / 60 分鐘

發酵箱溫度／濕度
32℃ / 80%

烤焙溫度／時間
上火 180℃、下火 250℃ / 30 分鐘

鐵觀音奶茶

保 存 冷藏5天

材 料 鐵觀音茶粉34g、鮮奶196g

作 法
1 將鮮奶加熱至100℃，關火。
2 加入鐵觀音茶粉混合拌勻，冷藏降溫至5℃即可使用。

[步驟 *Step by step*]

1 前置準備

前一天製作優格冰種。

2 攪拌製程

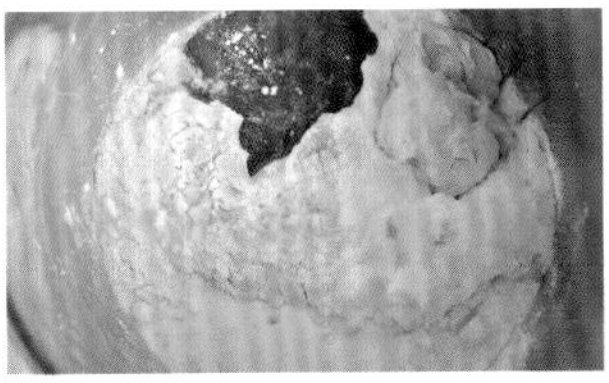

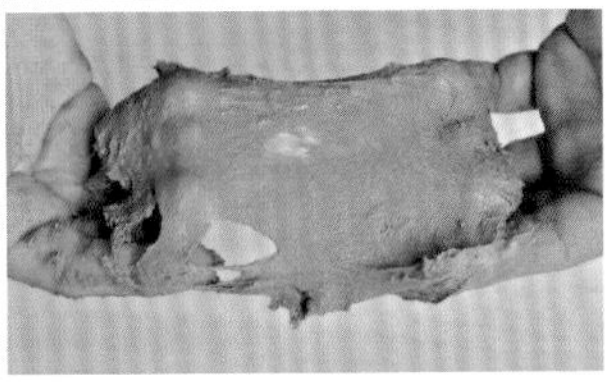

材料A放入攪拌缸，以慢速攪拌成團，轉換中速攪拌至擴展階段微薄膜狀。

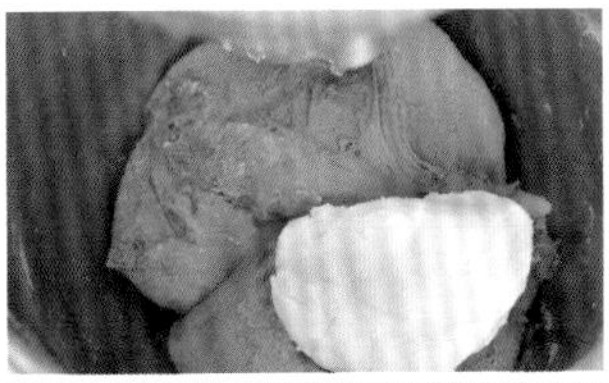

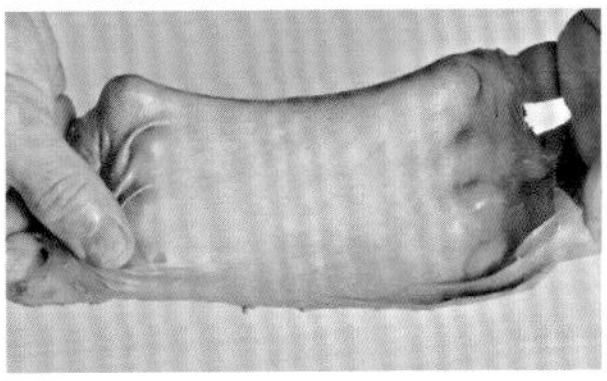

加入材料B慢速攪拌均勻，轉換中速攪拌至完全擴展薄膜狀態，終溫26℃。

3 基本發酵

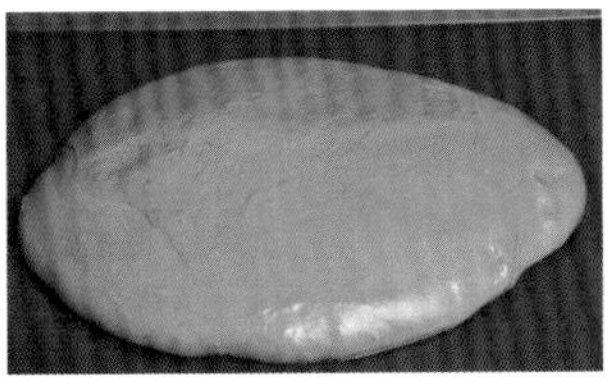

麵團於28℃發酵60分鐘。

4 基本發酵

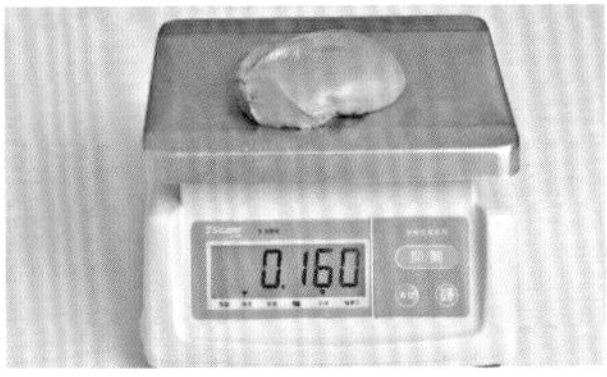

發酵完成的麵團分割成每個160g，共15個。

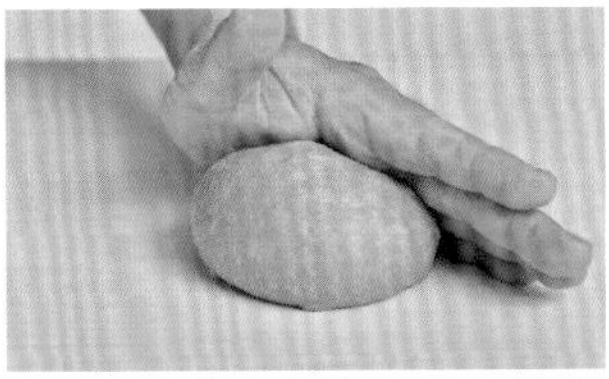

分別排氣折疊滾圓，將分割好的麵團於28℃發酵20分鐘。

5 整型、最後發酵

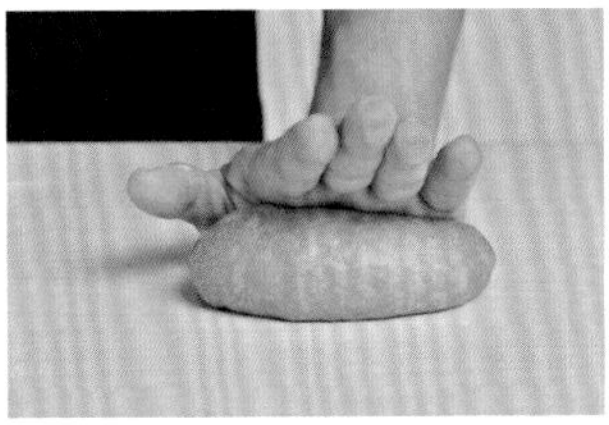

搓橢圓形：將麵團輕拍排氣折疊滾圓，滾圓後收合底部麵團捏合，搓橢圓形長約8cm。

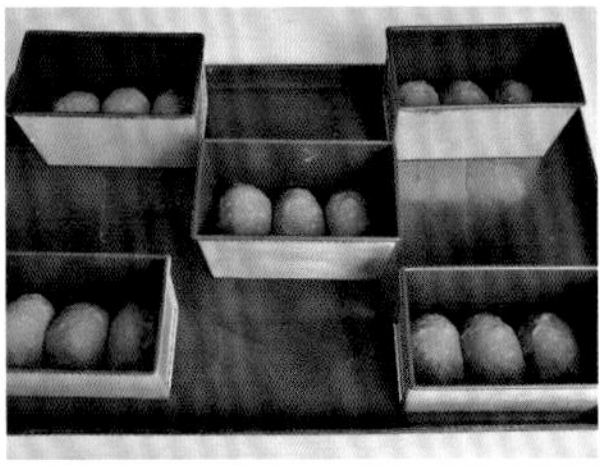

整型好的麵團收口朝下放入吐司烤模中，3個一組，共完成5模，麵團於32℃發酵60分鐘，約烤模9分滿。

6 烤前裝飾

表面刷上全蛋液。

7 烤焙

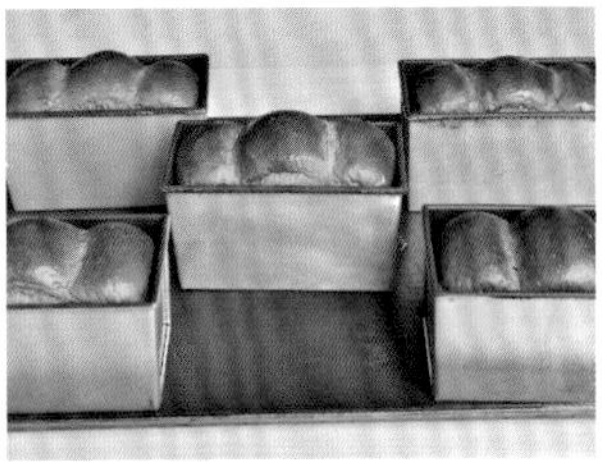

放入烤箱，用上火180℃、下火250℃，烤焙30分鐘，出爐立刻脫模，放涼。

黑芝麻堅果捲吐司

Flavor

將自製香氣十足的黑芝麻餡抹入麵團中，打成麻花捲，表面撒上杏仁角裝飾，組織鬆軟，每一口都充滿黑芝麻香氣。

[材料 Ingredients]

製作量 ▸ 181×77× 91mm 吐司模 / 5 條

中種法	百分比%	重量 g
A 高筋麵粉	60	312
高糖乾酵母	0.9	5
水	34	177
主麵團	**百分比%**	**重量 g**
B 法國麵粉	40	208
上白糖	12	62
鹽	1.6	8
全蛋	10	52
優格	10	52
優格冰種→ P.17	30	156
水	8	42
C 奶油起司	10	52
發酵奶油	5	26
合計	**221.5%**	**1152g**

[工序 Process]

▸ **製作工法**
中種法＋優格冰種

▸ **種溫**
27℃

▸ **麵團終溫**
26℃

▸ **基本發酵**
28℃ / 60 分鐘

▸ **中種主麵團發酵**
28℃ / 20 分鐘

▸ **分割重量**
220g×1 個一組

▸ **中間發酵**
28℃ / 20 分鐘

▸ **最後發酵**
32℃ / 60 分鐘

▸ **發酵箱溫度／濕度**
32℃ / 80%

▸ **烤焙溫度／時間**
上火 180℃、下火 250℃ / 26 分鐘

[其他 Others]

黑芝麻餡 500g、杏仁角 50g

Points 重點筆記

- 整型時勿搓太長，若麻花捲出來的紋路太多結，則烤好容易變型，口感也會比較硬一些。

黑芝麻餡

保存 冷藏7天

材料 A 發酵奶油118g、糖粉118g、全蛋168g
B 玉米粉25g、黑芝麻醬42g、黑芝麻粉168g

作法 1 將發酵奶油與糖粉混合均勻，慢慢加入全蛋混合均勻。
2 最後加入所有材料B拌勻，冷藏備用。

黑芝麻是非常養生的堅果，營養價值高，含大量的脂肪與蛋白質，所含脂肪稱亞麻油酸，是一種健康的不飽和脂肪酸。

1 前置準備

前一天製作優格冰種。

中種製作：水與高糖乾酵母使用打蛋器混合均勻，再倒入攪拌缸，加入高筋麵粉，慢速攪拌成團，轉換中速攪拌麵團均勻即可，建議種溫27℃，麵團於28℃發酵60分鐘。

2 攪拌製程

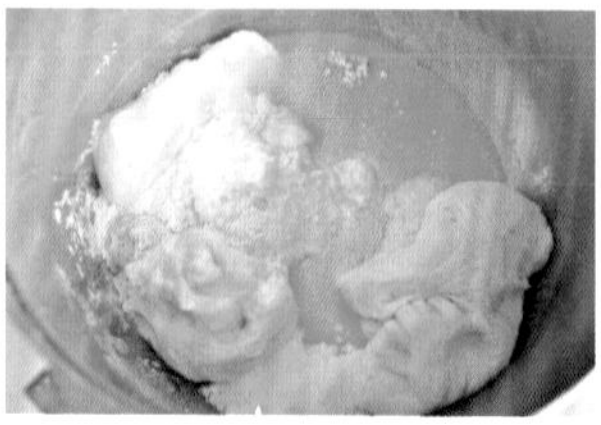

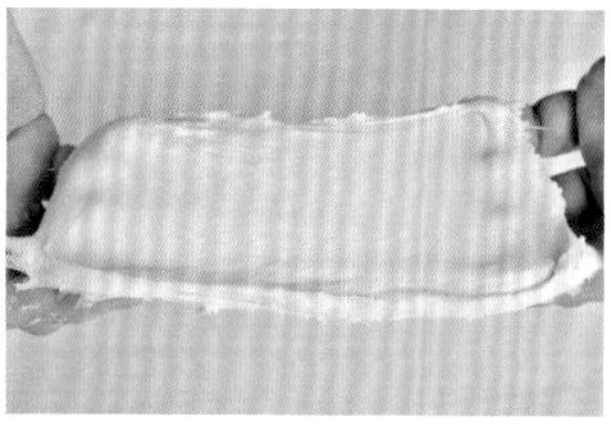

材料B與材料A慢速攪拌成團，轉換中速攪拌至擴展階段微薄膜狀。

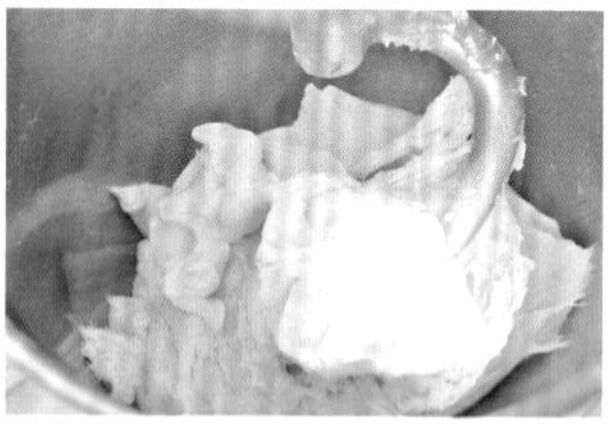

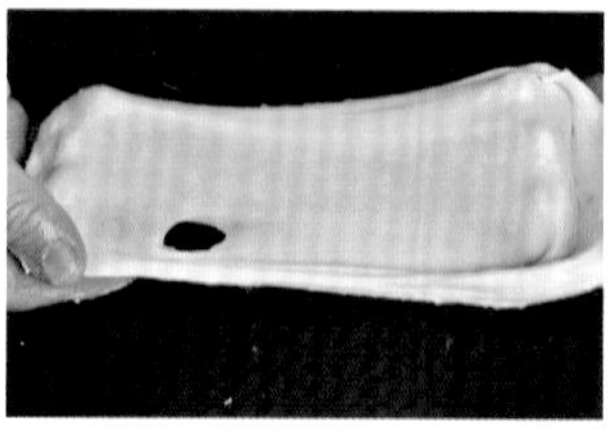

加入材料C，慢速攪拌均勻，轉換中速攪拌至完全擴展薄膜狀態，終溫26℃。

3 基本發酵

中種主麵團於28℃發酵20分鐘。

4 分割、中間發酵

發酵完成的麵團分割成每個220g，共5個。

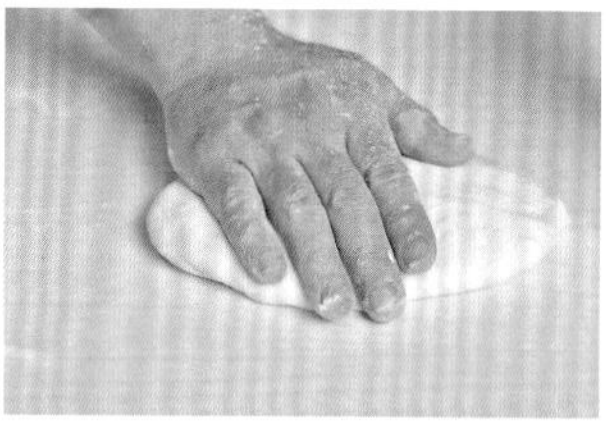

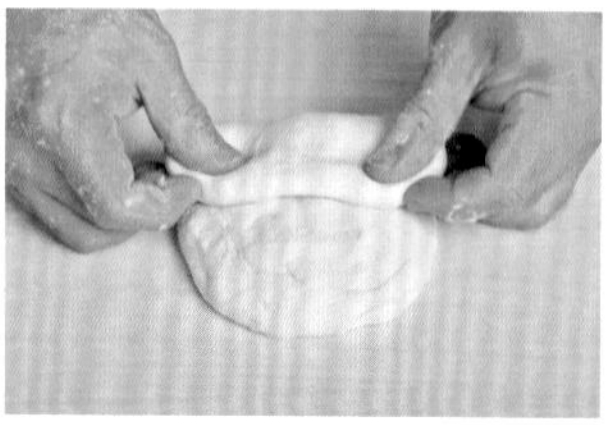

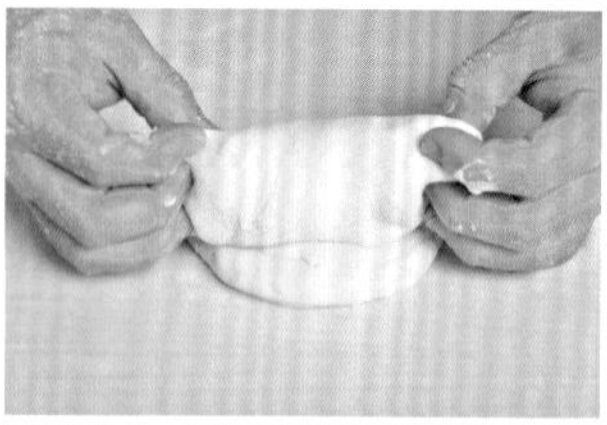

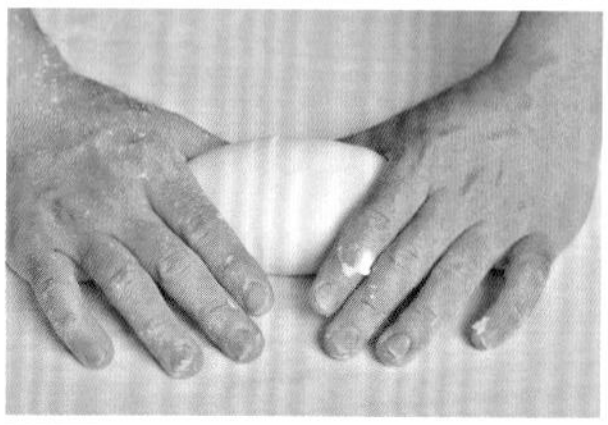

分別排氣3折疊收長型，將分割好的麵團於28℃發酵20分鐘。

5 整型、最後發酵

捲成長圓柱：將麵團擀開約長30cm、厚1cm的長方形，厚薄度一致，抹上黑芝麻餡100g，由下往上捲起，尾端麵皮拉起後黏合成圓柱狀，用手壓一壓收口及推一推麵團更黏合。

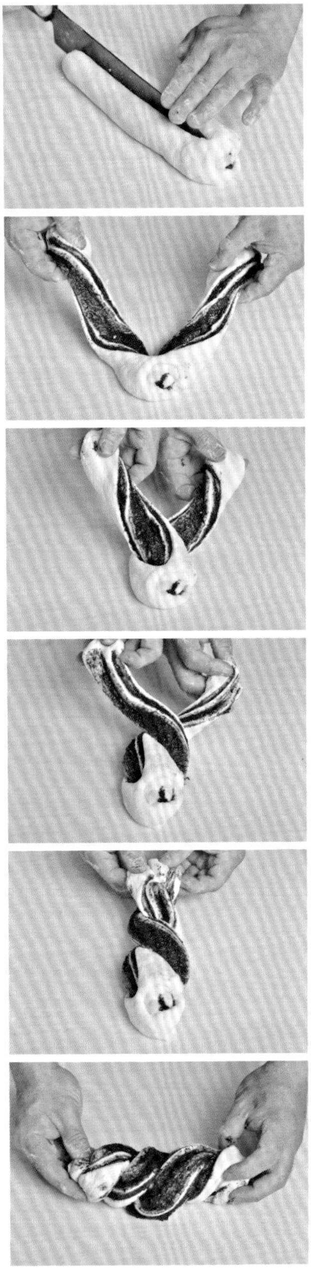

打成麻花狀：麵團前端留1cm左右，從中間切一刀分成兩半，切面朝上，兩條螺旋交叉打成麻花狀。

整型好的麵團收口朝下放入吐司烤模中，共完成5模，麵團於32℃發酵60分鐘，大約烤模8分滿。

6 烤前裝飾

表面刷上全蛋液，每模撒上杏仁角10g。

7 烤焙

放入烤箱，用上火180℃、下火250℃，烤焙26分鐘，出爐立刻脫模，放涼。

野藍莓優格吐司

Flavor

藍莓果醬和野生藍莓粒拌入麵團中，內部再包入藍莓果醬，表面裝飾杏仁片，保濕性高及組織Q軟，酸甜層次讓這款吐司非常受歡迎。

[材料 Ingredients]

製作量 ▸ 196 ×106×110mm 吐司模 / 5 條

直接法	百分比%	重量 g
A 高筋麵粉	100	950
高糖乾酵母	1.2	11
優格冰種→ P.17	50	475
上白糖	12	114
鹽	1.5	14
奶粉	3	29
優格	10	95
全蛋	10	95
藍莓果醬	35	333
鮮奶	30	285
B 發酵奶油	8	76
C 野生藍莓粒	20	190
合計	280.7%	2667g

[其他 Others]

藍莓果醬 150g、杏仁片 50g、全蛋液 50g

野生藍莓

野生藍莓的花青素具抗氧化，可增強記憶力與視力，是一種營養非常高的果實，採收的季節都在夏季。

[工序 Process]

▸ **製作工法**
直接法＋優格冰種

▸ **種溫**
20℃

▸ **麵團終溫**
26℃

▸ **基本發酵**
28℃ / 60 分鐘

▸ **分割重量**
260g×2 個一組

▸ **中間發酵**
28℃ / 20 分鐘

▸ **最後發酵**
32℃ / 60 分鐘

▸ **發酵箱溫度／濕度**
32℃ / 80%

▸ **烤焙溫度／時間**
上火 180℃、下火 250℃ / 30 分鐘

Points 重點筆記

- 整型時擀上藍莓果醬捲起，不宜搓得太用力，藍莓果醬容易從旁邊漏出來，所以長度需擀足夠 30cm，才比較能打成麻花型。

[步驟 Step by step]

1 前置準備

前一天製作優格冰種。

2 攪拌製程

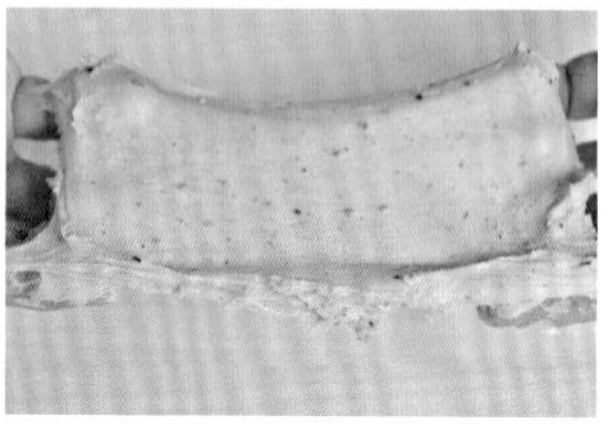

材料A放入攪拌缸，以慢速攪拌成團，轉換中速攪拌至擴展階段微薄膜狀。

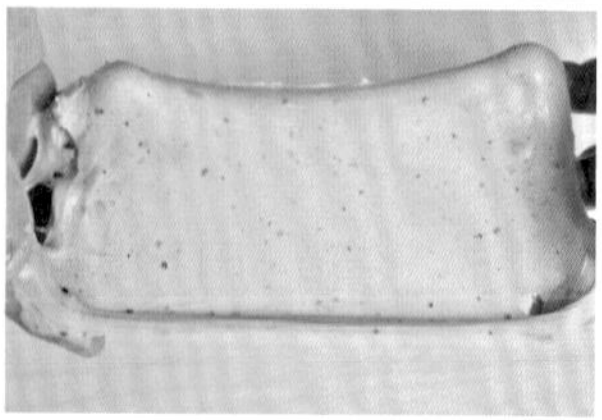

加入材料B慢速攪拌均勻，轉換中速攪拌至完全擴展薄膜狀態，再加入材料C混合均勻，終溫26℃。

3 基本發酵

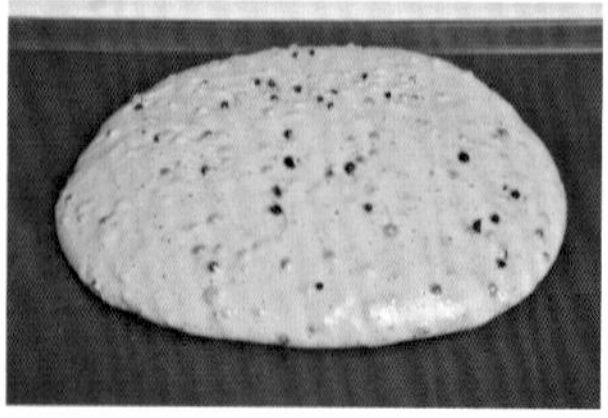

麵團攪拌完成，於28℃發酵60分鐘。

4 分割、中間發酵

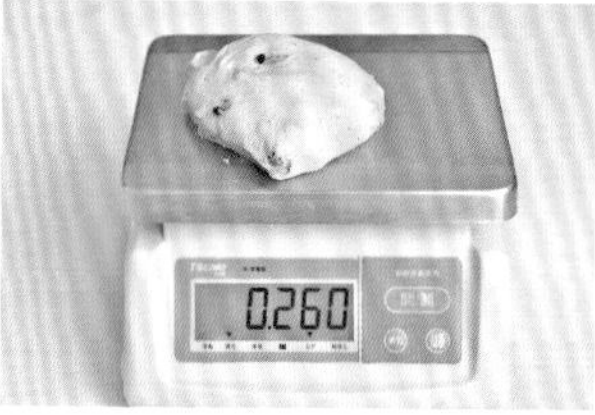

發酵完成的麵團分割成每個260g，共10個。

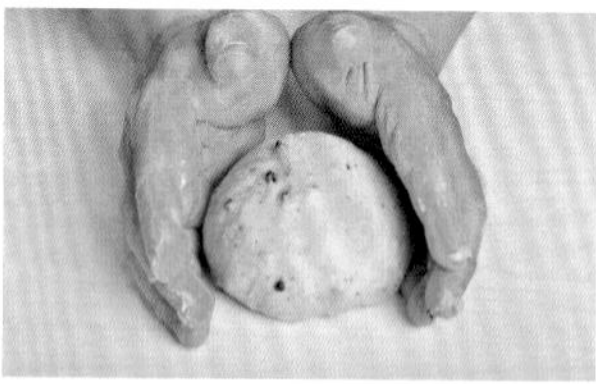

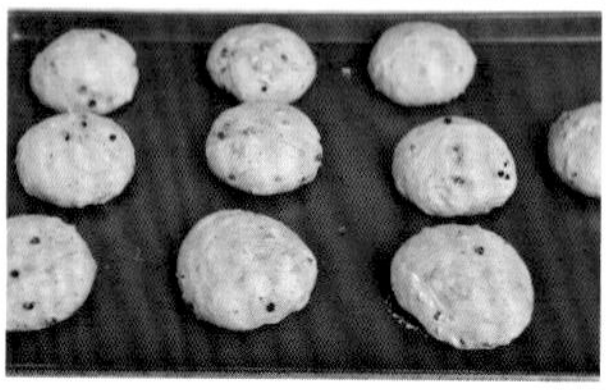

分別排氣折疊滾圓，將分割好的麵團於28℃發酵20分鐘。

5 整型、最後發酵

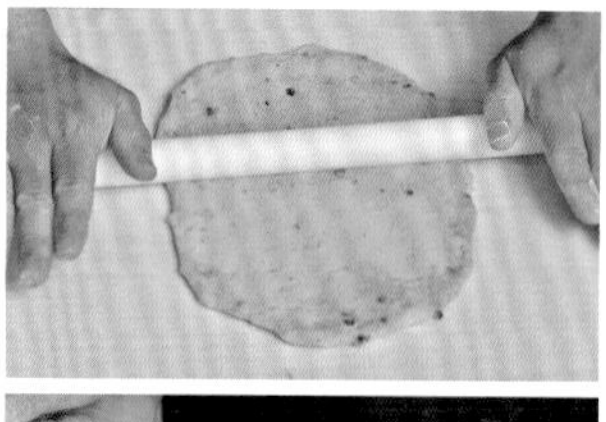

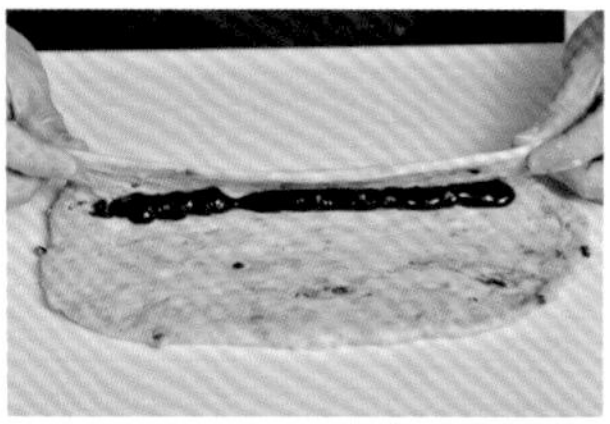

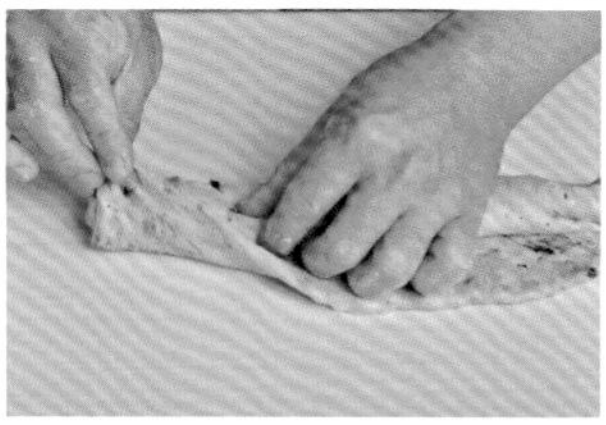

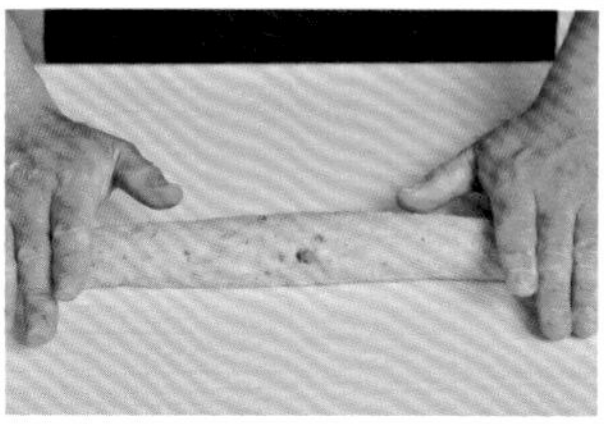

捲成長圓柱：將麵團擀開約長30cm、厚1cm的長方形，厚薄度一致，擠上藍莓果醬15g。

由下往上捲起，尾端麵皮拉起後黏合成圓柱狀，用手壓一壓收口及推一推麵團更黏合。

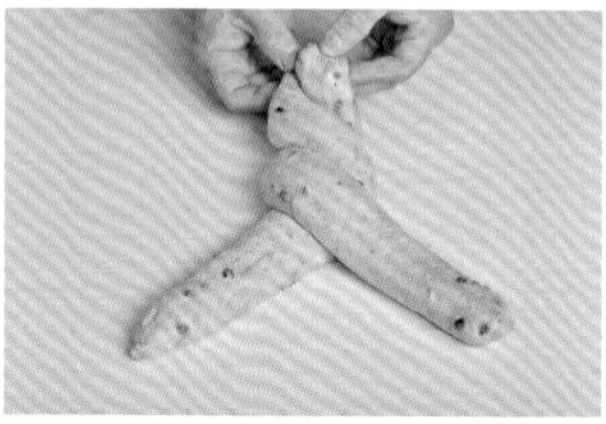
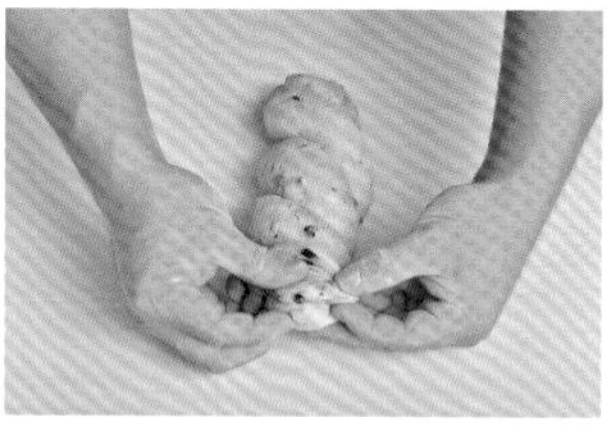

麻花型：將2條麵團左右交叉繞成麻花型，尾端捏合，兩端稍微向內推整型。

整型好的麵團，收口朝下放入吐司烤模中，共完成5模，麵團於32℃發酵60分鐘，大約烤模8分滿。

6 烤前裝飾

表面刷上全蛋液，每模撒上杏仁片10g。

7 烤焙

放入烤箱，用上火180℃、下火250℃，烤焙30分鐘，出爐立刻脫模，放涼。

抹茶紅豆吐司

Flavor

抹茶粉搭配紅豆餡，表面裝飾熟白芝麻、抹茶粉，吐司鬆軟富彈性，並帶有濃濃抹茶紅豆香氣，不僅外觀提高價值，更是抹茶控的最愛。

[材料 Ingredients]

製作量 ▸ 181×77× 91mm 吐司模 / 5 條

中種法	百分比%	重量 g
A 高筋麵粉	60	306
高糖乾酵母	0.9	5
水	34	173
主麵團	**百分比%**	**重量 g**
B 法國麵粉	40	204
上白糖	12	61
鹽	1.6	8
全蛋	10	51
優格	10	51
抹茶粉	2	10
優格冰種→ P.17	30	153
水	10	51
C 奶油起司	10	51
發酵奶油	5	26
合計	**225.5%**	**1150g**

[工序 Process]

- **製作工法**
  中種法＋優格冰種
- **種溫**
  27℃
- **麵團終溫**
  26℃
- **基本發酵**
  28℃ / 60 分鐘
- **中種主麵團發酵**
  28℃ / 20 分鐘
- **分割重量**
  220g×1 個一組
- **中間發酵**
  28℃ / 20 分鐘
- **最後發酵**
  32℃ / 60 分鐘
- **發酵箱溫度／濕度**
  32℃ / 80%
- **烤焙溫度／時間**
  上火 180℃、下火 250℃ / 26 分鐘

[其他 Others]

紅豆餡 500g、抹茶粉 10g、熟白芝麻 15g

Points 重點筆記

- 紅豆餡含水分，在烤焙時水分變成水蒸氣無法排出而產生空洞，因此整型完成時，表面切 6 刀，可讓內部水蒸氣排出。

[步驟 *Step by step*]

1 前置準備

前一天製作優格冰種。

中種製作：水與高糖乾酵母使用打蛋器混合均勻，再倒入攪拌缸，加入高筋麵粉，慢速攪拌成團，轉換中速攪拌麵團均勻即可，建議種溫27℃，麵團於28℃發酵60分鐘。

2 攪拌製程

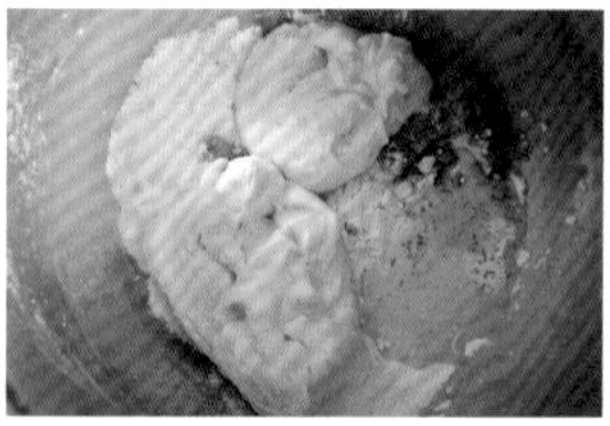

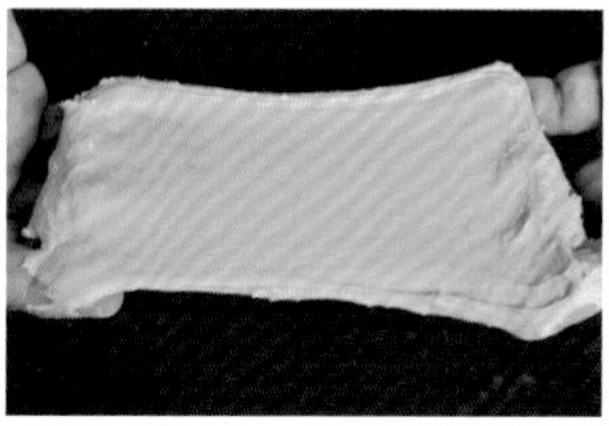

材料B與材料A慢速攪拌成團，轉換中速攪拌至擴展階段微薄膜狀。

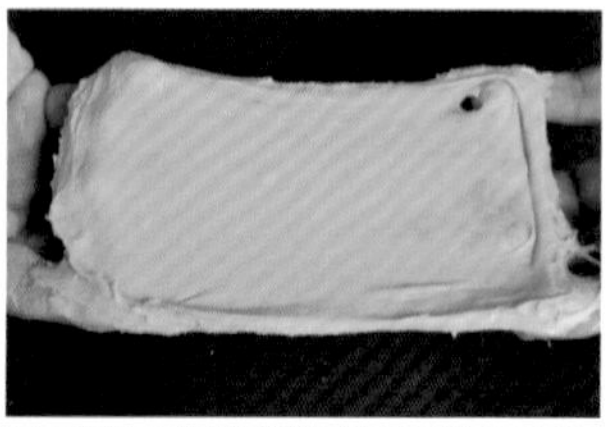

加入材料C，慢速攪拌均勻，轉換中速攪拌至完全擴展薄膜狀態，終溫26℃。

3 基本發酵

中種主麵團於28℃發酵20分鐘。

4 分割、中間發酵

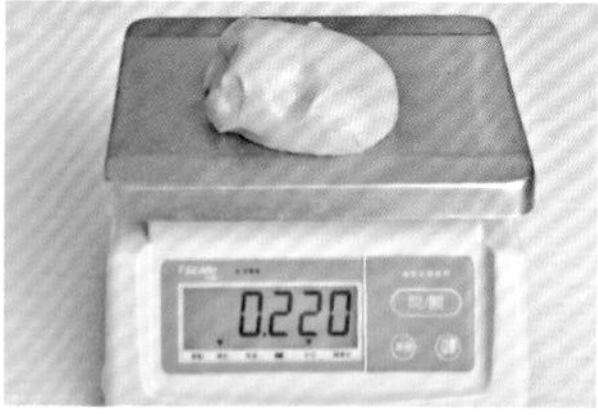

發酵完成的麵團分割成每個220g，共5個。

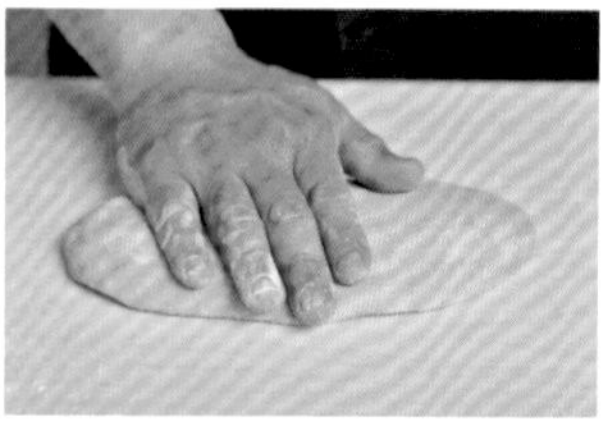

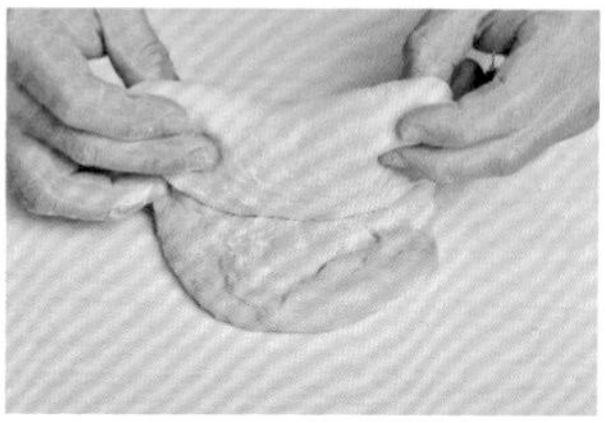

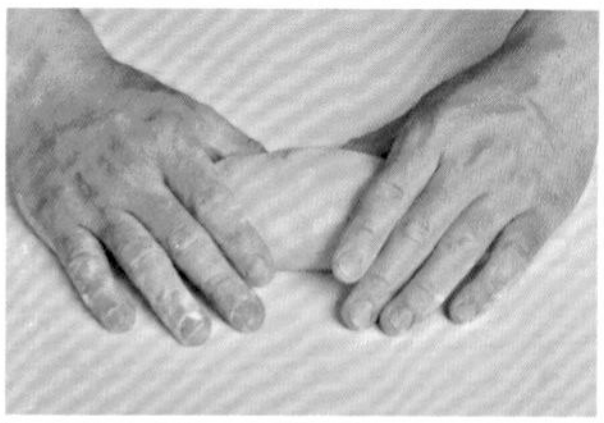

分別排氣3折疊收長型，將分割好的麵團於28℃發酵20分鐘。

5 整型、最後發酵

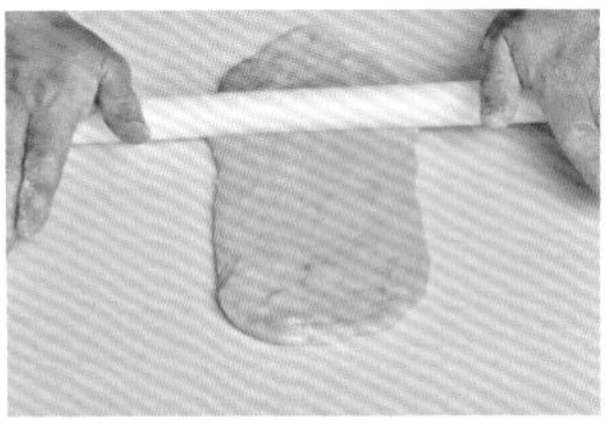

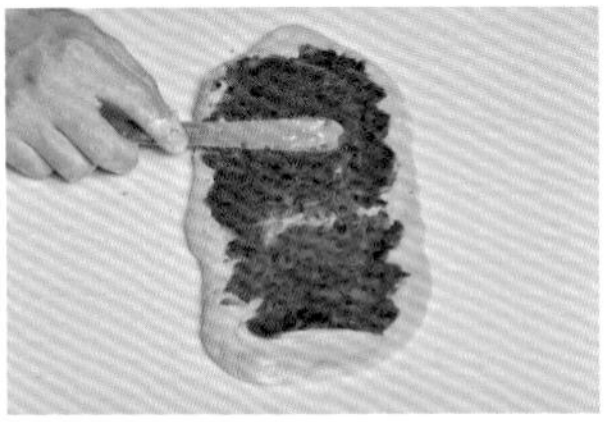

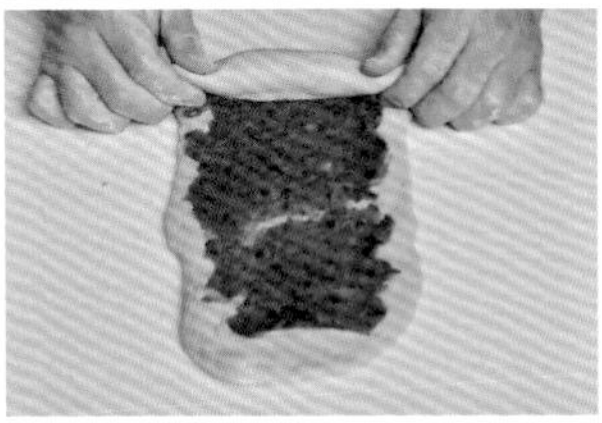

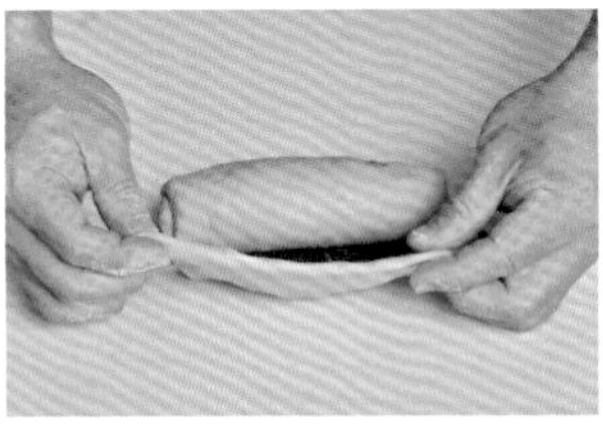

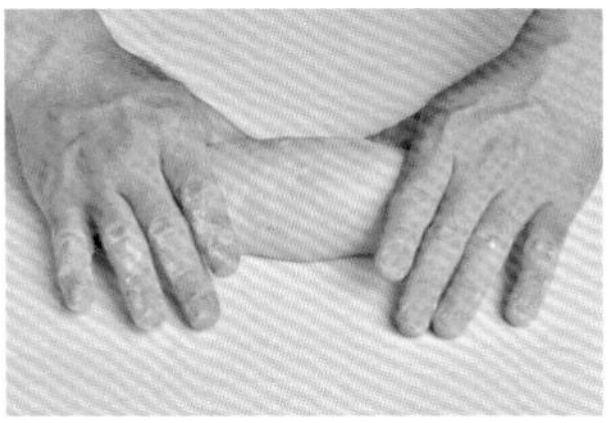

捲成長圓柱：將麵團擀開約長30cm、厚1cm的長方形，厚薄度一致，抹上紅豆餡100g，由下往上捲起，尾端麵皮拉起後黏合成圓柱狀，用手壓一壓收口及推一推麵團更黏合。

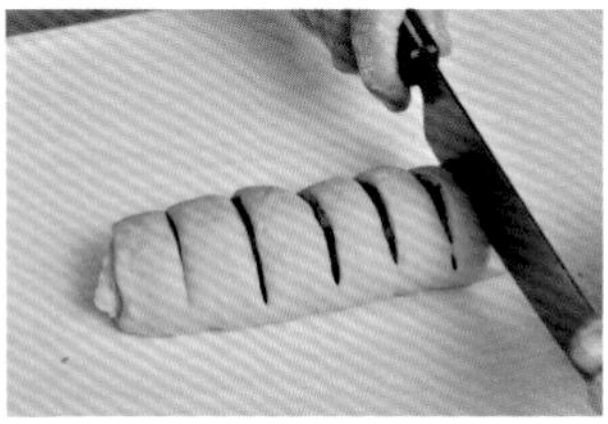

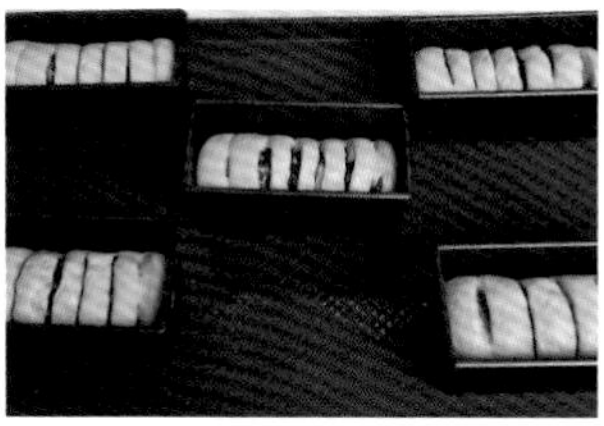

表面切6刀，深度約麵團一半，整型好的麵團收口朝下放入吐司烤模中，共完成5模，麵團於32℃發酵60分鐘，約烤模8分滿。

6 烤前裝飾

表面噴水，每模撒上熟白芝麻3g，再篩上抹茶粉2g。

7 烤焙

放入烤箱，用上火180℃、下火250℃，烤焙26分鐘，出爐立刻脫模，放涼。

超綿起司吐司

Flavor

知名麵包店的人氣吐司，麵團偏硬式，包著一圈又一圈的起司餡，每一口富紮實綿密口感、起司香濃濕軟，是起司控的最愛。

[材料 Ingredients]

製作量 ▸ 181×77× 91mm 吐司模 / 5 條

中種法	百分比%	重量 g
A 高筋麵粉	25	143
高糖乾酵母	0.7	4
鮮奶	18	103
主麵團	**百分比%**	**重量 g**
B 特高筋麵粉	75	428
上白糖	12	68
鹽	1	6
奶粉	7	40
蜂蜜	5	29
全蛋	12	68
高糖乾酵母	0.5	9
動物鮮奶油	15	86
優格冰種→ P.17	30	171
鮮奶	10	57
C 發酵奶油	8	46
合計	**219.2%**	**1258g**

[工序 Process]

▸ **製作工法**
中種法＋優格冰種

▸ **種溫**
27℃

▸ **麵團終溫**
26℃

▸ **基本發酵**
28℃ / 90 分鐘

▸ **中種主麵團發酵**
28℃ / 15 分鐘

▸ **分割重量**
80g×3 個一組

▸ **中間發酵**
28℃ / 20 分鐘

▸ **最後發酵**
32℃ / 80 分鐘

▸ **發酵箱溫度／濕度**
32℃ / 82%

▸ **烤焙溫度／時間**
上火 170℃、下火 240℃ / 30 分鐘

[其他 Others]

鮮奶起司餡 750g、無水奶油 50g

鮮奶起司餡

保 存 冷藏7天

材 料 奶油起司1000g、糖粉200g、動物鮮奶油100g

作 法 1 將奶油起司打軟，加入糖粉混合均勻。
2 再慢慢加入動物鮮奶油拌勻。

Points 重點筆記

- 麵團屬於硬式麵團，中間發酵完成後需先做一次排氣，使麵團增加光澤與細緻組織。
- 中種麵團基本發酵時間長，為 90 分鐘，主要是麵團偏硬、筋度比較緊。當中種發酵時間增加時，則 PH 值比較低，麵筋延展性變得比較好，烤焙時麵團比較不易斷裂。

步驟 Step by step

1 前置準備

前一天製作優格冰種。

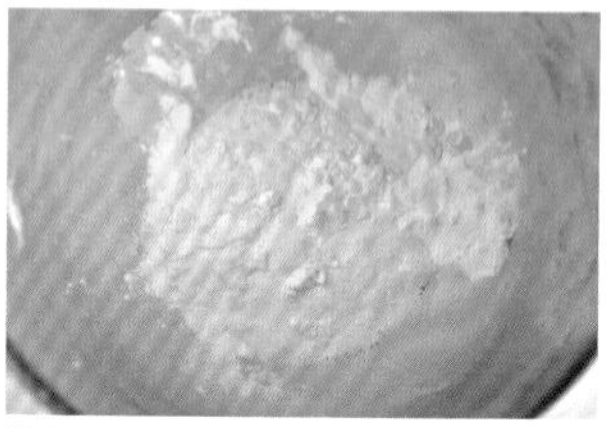

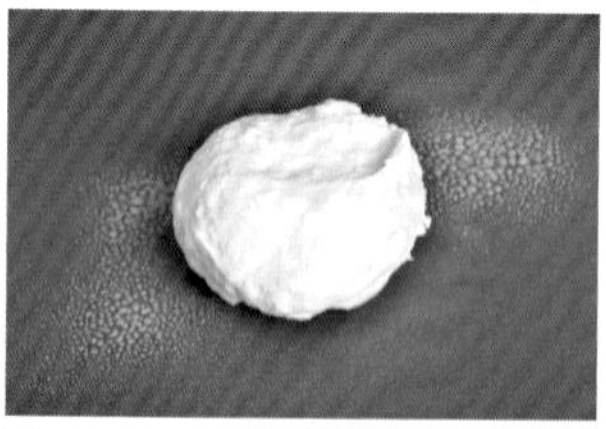

中種製作：鮮奶與高糖乾酵母使用打蛋器混合均勻，再倒入攪拌缸，加入高筋麵粉，慢速攪拌成團，轉換中速攪拌麵團均勻即可，建議種溫27℃，麵團於28℃發酵90分鐘。

2 攪拌製程

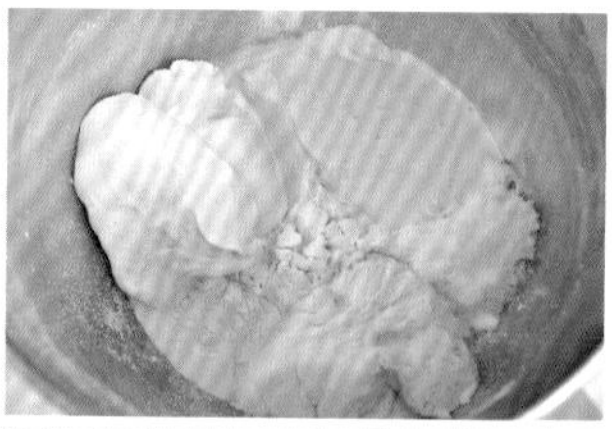

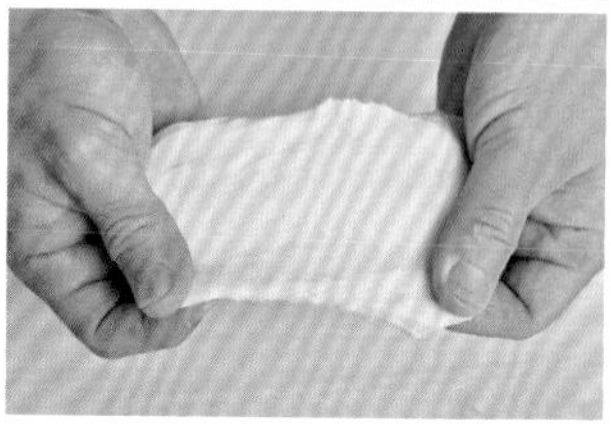

材料B與材料A慢速攪拌成團，轉換中速攪拌至擴展階段微薄膜狀。

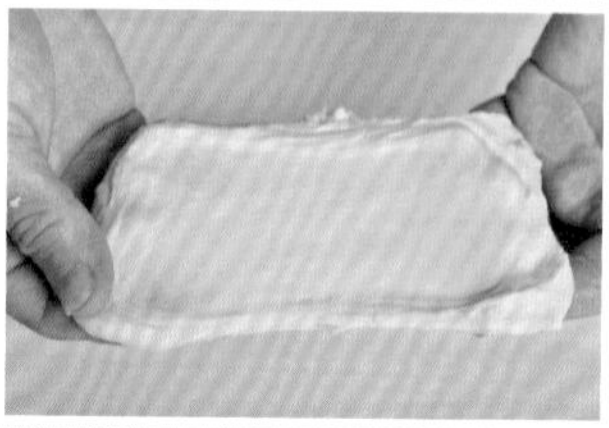

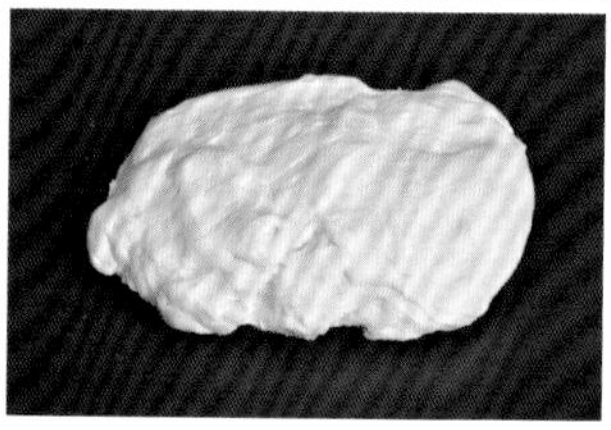

加入材料C，慢速攪拌均勻，轉換中速攪拌至完全擴展薄膜狀態，終溫26℃。

3 基本發酵

中種主麵團於28℃發酵15分鐘。

4 分割、中間發酵

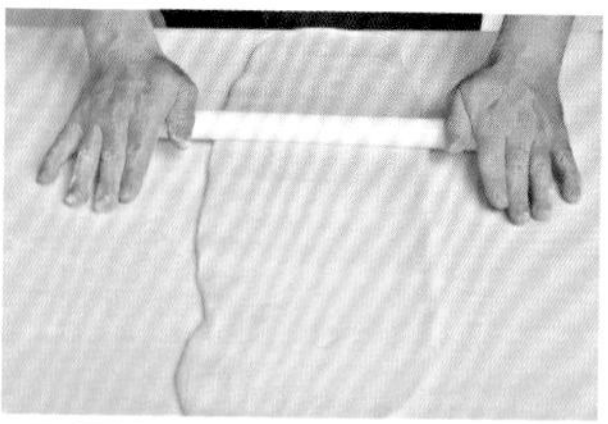

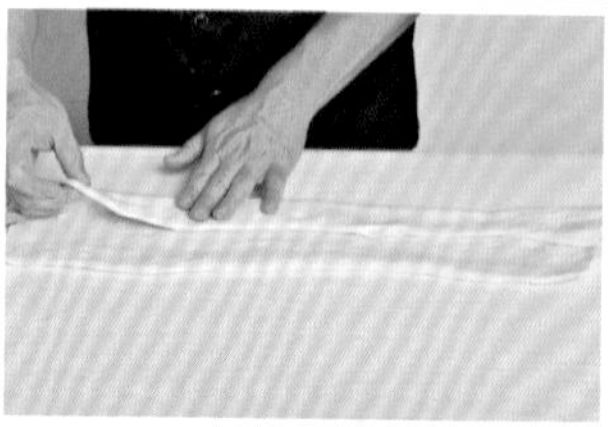

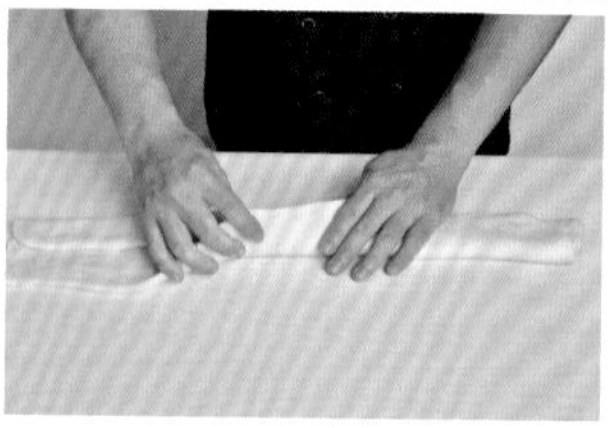

發酵完成的麵團用擀麵棍做一次排氣，先從中間朝下擀薄，再從中間朝上擀開，3折1次。

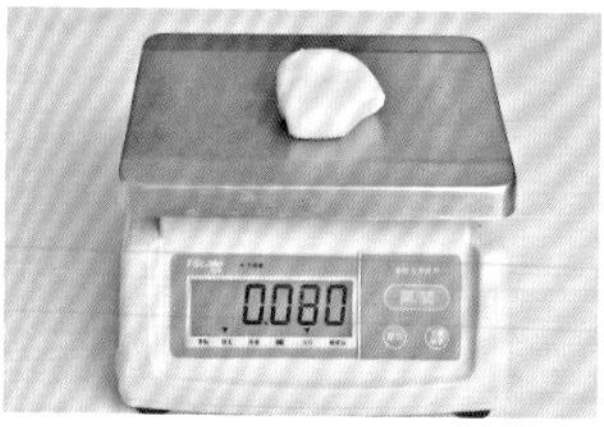

再分割成每個80g，共15個。

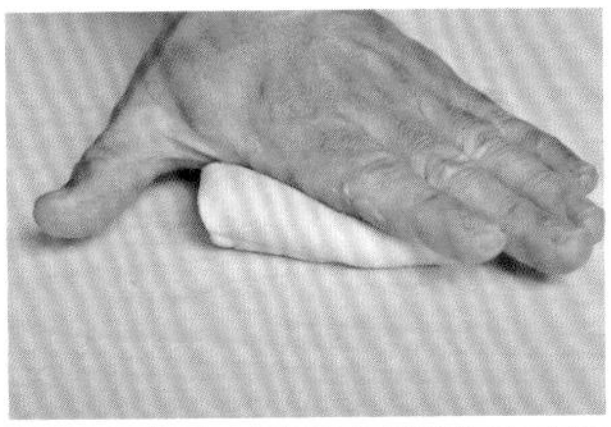
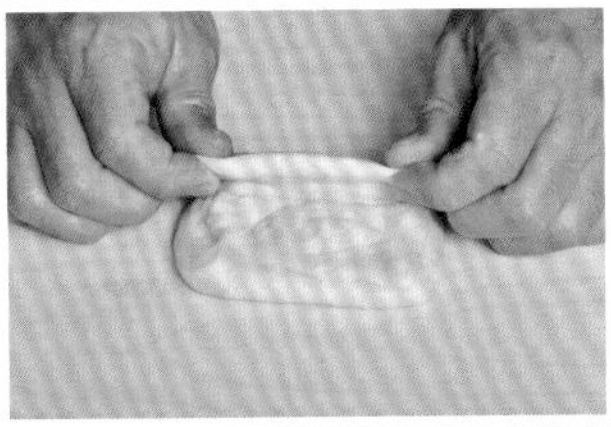

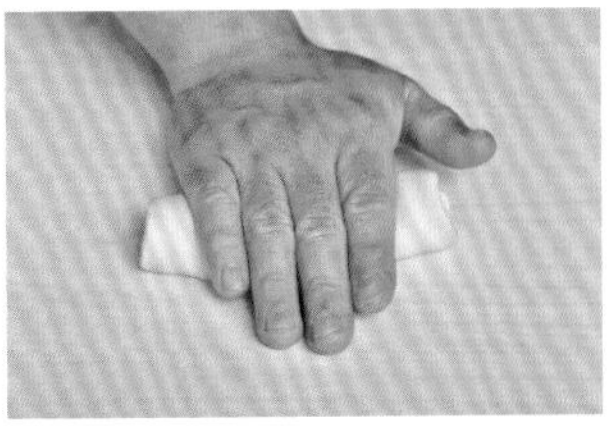

分別折疊，搓約長15cm，麵團於28℃發酵20分鐘。

5 整型、最後發酵

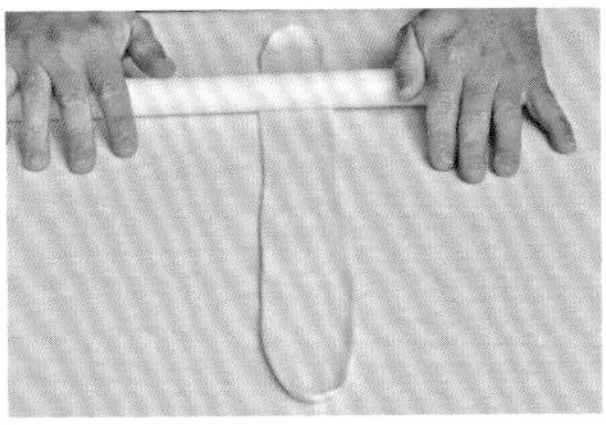
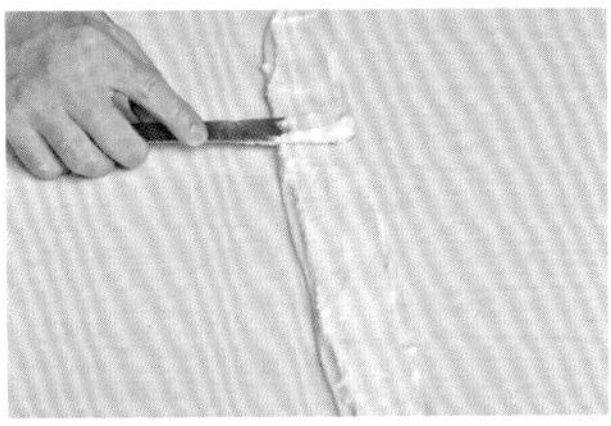
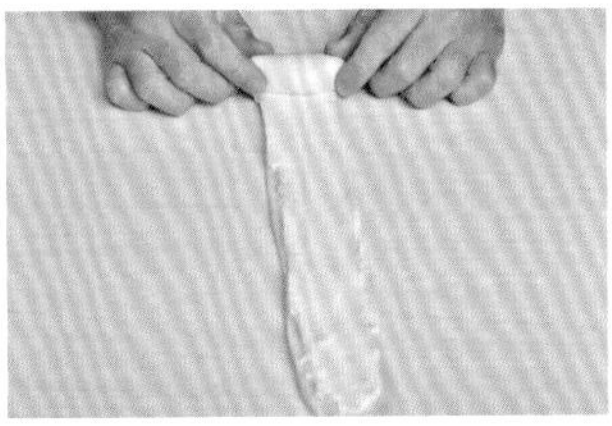
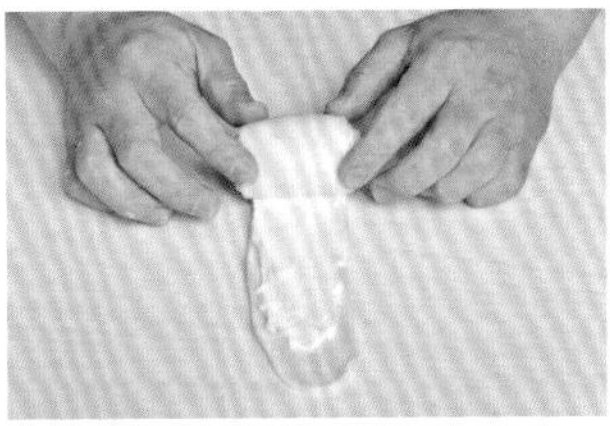
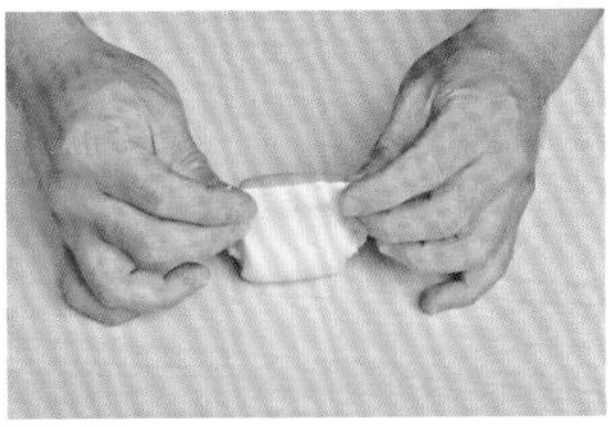

捲成短圓柱：將麵團再搓長約20cm，一手輕拉底部，先從中間朝下擀薄，再從中間朝上擀開約長40cm、寬5cm，厚薄度一致，抹上鮮奶起司餡50g，順勢由下往上捲起，收口處捏合。

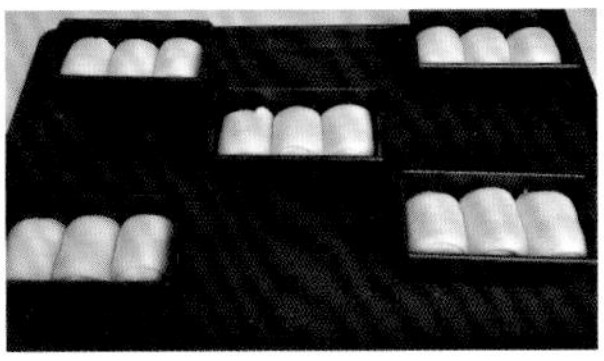

整型好的麵團收口朝下放入吐司烤模中，3個一組，共完成5模，麵團於32℃發酵80分鐘，約烤模9分滿。

6 烤焙

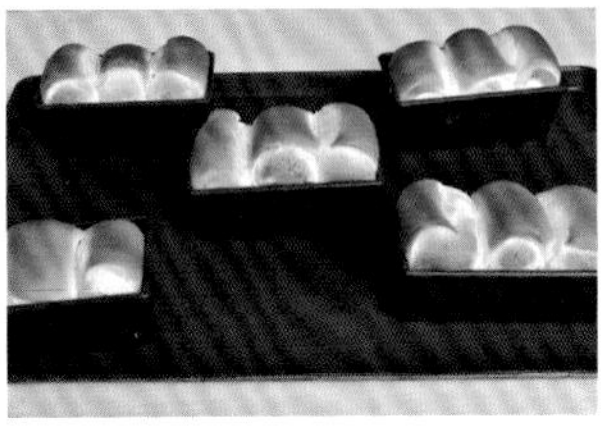

放入烤箱，用上火170℃、下火240℃，烤焙30分鐘，出爐立即脫模。

7 烤後處理

表面刷上無水奶油，放涼即可。

芒果紅茶吐司

Flavor

麵團中拌入芒果泥、伯爵紅茶粉、芒果乾，呈現金黃色，讓吐司同時具有芒果香氣，同時也能吃到芒果乾的口感。

材料 Ingredients

製作量 ▸ 196 ×106×110mm 吐司模 / 5 條

直接法	百分比%	重量 g
A 特高筋麵粉	50	480
高筋麵粉	50	480
上白糖	10	96
蜂蜜	4	38
鹽	1.6	15
高糖乾酵母	1	10
伯爵茶粉末	0.7	7
優格冰種→ P.17	30	288
芒果果泥	20	192
鮮奶	56	538
B 發酵奶油	8	77
C 芒果乾丁	25	240
合計	256.3%	2461g

工序 Process

- **製作工法**
  直接法＋優格冰種
- **種溫**
  20℃
- **麵團終溫**
  26℃
- **基本發酵**
  28℃ / 60 分鐘
- **分割重量**
  160g×3 個一組
- **中間發酵**
  28℃ / 20 分鐘
- **最後發酵**
  32℃ / 60 分鐘
- **發酵箱溫度／濕度**
  32℃ / 82%
- **烤焙溫度／時間**
  上火 180℃、下火 250℃ / 30 分鐘

其他 Others

全蛋液 50g

芒果乾丁

保存 冷藏30天

材料 芒果乾300g、芒果果泥50g、水25g

作法
1 將芒果乾切約1.5cm丁狀備用。
2 芒果果泥與水煮滾，加入芒果乾丁混合均勻，關火後放涼，冷藏備用。

[步驟 *Step by step*]

1 前置準備

前一天製作優格冰種。

2 攪拌製程

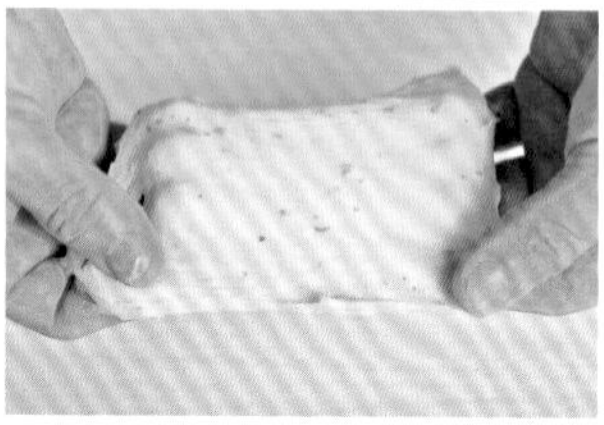

材料A放入攪拌缸，以慢速攪拌成團，轉換中速攪拌至擴展階段微薄膜狀。

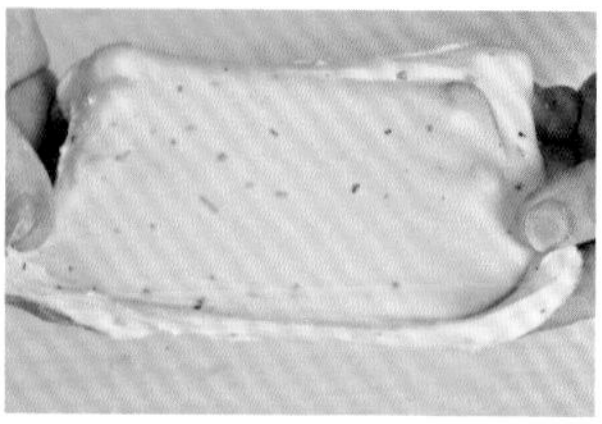

加入材料B慢速攪拌均勻，轉換中速攪拌至完全擴展薄膜狀態，再加入材料C混合均勻，終溫26℃。

3 基本發酵

麵團攪拌完成，於28℃發酵60分鐘。

4 分割、中間發酵

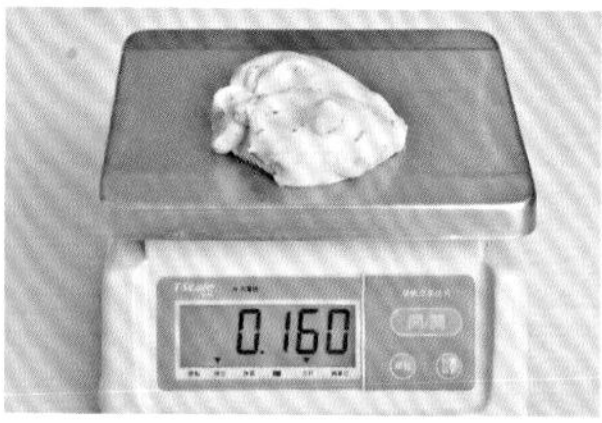

發酵完成的麵團分割成每個160g，共15個。

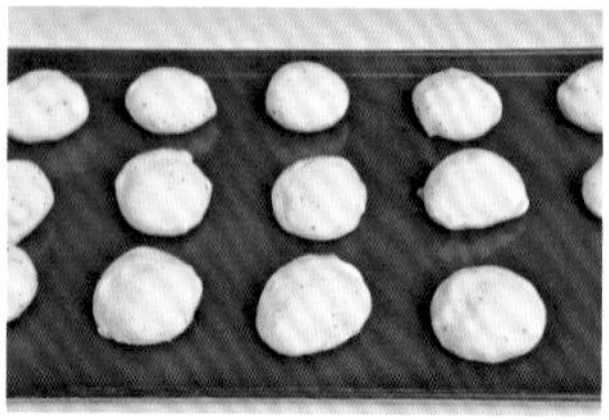

分別排氣折疊滾圓，將分割好的麵團於28℃發酵20分鐘。

5 整型、最後發酵

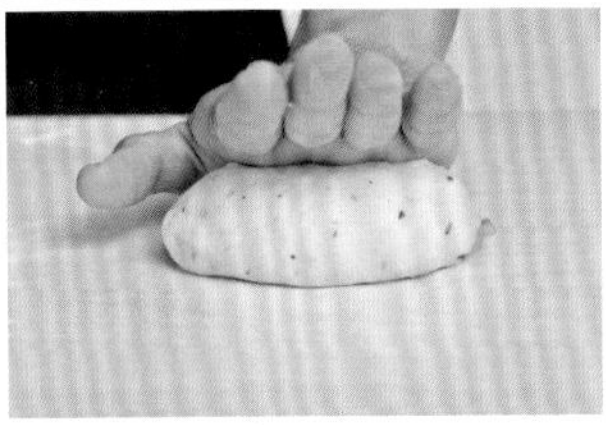

搓橢圓形：將麵團輕拍排氣折疊滾圓，滾圓後收合底部麵團捏合，搓橢圓形長約8cm。

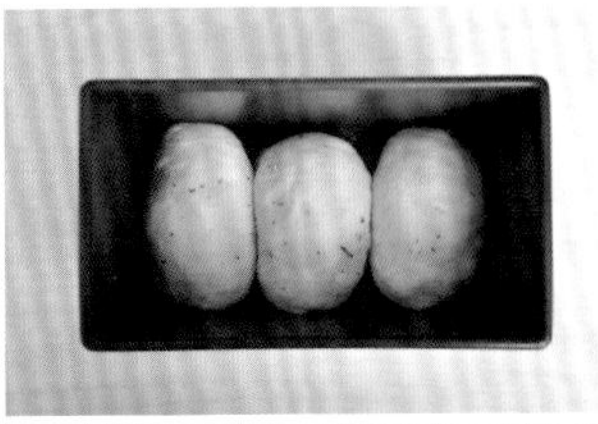

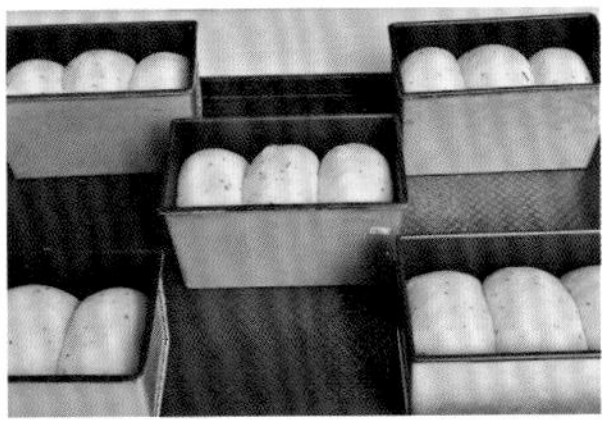

整型好的麵團收口朝下放入吐司烤模中，3個一組，共完成5模，麵團於32℃發酵60分鐘，約烤模9分滿。

6 烤前裝飾

表面刷上全蛋液。

7 烤焙

放入烤箱，用上火180℃、下火250℃，烤焙30分鐘，出爐立刻脫模，放涼。

Points 重點筆記

- 因芒果乾丁容易結成一球，加入芒果乾丁和麵團攪拌前，盡量把芒果乾丁分散，如此較容易攪拌均勻。

荔枝蜂蜜吐司

Flavor

此款為高雄名店特色吐司，麵團中加入荔枝果泥、荔枝蜂蜜、荔枝酒攪拌，即使冷凍後回溫吃，麵包體仍然軟Q，並帶點荔枝香氣，令人欲罷不能。

[材料 Ingredients]

製作量 ▶ 196×106×110 mm 帶蓋吐司模 / 5 條

中種法	百分比%	重量 g
A 特高筋麵粉	70	721
高糖乾酵母	1	10
水	42	433
主麵團	**百分比%**	**重量 g**
B 高筋麵粉	30	309
上白糖	2	21
荔枝蜂蜜	10	103
鹽	2	21
優格冰種→ P.17	30	309
荔枝果泥	35	361
荔枝酒	4	41
C 發酵奶油	12	124
合計	**238%**	**2453g**

[工序 Process]

製作工法
中種法＋優格冰種

種溫
27℃

麵團終溫
26℃

基本發酵
28℃ / 60 分鐘

中種主麵團發酵
28℃ / 20 分鐘

分割重量
160g×3 個一組

中間發酵
28℃ / 20 分鐘

最後發酵
32℃ / 60 分鐘

發酵箱溫度／濕度
32℃ / 82%

烤焙溫度／時間
上火 220℃、下火 250℃ / 32 分鐘

Points 重點筆記

- 麵團勿加入超過 4%以上的酒類，會影響發酵狀態，麵團攪拌時也會比較軟爛，注意攪拌溫度不宜太高，容易斷筋。

步驟 Step by step

1 前置準備

前一天製作優格冰種。

中種製作：水與高糖乾酵母使用打蛋器混合均勻，再倒入攪拌缸，加入特高筋麵粉，慢速攪拌成團，轉換中速攪拌麵團均勻即可，建議種溫27℃，麵團於28℃發酵60分鐘。

2 攪拌製程

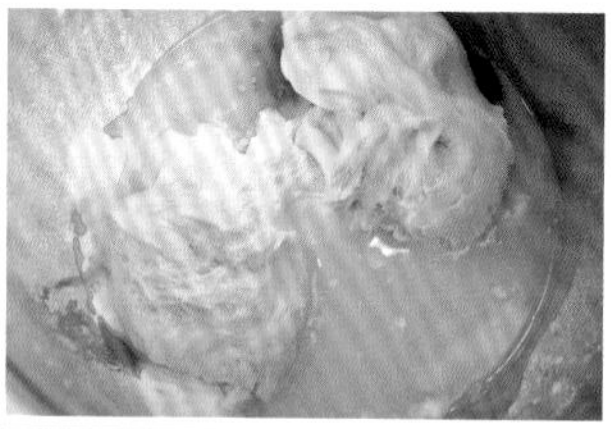

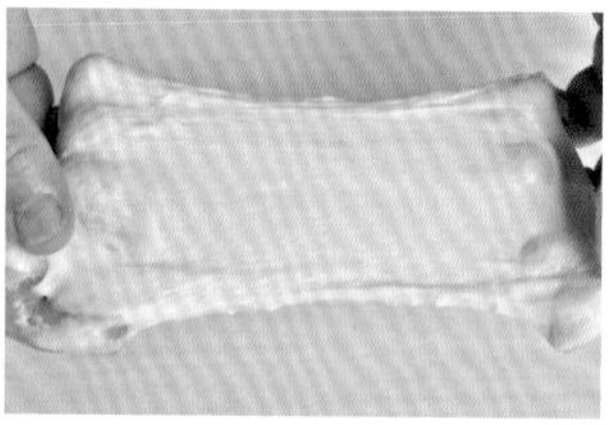

材料B與材料A慢速攪拌成團，轉換中速攪拌至擴展階段微薄膜狀。

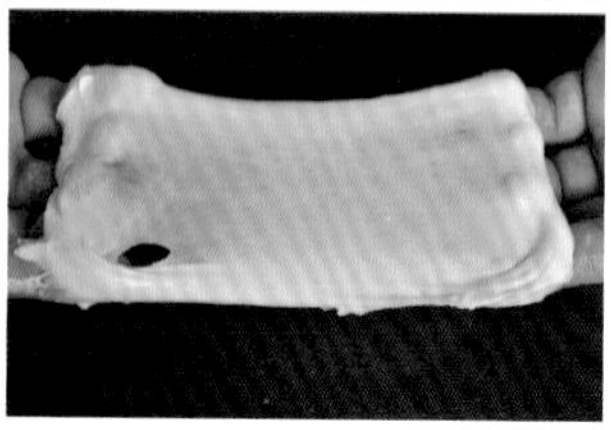

加入材料C，慢速攪拌均勻，轉換中速攪拌至完全擴展薄膜狀態，終溫26℃。

3 基本發酵

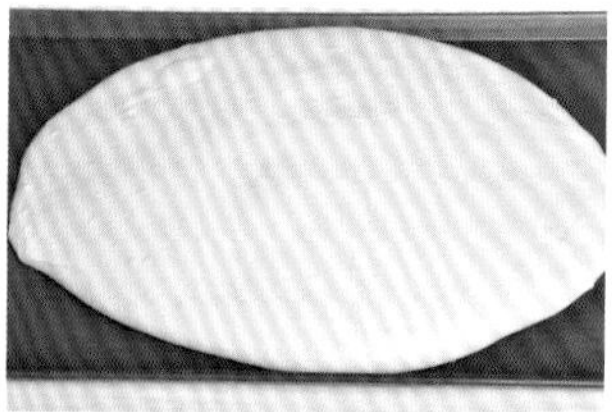

中種主麵團於28℃發酵20分鐘。

4 分割、中間發酵

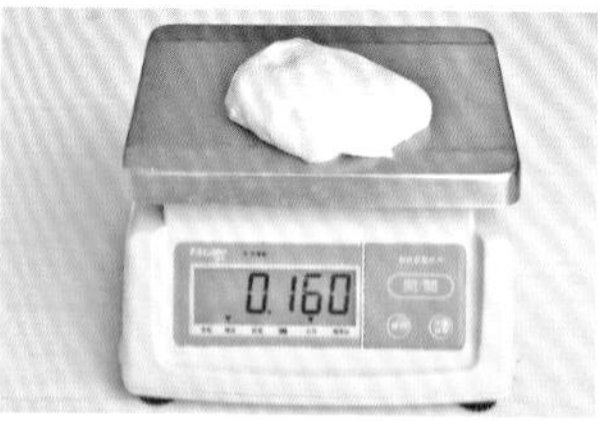

發酵完成的麵團分割成每個160g，共15個。

分別排氣折疊滾圓，將分割好的麵團於28℃發酵20分鐘。

5 整型、最後發酵

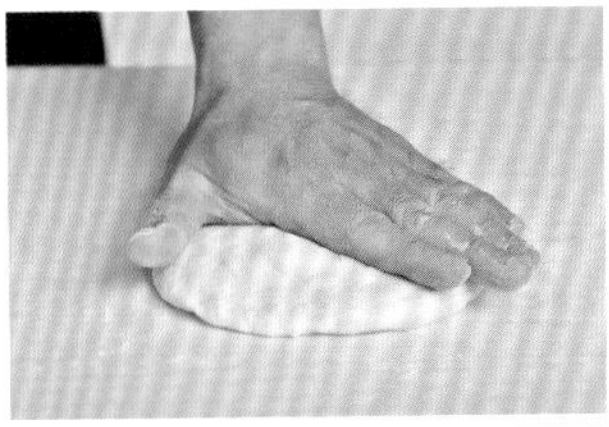
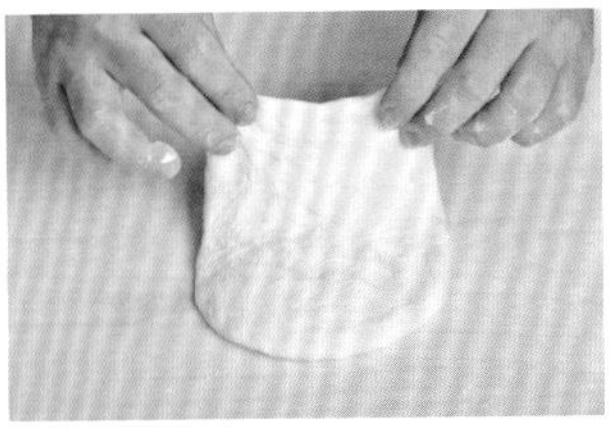
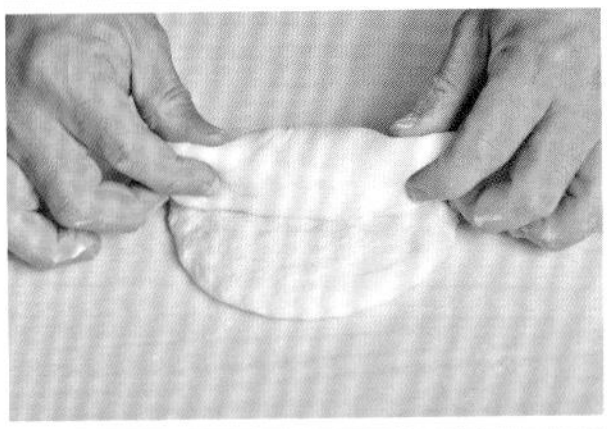
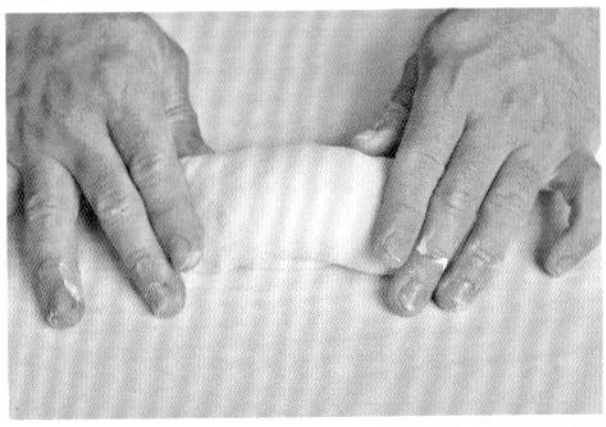

第一次擀捲：麵團兩面沾手粉，輕拍麵團將氣體排出，正面朝下反折捲起，收合成長圓柱，用手壓一壓收口及推一推麵團更黏合，發酵15～20分鐘。

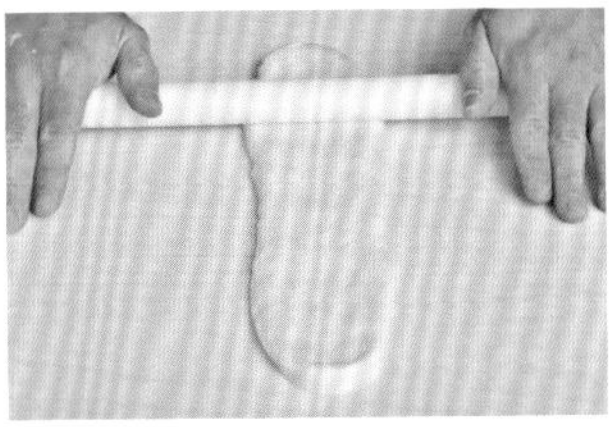
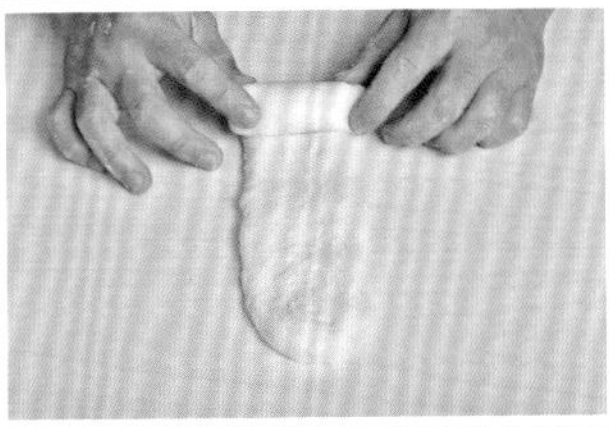
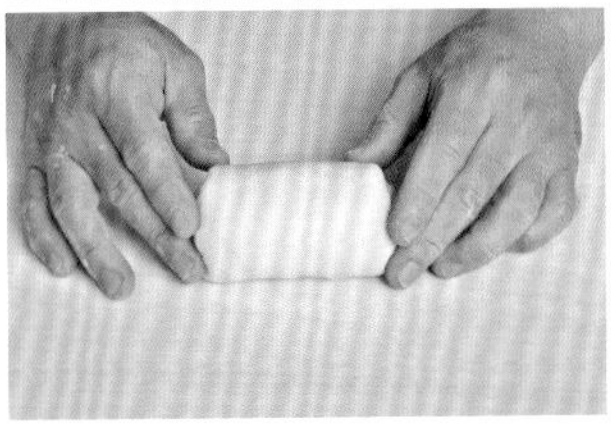

第二次擀捲：麵團轉縱向，從中間朝上下擀開約長30cm、厚1cm的長方形，厚薄度一致，正面朝下反折捲起，收合成短圓柱。

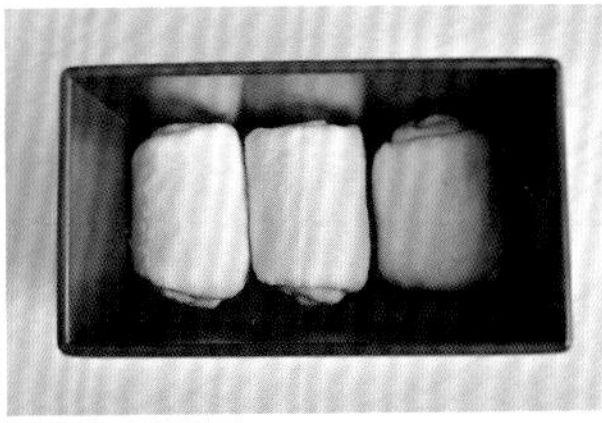
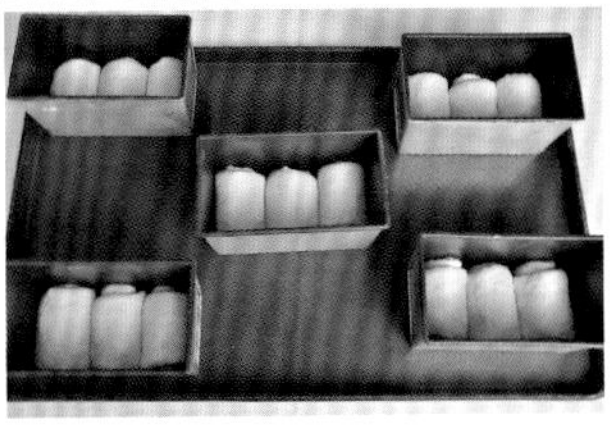

整型好的麵團3個一組，收口朝下放入吐司烤模中，共完成5模，麵團於32℃發酵60分鐘，約烤模8分滿，蓋上蓋子。

6 烤焙

放入烤箱，用上火220℃、下火250℃，烤焙32分鐘，出爐立刻脫模，放涼。

Flavor

鮮南瓜吐司

麵團中加入蒸熟的新鮮南瓜泥、南瓜子，和自製的新鮮糖漬南瓜絲，口感鬆軟，是一款養生健康吐司。

材料 *Ingredients*

製作量 ▸ 181×77× 91mm 吐司模 / 5 條

中種法	百分比%	重量 g
A 高筋麵粉	70	308
全蛋	10	44
高糖乾酵母	1.2	5
水	38	167
主麵團	**百分比%**	**重量 g**
B 特高筋麵粉	30	132
上白糖	12	53
鹽	1.8	8
奶粉	3	13
優格冰種→ P.17	30	132
熟南瓜泥	35	154
C 發酵奶油	10	44
D 微烤南瓜子	15	66
糖漬新鮮南瓜絲	30	132
合計	**286%**	**1258g**

其他 *Others*

南瓜子 40g 、全蛋液 50g

糖漬新鮮南瓜絲

保存 冷藏3天

材料 新鮮南瓜絲500g、細砂糖80g

作法
1. 新鮮南瓜絲和細砂糖混合均勻，放入冷藏室冰一夜。
2. 隔天水分會滲透出來，再將南瓜絲擰乾備用。

工序 *Process*

製作工法
中種法＋優格冰種

種溫
27℃

麵團終溫
26℃

基本發酵
28℃ / 60 分鐘

中種主麵團發酵
28℃ / 20 分鐘

分割重量
120g×2 個一組

中間發酵
28℃ / 20 分鐘

最後發酵
32℃ / 60 分鐘

發酵箱溫度／濕度
32℃ / 82%

烤焙溫度／時間
上火 180℃、下火 250℃ / 24 分鐘

Points 重點筆記

- 麵團加入堅果與大量新鮮蔬果，膨脹性比較差，屬正常現象。
- 南瓜絲與細砂糖混合，利用滲透壓原理使南瓜內部水分滲出，若直接使用南瓜絲，沒有去除內部水分，則南瓜絲與麵團攪拌混合後，南瓜絲會慢慢滲水出來，會讓麵團軟爛。

1 前置準備

前一天製作優格冰種。

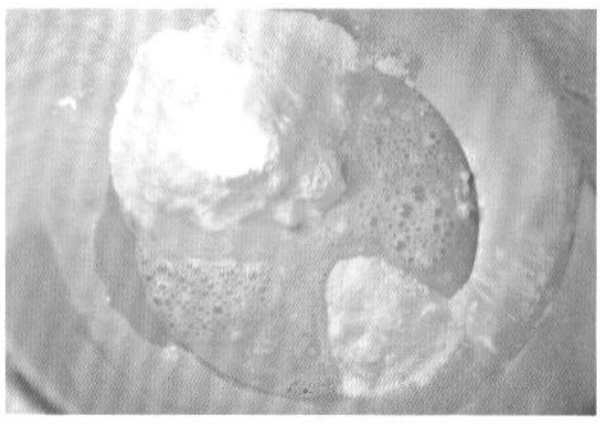

中種製作：水與高糖乾酵母使用打蛋器混合均勻，再倒入攪拌缸，加入其他材料A，慢速攪拌成團，轉換中速攪拌麵團均勻即可，建議種溫27℃，麵團於28℃發酵60分鐘。

2 攪拌製程

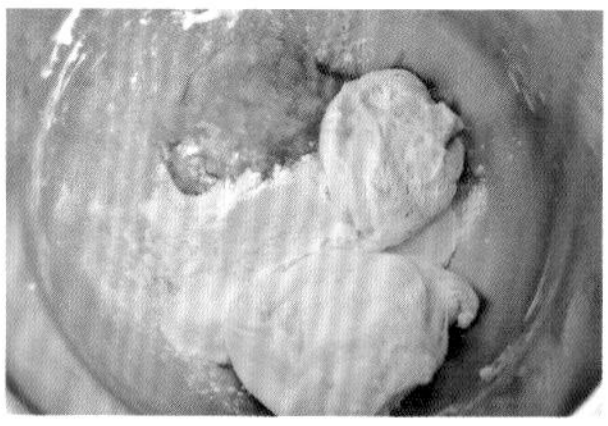

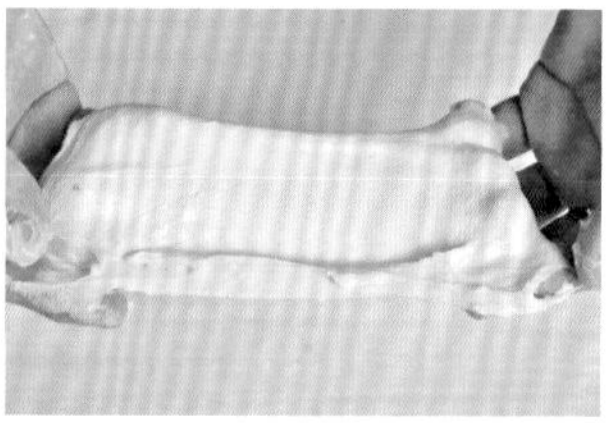

材料B與材料A慢速攪拌成團，轉換中速攪拌至擴展階段微薄膜狀。

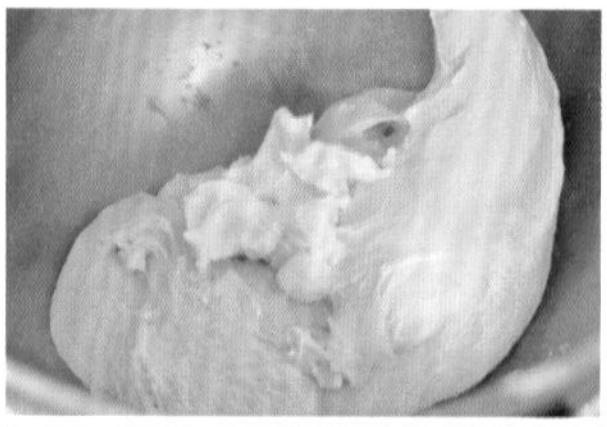

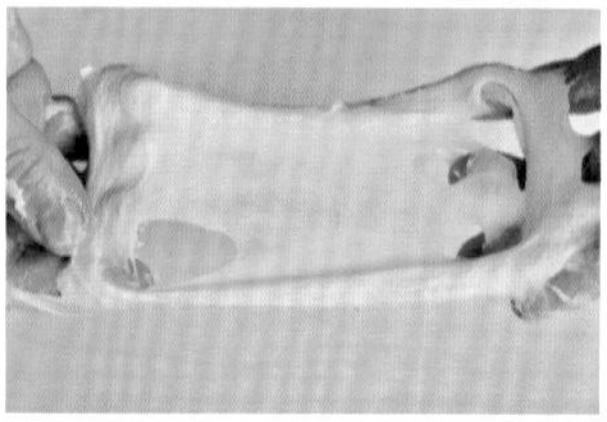

加入材料C，慢速攪拌均勻，轉換中速攪拌至完全擴展薄膜狀態，再加入材料D攪拌均勻，終溫26℃。

3 基本發酵

中種主麵團於28℃發酵20分鐘。

4 分割、中間發酵

發酵完成的麵團分割成每個120g，共10個。

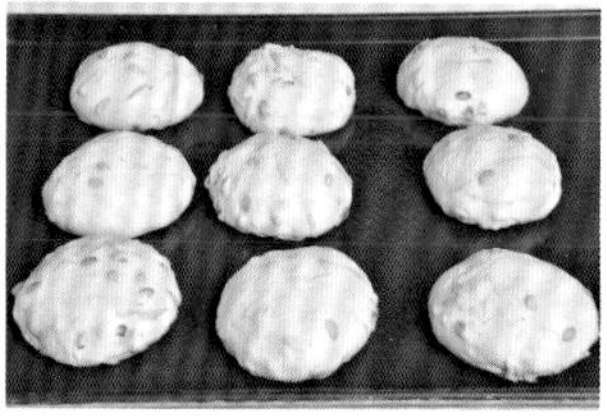

分別排氣折疊滾圓，將分割好的麵團於28℃發酵20分鐘。

5 整型、最後發酵

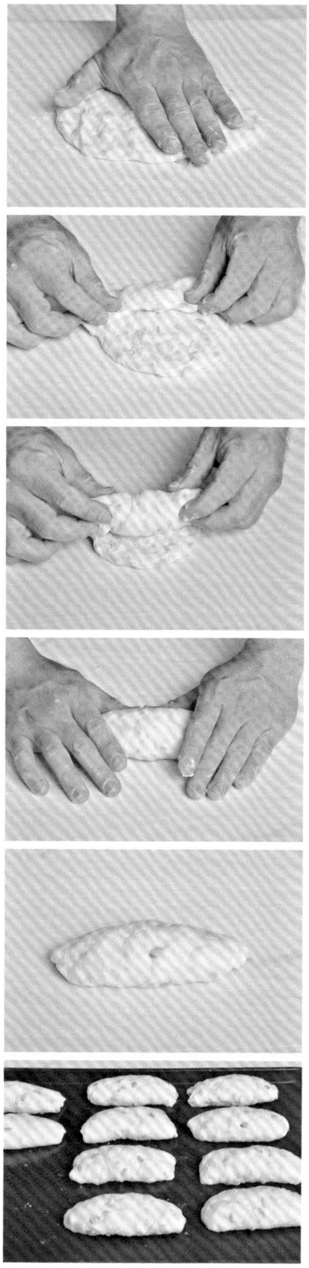

第一次擀捲：麵團兩面沾手粉，輕拍麵團將氣體排出，正面朝下反折捲起，收合成長圓柱，用手壓一壓收口及推一推麵團更黏合，發酵15～20分鐘。

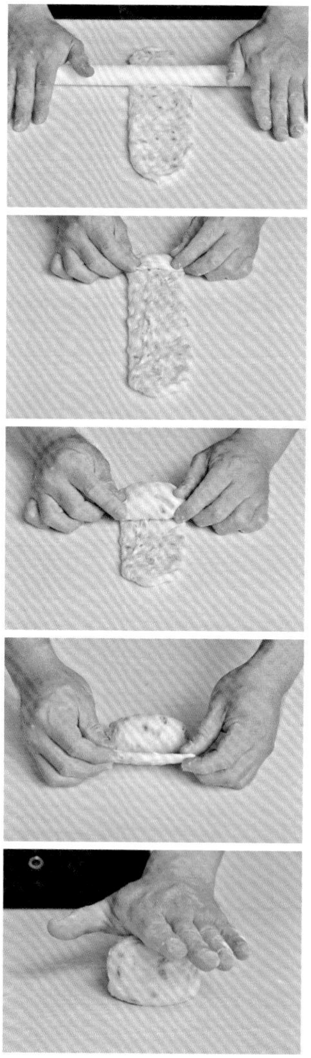

第二次擀捲：麵團轉縱向，從中間朝上下 開約長30cm、厚1cm的長方形，厚薄度一致，正面朝下反折捲起，收合成短圓柱，側邊螺旋型朝上下，用手輕輕微壓扁。

整型好的麵團2個一組，側邊螺旋型朝上下後放入吐司烤模中，用手輕輕壓扁，共完成5模，麵團於32℃發酵60分鐘，約烤模8分滿。

6 烤前裝飾

表面刷上全蛋液，每模撒上南瓜子8g。

7 烤焙

放入烤箱，用上火180℃、下火250℃，烤焙24分鐘，出爐立刻脫模，放涼。

養樂多蔓越莓吐司

Flavor

使用養樂多和可爾必思代替水，進行攪拌，滿滿的乳酸菌，再搭配酸甜的蔓越莓果乾，酸酸甜甜的口感深受年輕族群的喜愛。

[材料 Ingredients]

製作量 ▸ 196 ×106×110mm 吐司模 / 5 條

直接法	百分比%	重量 g
A 特高筋麵粉	50	495
高筋麵粉	50	495
上白糖	12	119
鹽	1.5	15
奶粉	2	20
高糖乾酵母	1.2	12
優格冰種→ P.17	30	297
5 倍可爾必思	10	99
水	16	158
養樂多	45	446
B 發酵奶油	10	99
C 蔓越莓	20	198
合計	247.7%	2453g

[工序 Process]

▸ **製作工法**
直接法＋優格冰種

▸ **種溫**
20℃

▸ **麵團終溫**
26℃

▸ **基本發酵**
28℃ / 60 分鐘

▸ **分割重量**
160g×3 個一組

▸ **中間發酵**
28℃ / 20 分鐘

▸ **最後發酵**
32℃ / 60 分鐘

▸ **發酵箱溫度／濕度**
32℃ / 80%

▸ **烤焙溫度／時間**
上火 180℃、下火 250℃ / 30 分鐘

[其他 Others]

全蛋液 50g

Points 重點筆記

- 整型時必須輕輕滾圓排氣，若過度滾圓，則麵包吐司組織較硬，吃起來口感不佳。

步驟 Step by step

1 前置準備

前一天製作優格冰種。

2 攪拌製程

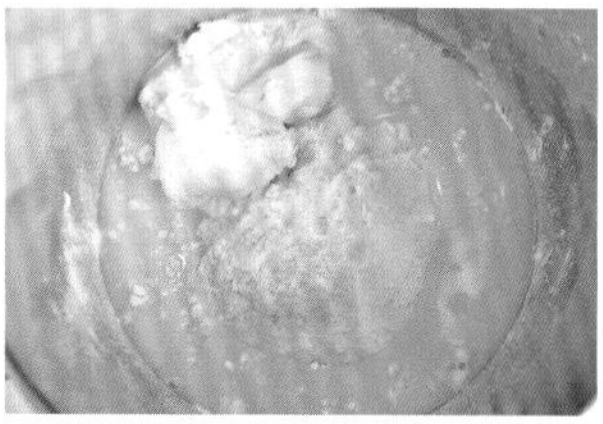

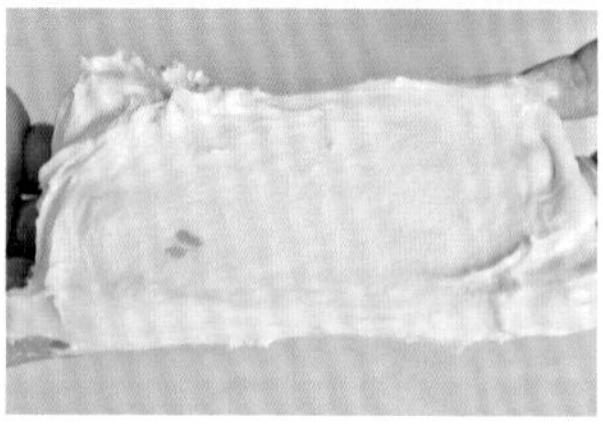

材料A放入攪拌缸，以慢速攪拌成團，轉換中速攪拌至擴展階段微薄膜狀。

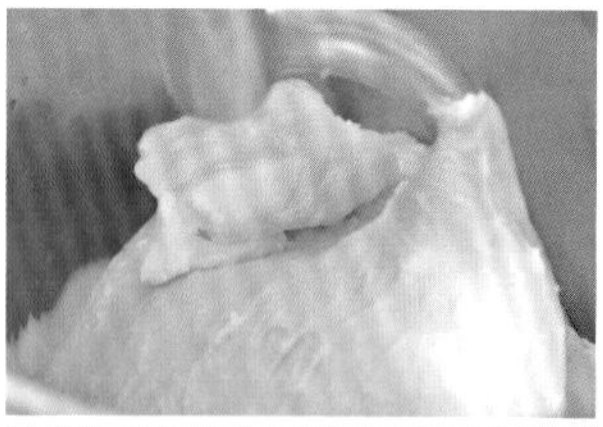

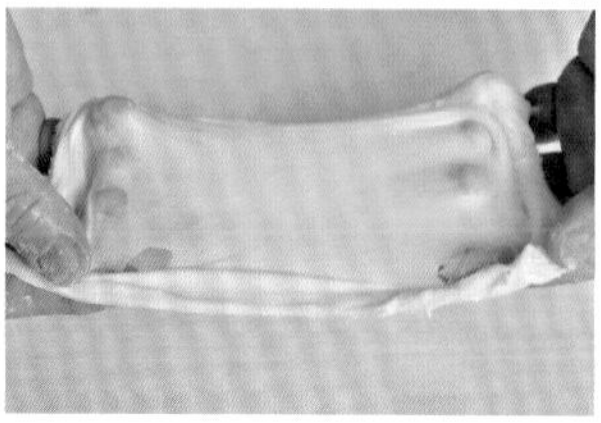

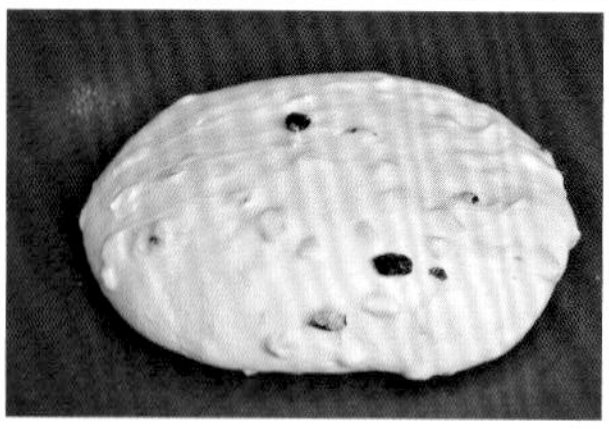

加入材料B慢速攪拌均勻，轉換中速攪拌至完全擴展薄膜狀態，再加入材料C混合均勻，終溫26℃。

3 基本發酵

麵團攪拌完成，於28℃發酵60分鐘。

4 分割、中間發酵

攪拌完成，發酵完成的麵團分割成每個160g，共15個。

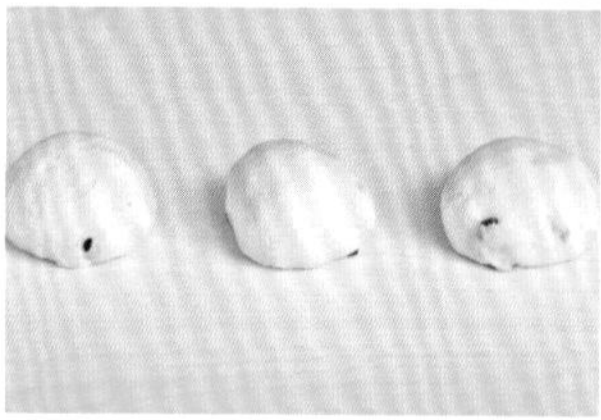

分別排氣折疊滾圓，將分割好的麵團於28℃發酵20分鐘。

5 整型、最後發酵

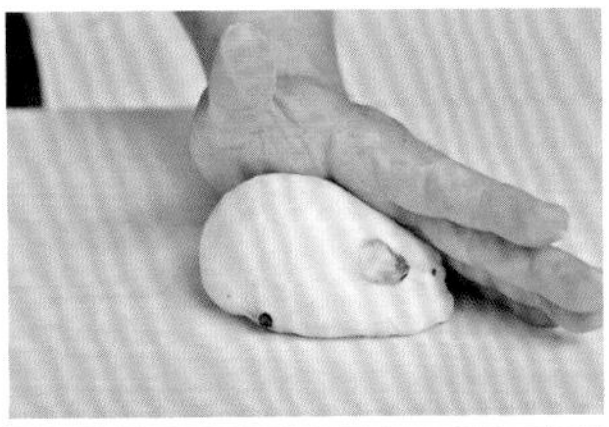

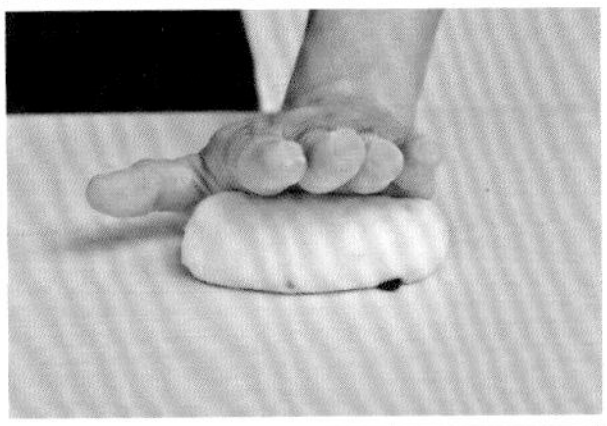

搓橢圓形：將麵團輕拍排氣折疊滾圓，滾圓後收合底部麵團捏合，搓橢圓形長約8cm。

整型好的麵團收口朝下放入吐司烤模中，3個一組，共完成5模，麵團於32℃發酵60分鐘，約烤模8分滿。

6 烤前裝飾

表面刷上全蛋液。

7 烤焙

放入烤箱，用上火180℃、下火250℃，烤焙30分鐘，出爐立刻脫模，放涼。

Points 重點筆記

- 5倍可爾必思即是濃縮可爾必思，它能增加麵團風味，可到食品材料行或便利商店購買，通常呈列在常溫區，開封後需冷藏。也可用稀釋的可爾必思飲料等量使用，只是香氣比較淡。

青蔥乳加肉鬆吐司

Flavor

麵團抹上自製肉鬆餡，鋪上新鮮青蔥、起司片，表面裝飾新鮮青蔥、白芝麻、黃金起司醬，是一款鹹香起司香蔥味兼具的台式吐司。

肉鬆餡

保存 冷藏7天

材料 肉鬆285g、發酵奶油86g、上白糖57g、全蛋171g

作法 肉鬆與發酵奶油、上白糖混合均勻，再加入全蛋拌勻即可使用。

[材料 Ingredients]

製作量 ▶ 181×77× 91mm 吐司模 / 5 條

中種法	百分比%	重量 g
A 高筋麵粉	60	312
高糖乾酵母	0.9	5
水	34	177
主麵團	**百分比%**	**重量 g**
B 法國麵粉	40	208
上白糖	12	62
鹽	1.6	8
全蛋	10	52
優格	10	52
優格冰種→ P.17	30	156
水	8	42
C 奶油起司	10	52
發酵奶油	5	26
合計	**221.5%**	**1152g**

[工序 Process]

▶ **製作工法**
中種法＋優格冰種

▶ **種溫**
27℃

▶ **麵團終溫**
26℃

▶ **基本發酵**
28℃ / 60 分鐘

▶ **中種主麵團發酵**
28℃ / 20 分鐘

▶ **分割重量**
220g×1 個一組

▶ **中間發酵**
28℃ / 20 分鐘

▶ **最後發酵**
32℃ / 60 分鐘

▶ **發酵箱溫度／濕度**
32℃ / 80%

▶ **烤焙溫度／時間**
上火 190℃、下火 250℃ / 30 分鐘

[其他 Others]

肉鬆餡 500g、青蔥丁 200g、起司片 10 片、黃金起司醬 150g、熟白芝麻 10g

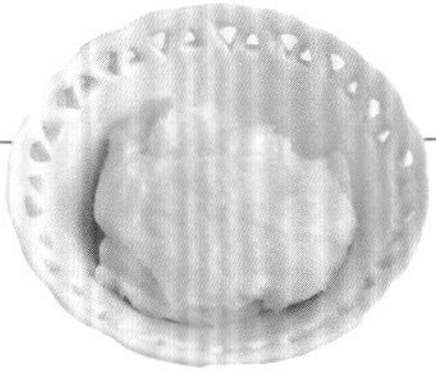

黃金起司醬

保 存 冷藏14天

材 料 A 發酵奶油100g、動物鮮奶油100g、上白糖50g
B 橘色起司片100g

作 法 1 將材料A放入鍋中，隔水加熱，直到奶油熔化。
2 橘色起司片一片一片分開加入鍋中，攪拌至起司片熔化，約65℃冷卻即可使用或冰冷藏備用。

- 溫度勿超過70℃以上，起司片容易變質，會產生油水分離狀態，容易失敗。
- 冷藏後呈現固態狀，若想使用液態當刷醬或抹醬，再隔水加熱至65℃即可還原使用。

步驟 Step by step

1 前置準備

前一天製作優格冰種。

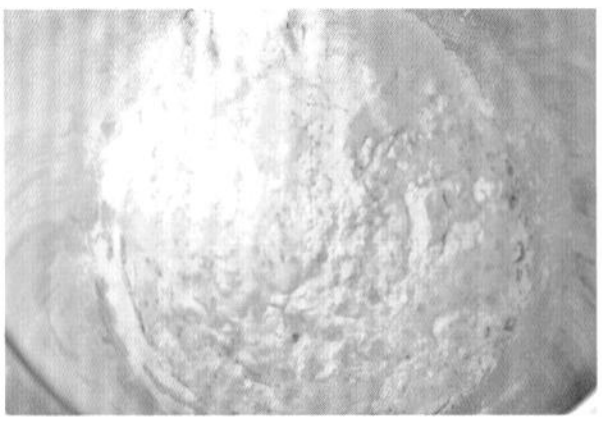

中種製作：水與高糖乾酵母使用打蛋器混合均勻，再倒入攪拌缸，加入高筋麵粉，慢速攪拌成團，轉換中速攪拌麵團均勻即可，建議種溫27℃，麵團於28℃發酵60分鐘。

2 攪拌製程

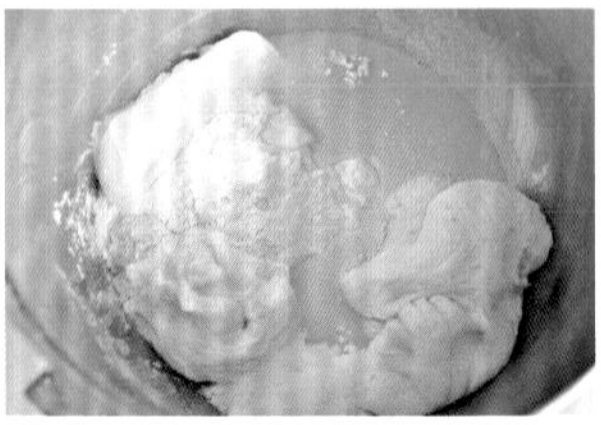

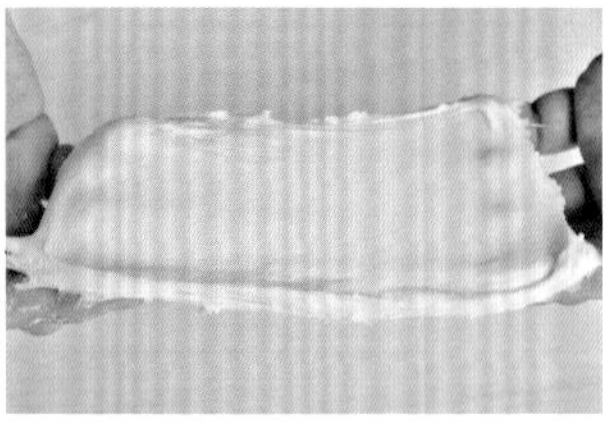

材料B與材料A慢速攪拌成團，轉換中速攪拌至擴展階段微薄膜狀。

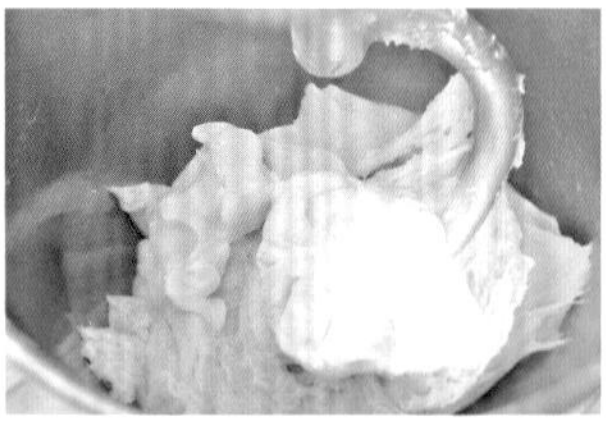

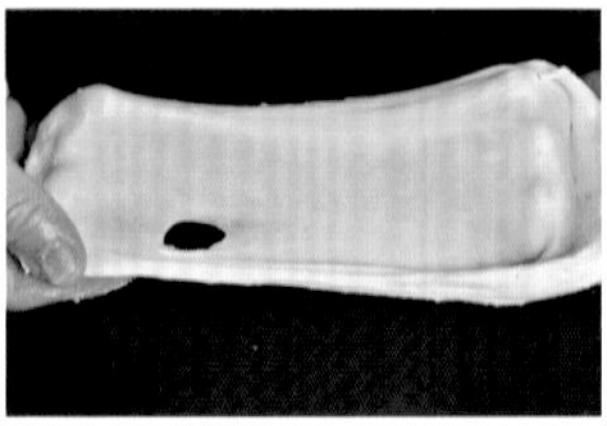

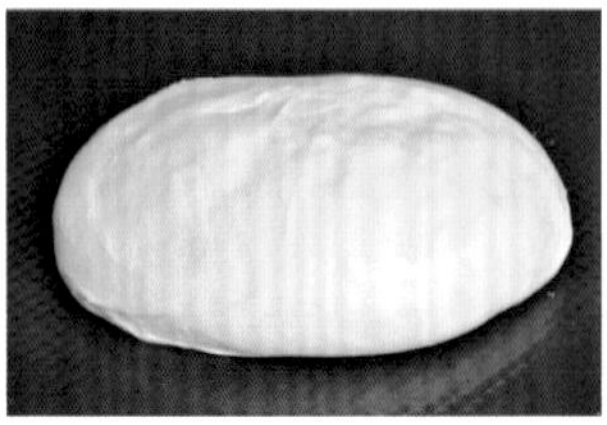

加入材料C，慢速攪拌均勻，轉換中速攪拌至完全擴展薄膜狀態，終溫26℃。

3 基本發酵

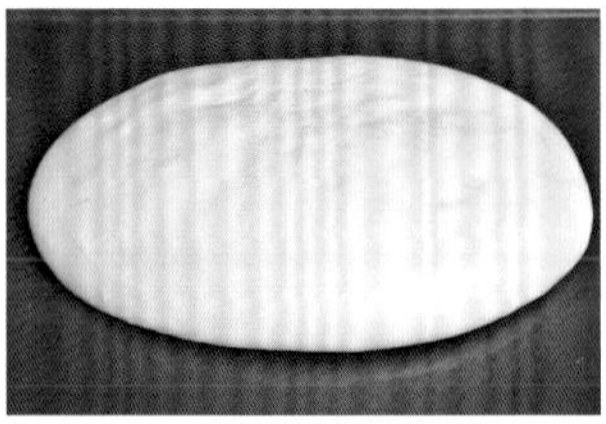

中種主麵團於28℃發酵20分鐘。

4 分割、中間發酵

發酵完成的麵團分割成每個220g，共5個。

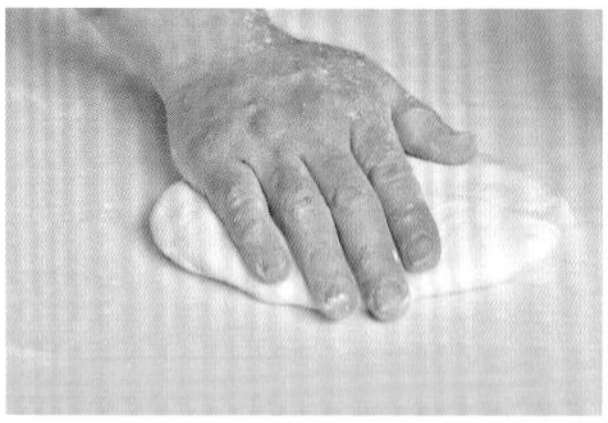

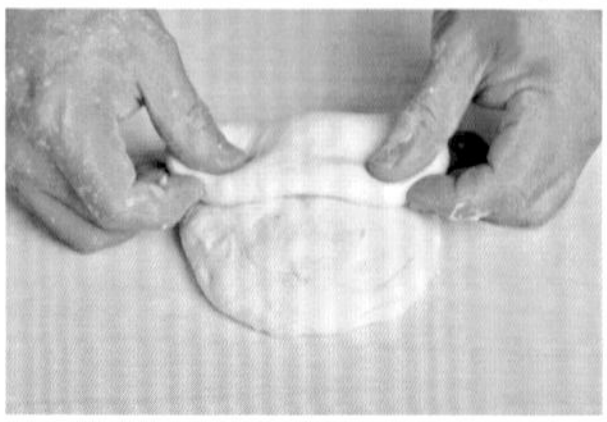

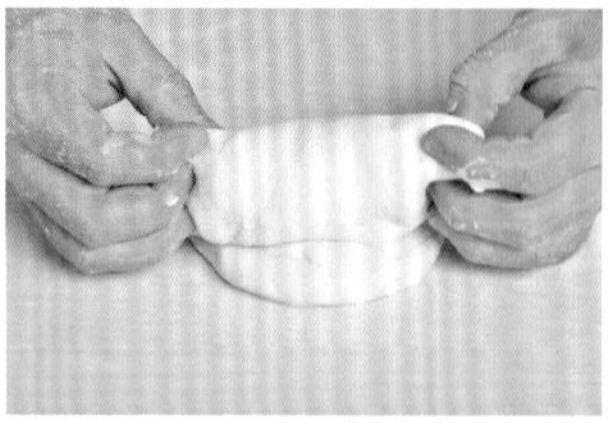

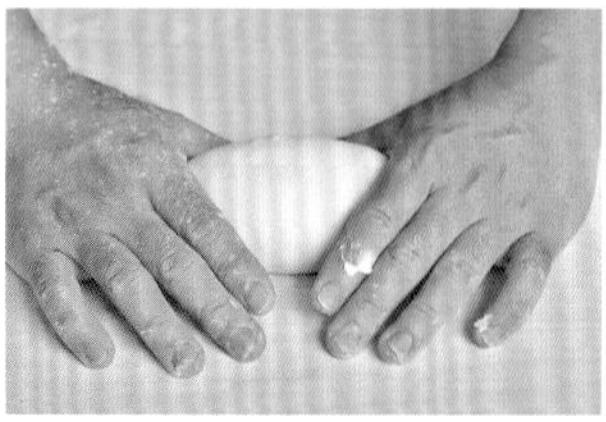

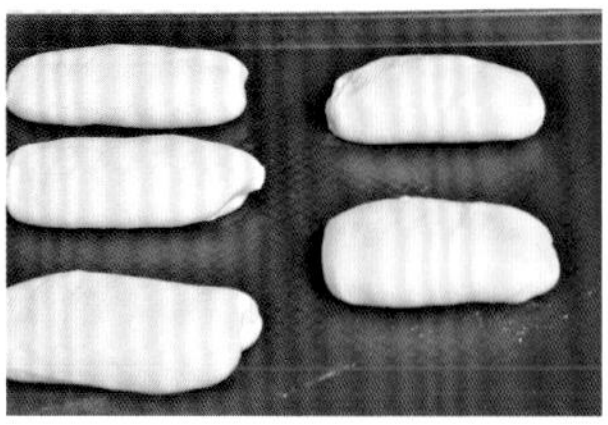

分別排氣3折疊收長型，將分割好的麵團於28℃發酵20分鐘。

5 整型、最後發酵

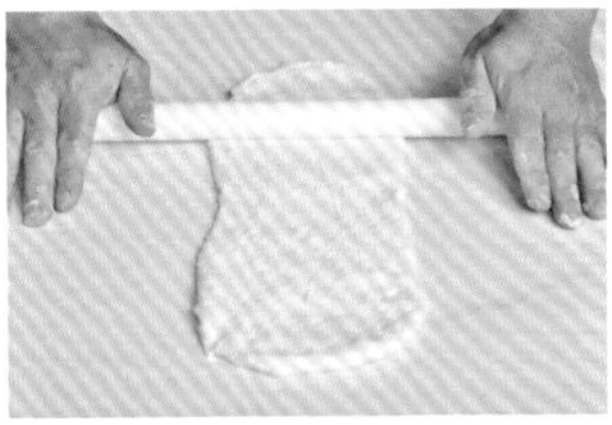

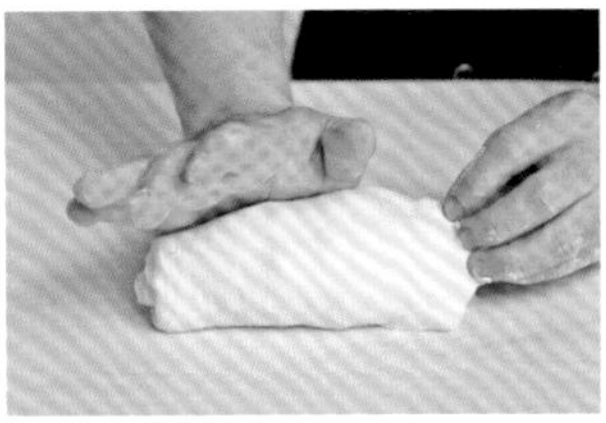

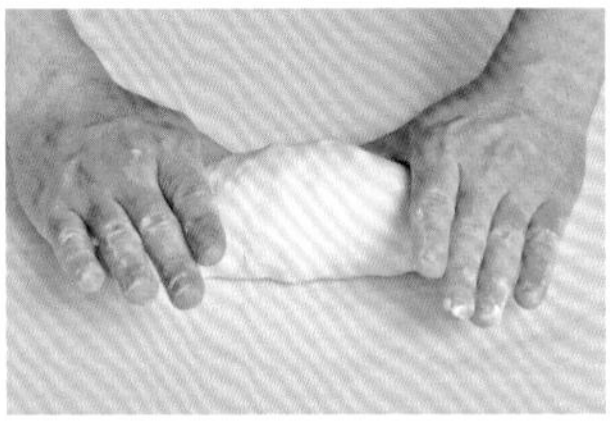

捲成長圓柱：將麵團擀開約長30cm、厚1cm的長方形，厚薄度一致，抹上肉鬆餡100g，鋪上青蔥丁30g、2片起司片，由下往上捲起，尾端麵皮拉起後黏合成圓柱狀，用手壓一壓收口及推一推麵團更黏合。

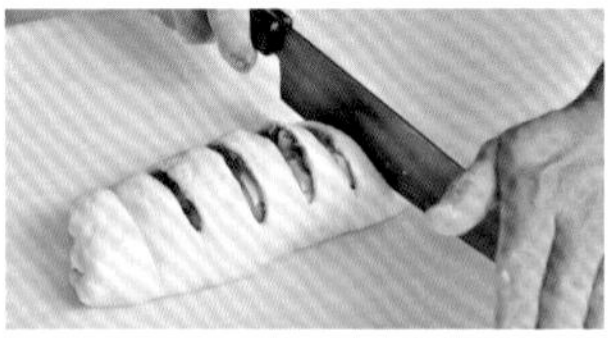

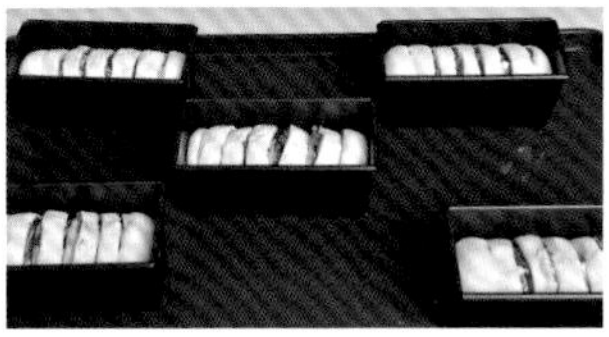

表面切6刀，深度約麵團一半，整型好的麵團收口朝下放入吐司烤模中，共完成5模，麵團於32℃發酵60分鐘，約烤模8分滿。

6 烤前裝飾

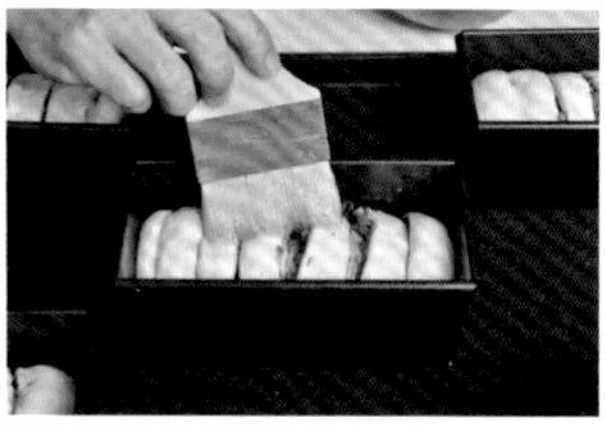

表面刷上全蛋液，每模依序鋪上青蔥丁10g、熟白芝麻2g，再擠黃金起司醬30g。

7 烤焙

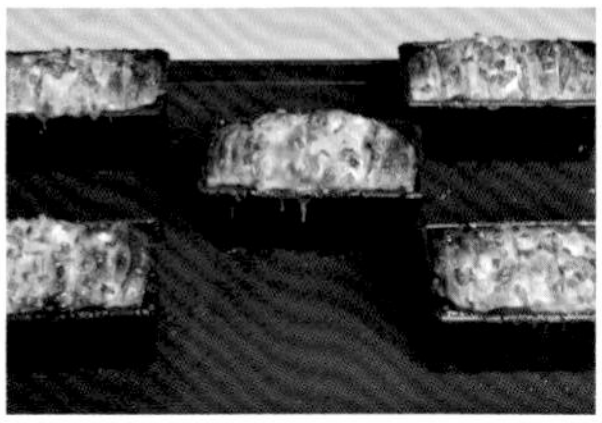

放入烤箱，用上火190℃、下火250℃，烤焙30分鐘，出爐立刻脫模，放涼。

Flavor

火焰明太子吐司

外型和火焰很像的吐司，表面裝飾帕瑪森起司粉，擠入滿滿的明太子醬，每一口帶微微鹹香、組織Q彈，充滿海洋氣息彷彿到日本一遊。

[材料 Ingredients]

製作量 ▸ 181×77×91mm 吐司模／5 條

直接法	百分比%	重量 g
A 高筋麵粉	70	371
特高筋麵粉	30	159
上白糖	6	32
鹽	1.8	10
高糖乾酵母	1	5
蜂蜜	2	11
優格冰種→P.17	30	159
鮮奶	20	106
水	50	265
B 發酵奶油	6	32
合計	**216.8%**	**1150g**

[其他 Others]

明太子抹醬 350g、發酵奶油 100g
帕瑪森起司粉 100g

[工序 Process]

▸ **製作工法**
直接法＋優格冰種

▸ **種溫**
20℃

▸ **麵團終溫**
26℃

▸ **基本發酵**
28℃ / 60 分鐘

▸ **分割重量**
220g × 1 個一組

▸ **中間發酵**
28℃ / 20 分鐘

▸ **最後發酵**
32℃ / 60 分鐘

▸ **發酵箱溫度／濕度**
32℃ / 80%

▸ **烤焙溫度／時間**
上火 190℃、下火 250℃ / 26 分鐘

明太子抹醬

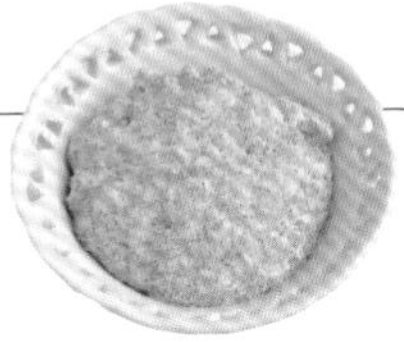

保存 冷凍30天

材料 A 發酵奶油200g、沙拉醬100g、帕瑪森起司粉20g
B 明太子140g、檸檬汁20g、新鮮檸檬皮3g

作法
1 將材料A混合均勻，再加入材料B拌勻。
2 取350g裝入套尖嘴花嘴（編號232）的擠花袋備用。

編號232尖嘴花嘴的孔徑約0.75cm，是將餡擠入麵包、泡芙等的小幫手。

Points 重點筆記

- 擠上明太子抹醬入爐回烤，勿烤焙太久，因為明太子容易焦黑。
- 明太子是鱈魚的魚卵，有些經過加工醃製，有些加入辣椒粉與調味粉提味。明太子常出現於日式居酒屋的料理中，是很好搭配的食材。

步驟 Step by step

1 前置準備

前一天製作優格冰種。

2 攪拌製程

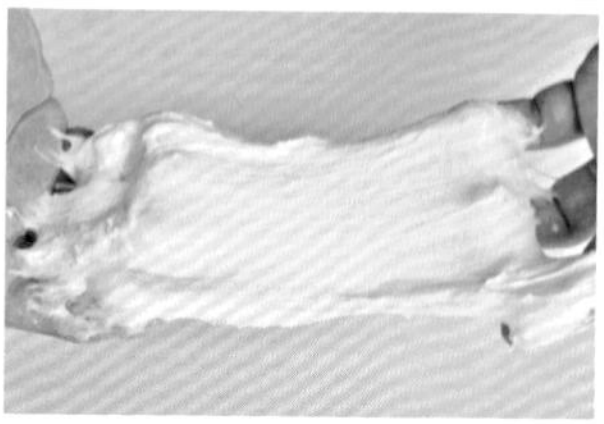

材料A放入攪拌缸，以慢速攪拌成團，轉換中速攪拌至擴展階段微薄膜狀。

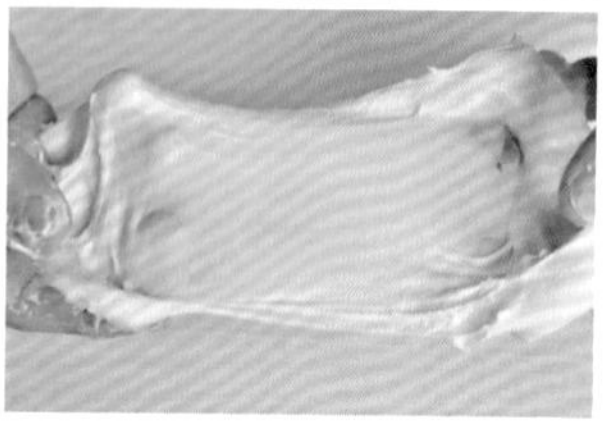

加入材料B慢速攪拌均勻，轉換中速攪拌至完全擴展薄膜狀態，終溫26℃。

3 基本發酵

麵團攪拌完成，於28℃發酵60分鐘。

4 分割、中間發酵

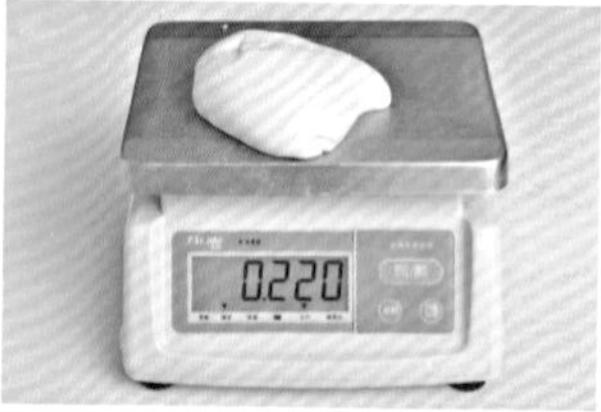

發酵完成的麵團分割成每個220g，共5個。

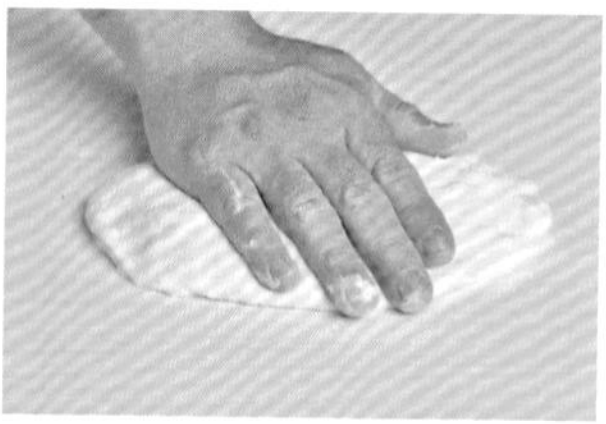

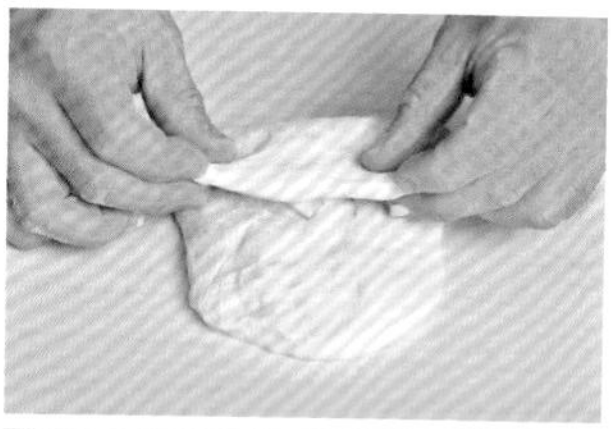

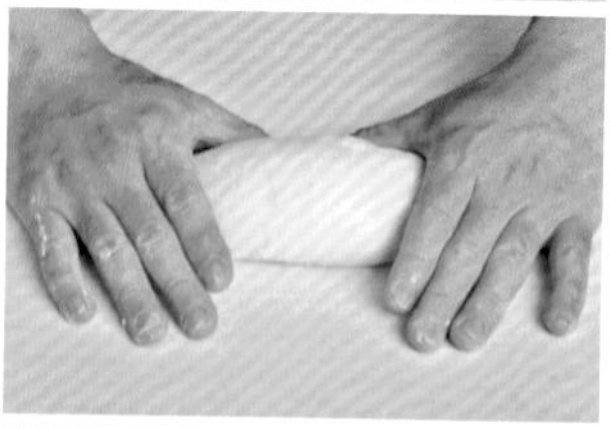

分別排氣3折疊收長型，將分割好的麵團於28℃發酵20分鐘。

5 整型、最後發酵

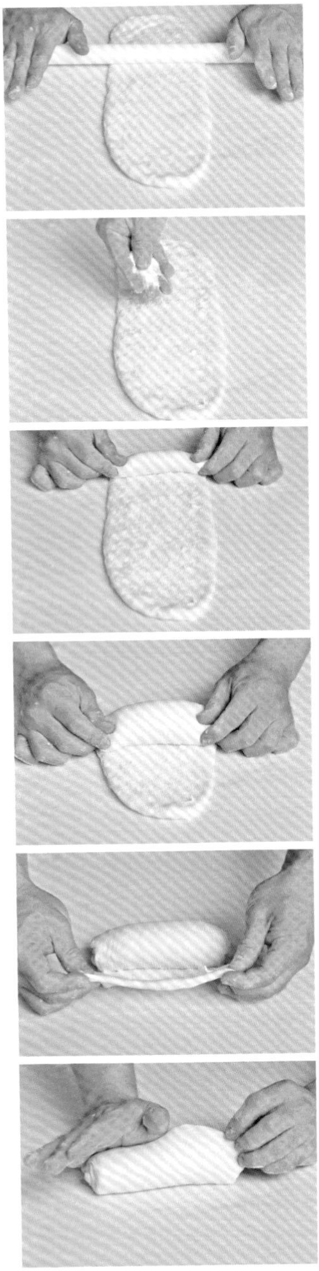

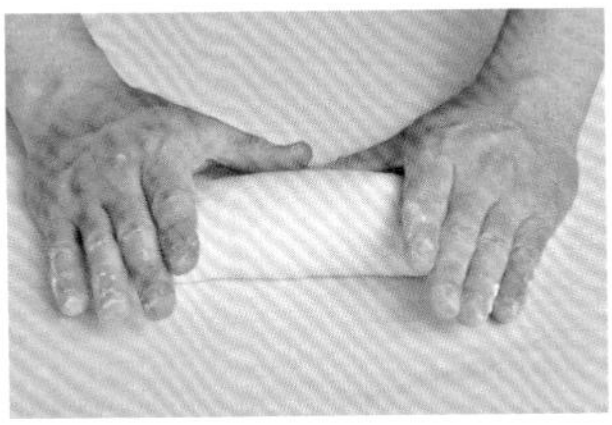

捲成長圓柱：將麵團擀開約長30cm、厚1cm的長方形，厚薄度一致，抹上發酵奶油20g，撒上帕瑪森起司粉10g，由下往上捲起，尾端麵皮拉起後黏合成圓柱狀，用手壓一壓收口及推一推麵團更黏合。

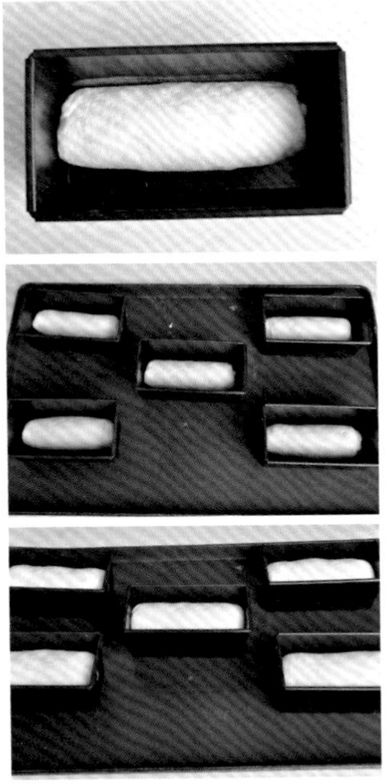

整型好麵團，收口朝下放入吐司烤模中，共完成5模，麵團於32℃發酵60分鐘，約烤模8分滿。

6 烤前裝飾

表面刷上全蛋液，每模撒上帕瑪森起司粉10g，用剪刀交叉剪5刀。

7 烤焙

放入烤箱，用上火190℃、下火250℃，烤焙26分鐘，立即脫模，往吐司內部和表面擠70g明太子抹醬，再進爐回烤3分鐘，出爐後放涼。

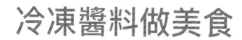

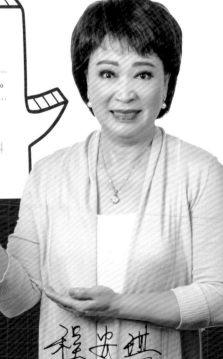

冷凍醬料調理包

香菇蕃茄紹子

歷經數小時小火慢熬蕃茄，搭配香菇、洋蔥、豬絞肉，最後拌炒獨家私房蘿蔔乾，堆疊出層層的香氣，讓每一口都衝擊著味蕾。

雪菜肉末

台菜不能少的雪裡紅拌炒豬絞肉，全雞熬煮的雞湯是精華更是秘訣所在，經典又道地的清爽口感，叫人嘗過後欲罷不能。

麻辣紹子

麻與辣的結合，香辣過癮又銷魂，採用頂級大紅袍花椒，搭配多種獨家秘製辣椒配方，雙重美味、一次滿足。

北方炸醬

堅持傳承好味道，鹹甜濃郁的醬香，口口紮實、色澤鮮亮、香氣十足，多種料理皆可加入拌炒，迴盪在舌尖上的味蕾，留香久久。

冷凍家常菜

一品金華雞湯

使用金華火腿（台灣）、豬骨、雞骨熬煮八小時打底的豐富膠質湯頭，再用豬腳、土雞燜燉 2 小時，並加入干貝提升料理的鮮甜與層次。

靠福．烤麩

一道素食者可食的家常菜，木耳號稱血管清道夫，花菇為菌中之王，綠竹筍含有豐富的纖維質。此菜為一道冷菜，亦可微溫食用。

3種快速解凍法

想吃熱騰騰的餐點，就是這麼簡單

1. 回鍋解凍法

將醬料倒入鍋中，用小火加熱至香氣溢出即可。

2. 熱水加熱法

將冷凍調理包放入熱水中，約 2 ～ 3 分鐘即可解凍。

3. 常溫解凍法

將冷凍調理包放入常溫水中，約 5 ～ 6 分鐘即可解凍。

私房菜

純手工製作，交期較久，如有需要請聯繫客服
02-23771163

程家大肉

紅燒獅子頭

頂級干貝 XO 醬

職人解析 經典熱銷麵包

5種工法全攻略，職人帶您解鎖經典風味、名店熱銷款的配方技法！

書　　名　職人解析經典熱銷麵包：
5種工法全攻略，職人帶您解鎖經典風味、
名店熱銷款的配方技法！
作　　者　楊嘉期（Jimmy）
資深主編　葉菁燕
美編設計　ivy_design
攝　　影　周禎和

發 行 人　程安琪
總 編 輯　盧美娜
美術編輯　博威廣告
製作設計　國義傳播
發 行 部　侯莉莉
財 務 部　許麗娟
印　　務　許丁財
法律顧問　樸泰國際法律事務所許家華律師

藝文空間　三友藝文複合空間
地　　址　106 台北市大安區安和路二段 213 號 9 樓
電　　話　（02）2377-1163

出 版 者　橘子文化事業有限公司
總 代 理　三友圖書有限公司
地　　址　106 台北市安和路 2 段 213 號 9 樓
電　　話　（02）2377-1163、（02）2377-4155
傳　　真　（02）2377-1213、（02）2377-4355
E-mail　service@sanyau.com.tw
郵政劃撥　05844889 三友圖書有限公司

總 經 銷　大和書報圖書股份有限公司
地　　址　新北市新莊區五工五路 2 號
電　　話　（02）8990-2588
傳　　真　（02）2299-7900

初　　版　2023 年 2 月
定　　價　新臺幣 655 元
ＩＳＢＮ　978-986-364-196-4（平裝）

國家圖書館出版品預行編目(CIP)資料

職人解析經典熱銷麵包：5種工法全攻略，職人帶您解鎖經典風味、名店熱銷款的配方技法！/楊嘉期(Jimmy)作.
-- 初版. -- 臺北市：橘子文化事業有限公司, 2023.02
面；公分
ISBN 978-986-364-196-4(平裝)

1.麵包 2.點心食譜

427.16　　111021191

三友官網　三友 Line@